Fachberichte Simulation

Herausgegeben von D. Möller und B. Schmidt
Band 2

B. Schmidt

Der Simulator
GPSS-FORTRAN
Version 3

Springer-Verlag
Berlin Heidelberg New York Tokyo 1984

Dr. D. Möller
Physiologisches Institut
Universität Mainz
Saarstraße 21
6500 Mainz

Prof. Dr. B. Schmidt
Informatik IV
Universität Erlangen-Nürnberg
Martensstraße 3
8520 Erlangen

CIP-Kurztitelaufnahme der Deutschen Bibliothek:

Schmidt, Bernd:
Der Simulator GPSS-FORTRAN Version 3 / B. Schmidt.
Berlin ; Heidelberg ; New York ; Tokyo: Springer, 1984.
(Fachberichte Simulation ; Bd. 2)

ISBN-13:978-3-540-13782-5   e-ISBN-13:978-3-642-82366-4
DOI: 10.1007/978-3-642-82366-4

NE: GT

Inhaltsverzeichnis

1 Die Ablaufkontrolle

Die Simulation hat die Aufgabe, die zeitliche Entwicklung eines Modells auf einer Rechenanlage zu untersuchen, indem die Zustandsübergänge des Modells einzeln nachgespielt werden. Die Ablaufkontrolle ist der Teil des Simulators GPSS-FORTRAN Version 3, der für die Durchführung der aufeinanderfolgenden Zustandsübergänge in der korrekten Reihenfolge verantwortlich ist.

1.1 Modellklassifikation

Die Simulation unterscheidet zunächst zeitdiskrete und zeitkontinuierliche Modelle (siehe Bd. 1 Kap. 1.2.6 "Modellklassen").

* Zeitdiskrete Modelle

Bei zeitdiskreten Modellen erfolgen die Zustandsänderungen zu festen Zeitpunkten. Derartige Zustandsübergänge heißen Ereignisse. Aus diesem Grund werden zeitdiskrete Modelle auch ereignis-orientierte Modelle genannt.
Beispiele:
Eine Maschine wird in Betrieb genommen.
Ein Kunde stellt sich in die Warteschlange.
Durch eine Lieferung erhöht sich der Bestand des Lagers.

* Zeitkontinuierliche Modelle

Bei zeitkontinuierlichen Modellen sind die Zustandsvariablen stetige Funktionen der Zeit.
Beispiele:
Ein Tank wird gefüllt.
Wärme breitet sich in einem Raum aus.
Ein Lebewesen wächst.

Durch zusätzliche Einschränkungen läßt sich die Klassifikation weiter verfeinern. Für den Simulator GPSS-FORTRAN Version 3 sind als Untermenge der zeitdiskreten Modelle die Warteschlangenmodelle von Bedeutung. Warteschlangenmodelle sind zeitdiskrete Modelle, die aus mobilen und stationären Modellkomponenten bestehen. Die stationären Modellkomponenten heißen Stationen, die mobilen Modellkomponenten werden Aufträge oder Transactions genannt. Die Transactions wandern zwischen den Stationen hin und her und reihen sich in die Warteschlangen vor den Stationen ein. Es ergibt sich damit ein einfaches Klassifikationsschema nach Bild 1.
Der Simulator GPSS-FORTRAN Version 3 ist in der Lage, zeitdiskrete Modelle und zeitkontinuierliche Modelle zu behandeln. Weiterhin stellt er in sehr ausführlicher Weise zusätzliche Sprachelemente zur Verfügung, die den Aufbau von Warteschlangen-

modellen erleichtern.
Es ist mit GPSS-FORTRAN Version 3 möglich, Modelle aus den
Modellklassen zeitdiskrete Modelle, Warteschlangenmodelle und
zeitkontinuierliche Modelle zu simulieren. Darüberhinaus sind
Modelle darstellbar, die Komponenten der drei Modellklassen
enthalten. Es handelt sich dann um sogenannte kombinierte Modelle.

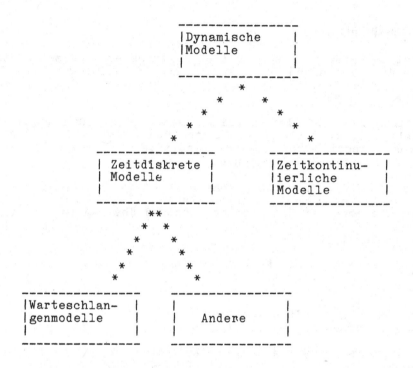

Bild 1   Das Klassifikationsschema für
              dynamische Modelle

Die Ablaufkontrolle in GPSS-FORTRAN Version 3 macht es möglich,
Modelle aus allen drei Klassen nach derselben Vorgehensweise zu
behandeln. Dieses Verfahren ermöglicht auch eine leichte
Verbindung von Komponenten aus verschiedenen Klassen.

1.2 Die Zustandsübergänge

Die Simulation von Modellen folgt einer einfachen Vorgehensweise,
die im Prinzip beschrieben wird. Besonderheiten und Einzelheiten
sollen zunächst bewußt außer Acht bleiben.
Modelle sind vollständig definiert, wenn die Zustandsvariablen,
die das Modell beschreiben, bekannt sind. Ein Modell geht von

einem Zustand in einen anderen Zustand über, indem die Werte der
entsprechenden Variablen geändert werden. Die Aufeinanderfolge
derartiger Zustandsübergänge stellt den Modellablauf dar, der
untersucht werden soll.

Bei den Zustandsübergängen unterscheidet man zwischen zeitabhängigen und bedingten Zustandsübergängen.

* Zeitabhängige Zustandsübergänge

Bei zeitabhängigen Zustandsübergängen steht der Zeitpunkt T fest,
zu dem das Modell in den neuen Zustand übergeht.
Beispiel:
Das Modell sei eine Tierpopulation, die nach dem Exponential-
gesetz wächst. Zum Zeitpunkt T wird die Hälfte der Tiere aus dem
Modell entfernt. In diesem Fall geht das Modell zur Zeit T vom
alten Zustand in den neuen Zustand über, indem die Zustandsvariable SV1 "Größe der Tierpopulation" vom ursprünglichen Wert
auf die Hälfte reduziert wird.

* Bedingte Zustandsübergänge

Man spricht von bedingten Zustandsübergängen, wenn die Zustandsvariablen des Modells eine bestimmte Bedingung erfüllen müssen,
bevor ein Zustandsübergang stattfinden kann. Die Bedingung kann
hierbei ein beliebig komplexer prädikatenlogischer Ausdruck sein.

Beispiel:
Die Tierpopulation SV1 soll halbiert werden, wenn sie den Grenzwert MAX überschritten hat und das Nahrungsangebot SV2 die Untergrenze MIN erreicht hat. Außerdem soll die Tierpopulation auf
alle Fälle halbiert werden, wenn die Tierpopulation den Wert
2*MAX erreicht.
Der Zustandsübergang
SV1 = SV1 / 2
wird demnach vorgenommen, wenn die folgende Bedingung erfüllt
ist:

(SV1.GE.MAX.AND.SV2.LE.MIN).OR.SV1.GE.2*MAX

SV1   Größe der Tierpopulation
SV2   Nahrungsangebot
MAX   Obergrenze Tierpopulation
MIN   Untergrenze Nahrungsangebot

Die Ablaufkontrolle des Simulators sorgt dafür, daß die Aufeinanderfolge der Zustandsänderungen wie vorgesehen durchgeführt
wird.
Die Ablaufkontrolle ahmt hierbei die Zustandsübergänge, die das
Modell durchläuft, unmittelbar nach. In der Rechenanlage werden
für die Modellvariablen Datenbereiche angelegt. Das Simulationsprogramm führt eine Zustandsänderung durch, indem diese Datenbereiche zu festgelegten Zeiten oder aufgrund von Bedingungen
modifiziert werden. Die Modifikation erfolgt über bestimmte Programmstücke, die vom Benutzer in den Simulator eingetragen
werden.

1.2.1 Zeitabhängige Zustandsübergänge

Zeitabhängige Zustandsübergänge liegen vor, wenn sich der Modellzustand zu diskreten Zeitpunkten T(i) ändert. Bild 2 zeigt den
Modellablauf durch eine Aufeinanderfolge von Zustandsänderungen,
die zu festgelegten diskreten Zeitpunkten erfolgen. In der Zeit
zwischen den Zustandsänderungen bleiben die Modellvariablen
konstant.
Bei der Simulation zeitkontinuierlicher Modelle werden die Zustandsübergänge zu diskreten Zeitpunkten aufgrund der Schrittweite bei der numerischen Integration durchgeführt.

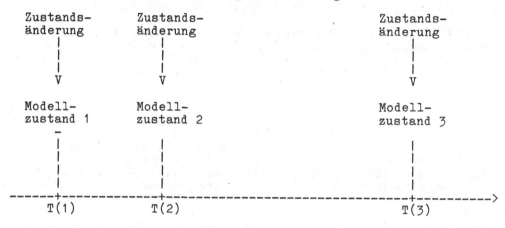

Bild 2   Aufeinanderfolge von Zustandsänderungen
              zu diskreten Zeitpunkten T(i)

Hinweis:

* Eine einheitliche Behandlung von zeitdiskreten und zeitkontinuierlichen Modellen ergibt sich aus der Tatsache, daß auch zeitkontinuierliche Modelle in der Simulation wie zeitdiskrete
Modelle behandelt werden können. Die Länge des Zeitschrittes
zwischen zwei Zustandsänderungen entspricht der Schrittweite bei
der numerischen Integration. Die an sich kontinuierliche Änderung
einer Variablen wird durch die numerische Integration in eine
Folge von zeitdiskreten Änderungen umgesetzt. Die Werte einer
Variablen als stetige Funktion der Zeit werden durch eine
Treppenfunktion approximiert.

Beispiel:

* Das ungestörte Wachstum einer Tierpopulation wird durch die
Differentialgleichung

$$dy \, / \, dt = a * y$$

beschrieben.
Die numerische Lösung dieser Differentialgleichung liefert den
Modellzustand in diskreten Zeitpunkten. Bild 3 zeigt den Wert der
Variablen y zu verschiedenen Zeiten T(i). Der Zustandsübergang
wird hierbei durch das numerische Integrationsverfahren vorgenommen. Das numerische Integrationsverfahren berechnet ausgehend
vom Modellzustand y(i) zur Zeit T(i) aufgrund der Differentialgleichung den Modellzustand y(i+1) zur Zeit T(i+1).
Die Zeitdifferenz zwischen zwei Zustandsübergängen T(i+1)-T(i)
entspricht der Integrationsschrittweite h.

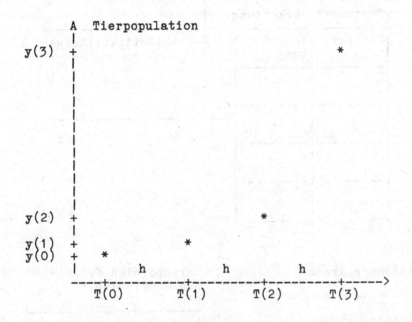

h   Integrationsschrittweite

Bild 3   Die Zustandsübergänge der Wachstumskurve zu
              diskreten Zeitpunkten

Bei der Simulation von zeitdiskreten Modellen in einer Rechenanlage arbeiten die folgenden 5 Komponenten zusammen:

* Die Datenbereiche für die Zustandsvariablen
Die Datenbereiche definieren den Zustand des Modells.

* Das Simulationsprogramm
Das Simulationsprogramm besteht aus verschiedenen Programmstücken, die einzeln aufgerufen werden können und die die
Zustandsänderungen durch Modifikation der Datenbereiche
vornehmen.

```
                    Simulations-
                    uhr
                    ---------------
                    |             |
                    |     T       |<----------
                    |             |          |
                    ---------------          |
                                             |
               Liste der Ablaufkon-          |     Kopfanker
               trolle                        |
                                             |
               Zeitpunkt Verkettung          |
               -----------------------       |     ---------------------
Zustands-      |Zeitpkt. |Verket-  |   -------|Zeitpkt.|Zeiger   |
übergang 1     |         |tung     |          ---------------------
               |---------|---------|                            |
Zustands-      |         |         |                            |
übergang 2     |         |         |                            |
               |---------|---------|                            |
Zustands-      |         |         |<----------------------------
übergang 3     |         |         |
               |---------|---------|
Zustands-      |         |         |
übergang 4     |         |         |
               |---------|---------|
Zustands-      |         |         |
übergang 5     |         |         |
               -----------------------
```

```
          Simulationsprogramm              Datenbereich für die
                                           Zustandsvariablen
Anweisungs-
nummer                                     ---------------------
      1      Programmstück                 |                   |
             Zustandsübergang 1            |                   |
                                           |                   |
      2      Programmstück                 |                   |
             Zustandsübergang 2            |                   |
                                           |                   |
      3      Programmstück          ----->|                   |
             Zustandsübergang 3            |                   |
                                           |                   |
      4      Programmstück                 |                   |
             Zustandsübergang 4            |                   |
                                           |                   |
      5      Programmstück                 |                   |
             Zustandsübergang 5            |                   |
                                           ---------------------
```

Bild 4   Der Aufbau der Ablaufkontrolle für zeitabhängige
          Zustandsübergänge

* Die Liste der Ablaufkontrolle
Die Ablaufkontrolle verfügt über eine Liste, die angibt, welches
Programmstück zu welcher Zeit aufgerufen werden muß. Die Reihenfolge der Zustandsänderungen wird in der Regel durch eine Verkettung festgelegt.

* Der Kopfanker
Wenn die Liste der Ablaufkontrolle verkettet ist, gibt der Kopfanker das erste Listenelement und die dazugehörige Zeit T an.

* Die Simulationsuhr
Die Simulationsuhr gibt die Zeit an. Sie wird in diskreten
Schritten weitergeschaltet. Die Ablaufkontrolle überwacht sie, um
entscheiden zu können, welche Zustandsübergänge durchgeführt
werden sollen.

Bild 4 zeigt den prinzipiellen Aufbau der Ablaufkontrolle zur
Simulation zeitabhängiger Zustandsübergänge.

Im vorliegenden Beispiel besteht das Simulationsprogramm aus 5
Programmstücken, die 5 verschiedene Zustandsübergänge durchführen
können. Die Programmstücke sind durch Anweisungsnummern identifiziert. Sie haben Zugriff auf die Datenbereiche für die Modellvariablen.

Die Liste der Ablaufkontrolle enthält für jedes Programmstück den
Zeitpunkt des Aufrufs. Hierbei steht der Zeitpunkt für den Aufruf
des Programmstücks i in der i-ten Zeile der Liste. Die
Programmstücke werden ihrer zeitlichen Reihenfolge entsprechend
aufgerufen. Die Reihenfolge wird durch die Verzeigerung
festgelegt.

Im Kopfanker befindet sich der Zeiger auf diejenige Zeile in der
Liste der Ablaufkontrolle, in der sich das Programmstück mit dem
kleinsten Aufrufzeitpunkt befindet.

Die Simulationsuhr gibt die Zeit an. Sie wird vor Ausführung
eines Zustandsüberganges auf den neuen Stand gebracht. Das geschieht, indem der Zeitpunkt für den nächsten Zustandsübergang
aus dem Kopfanker in die Simulationsuhr übertragen wird.

Die Aufgaben der Ablaufkontrolle werden durch das Diagramm in
Bild 5 beschrieben:
Zunächst wird die Simulationsuhr weitergeschaltet, indem der
Zeitpunkt für den Aufruf des nächsten Programmstücks aus dem
Kopfanker in die Simulationsuhr übertragen wird.
Anschließend wird die Zeile für das ausgewählte Programmstück
ausgekettet und die Zeile für das nächstfolgende Programmstück in
den Kopfanker übernommen.
Nun kann zu dem Programmstück im Simulationsprogramm gesprungen
werden, das die gewünschte Zustandsänderung durchführt.
Wenn noch weitere Aufrufe für Programmstücke angemeldet sind, ist
der Simulationslauf noch nicht beendet. Es wird mit der
Bearbeitung des nächstfolgenden Zustandsüberganges fortgefahren.

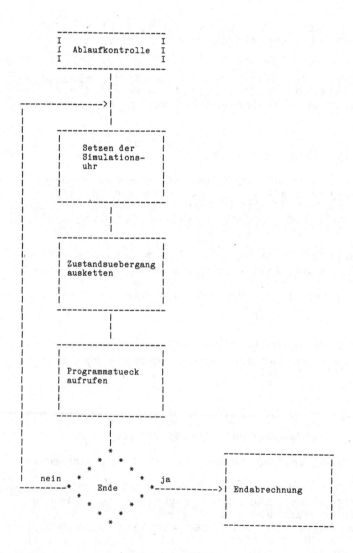

Bild 5   Die Aufgaben der Ablaufkontrolle

Hinweis:

* Die Zeit für den nächsten Zustandsübergang steht sowohl im Kopfanker als auch in der Zeile der Ablaufliste für das entsprechende Programmstück. Der Grund hierfür wird später ersichtlich.

Bild 6 zeigt eine Momentaufnahme der Felder für die Ablaufkontrolle.

```
                Simulations-
                uhr
                ----------------
                |     6.      |
                ----------------


                Liste der Ablauf-              Kopfanker
                kontrolle

                Zeitpunkt  Verkettung          Zeitpunkt Zeiger
                --------------------            ------------------
Zustands-       |   10.  |   3   |             |    8.  |   2   |
übergang 1      |        |       |             |        |       |
                |--------|-------|             ------------------
Zustands-       |    8.  |   1   |
übergang 2      |        |       |
                |--------|-------|
Zustands-       |   12.  |   5   |
übergang 3      |        |       |
                |--------|-------|
Zustands-       |    0.  |   0   |
übergang 4      |        |       |
                |--------|-------|
Zustands-       |   16.  |  -1   |
übergang 5      |        |       |
                --------------------
```

Bild 6   Die Felder der Ablaufkontrolle vor Ausführung
              des Zustandsüberganges 2

Die Liste der Ablaufkontrolle enthält für die Programmstücke die Zeitpunkte des Aufrufs. Programmstück 4 ist hierbei gegenwärtig nicht angemeldet. In der zweiten Spalte der Liste wird die Verkettung geführt. Es wird hierbei die Zeilennummer des nachfolgenden Zustandsüberganges angegeben. -1 kennzeichnet das Kettenende. Die Werte für das Programmstück mit dem kleinsten Aufrufzeitpunkt stehen im Kopfanker.

Die Simulationsuhr steht noch auf dem Stand des vorhergegangenen
Zustandsüberganges.

Entsprechend den Aufgaben der Ablaufkontrolle aus Bild 5 wird zunächst die Simulationsuhr auf den neuen Stand gebracht.
Als nächstes wird der Zustandsübergang in der zweiten Zeile ausgekettet und gelöscht. Der nächstfolgende Zustandsübergang wird
in den Kopfanker übertragen. Anschließend wird das Programmstück
2 aufgerufen, das den gewünschten Zustandsübergang durchführt.
Die Felder der Ablaufkontrolle befinden sich jetzt in einem Zustand, der in Bild 7 dargestellt ist.

Simulations-
uhr

```
-------------------
|      8.        |
-------------------
```


Liste der Ablauf-   Kopfanker
kontrolle

Zeitpunkt Verkettung   Zeitpunkt Zeiger

```
                ------------------------        ------------------------
Zustands-       |   10.   |    3    |           |   10.   |    1    |
übergang 1      |         |         |           |         |         |
                |---------|---------|           ------------------------
Zustands-       |    0.   |    0    |
übergang 2      |         |         |
                |---------|---------|
Zustands-       |   12.   |    5    |
übergang 3      |         |         |
                |---------|---------|
Zustands-       |    0.   |    0    |
übergang 4      |         |         |
                |---------|---------|
Zustands-       |   16.   |   -1    |
übergang 5      |         |         |
                ------------------------
```

Bild 7   Die Felder der Ablaufkontrolle nach Ausführung
              des Zustandsüberganges 2

Auf die beschriebene Weise werden alle in der Liste der Ablaufkontrolle angemeldeten Zustandsübergänge der zeitlichen Reihenfolge entsprechend bearbeitet.

Die Programmierung der Programmstücke für die Zustandsübergänge
und die Festlegung der Reihenfolge ist Aufgabe des Modellbauers

oder Benutzers. Die Zustandsübergänge und die Reihenfolge ihrer
Bearbeitung sind charakteristisch für das Modell, das erstellt
werden soll.

1.2.2 Bedingte Zustandsübergänge

Bedingte Zustandsübergänge werden vorgenommen, wenn der Modellzustand eine feste, vom Modellbauer oder Benutzer vorgegebene
Bedingung erfüllt. Die Bedingung hat hierbei die Form eines prä-
dikatenlogischen Ausdrucks, der beliebige Modellvariablen enthalten kann.

Im komplexen Ablaufgeschehen eines umfangreichen Modells ist es
in der Regel nicht möglich, vorher den Zeitpunkt zu bestimmen, zu
dem die Bedingung für einen Zustandsübergang wahr wird. Es ist
daher erforderlich, die Bedingung immer wieder während des
Modellablaufs zu überprüfen.

Es wäre denkbar, die Bedingung nach jedem neuen Zustandsübergang
zu überprüfen. Das ist unter Umständen erforderlich, da jeder
Zustandsübergang eine Variable so verändern kann, daß der
prädikatenlogische Ausdruck hierdurch den Wahrheitswert .TRUE.
erhält. Ein derartiges Vorgehen heißt automatische Bedingungsüberprüfung. Es kann der Ablaufkontrolle übertragen werden.
Nach jedem Zustandsübergang hätte die Ablaufkontrolle die Aufgabe, alle vom Benutzer festgelegten Bedingungen zu überprüfen
und im Anschluß daran möglich gewordene Zustandsänderungen durchzuführen. In GPSS-FORTRAN Version 3 wird die automatische
Bedingungsüberprüfung nicht eingesetzt, da dieses Verfahren sehr
rechenzeitaufwendig ist. Nach jedem Zustandsübergang müßten
ständig alle Bedingungen überprüft werden, auch dann, wenn die
Wahrscheinlichkeit sehr gering ist, eine erfüllte Bedingung zu
entdecken.
In GPSS-FORTRAN Version 3 wird die Überprüfung der Bedingungen
dem Benutzer übertragen. Man spricht daher von benutzergesteu-
erter Bedingungsüberprüfung. Der Benutzer kennt seine Bedingungen
und die darin enthaltenen Variablen. Weiterhin weiß er, wo im
Simulationsprogramm diese Variablen geändert werden. Bei der benutzergesteuerten Bedingungsüberprüfung muß der Benutzer jedes
Mal, wenn eine Variable modifiziert wird, die in einer seiner Bedingungen vorkommt, von sich aus die Bedingungsüberprüfung veranlassen. Auf diese Weise werden die Bedingungen nur dann
überprüft, wenn es tatsächlich möglich ist, daß sich der
Wahrheitswert einer Bedingung geändert hat. In GPSS-FORTRAN
Version 3 gibt es die logische Funktion CHECK. In sie werden alle
im Modell vorkommenden Bedingungen eingesetzt.
Die Überprüfung der Bedingungen und das Bearbeiten der bedingten
Zustandsübergänge übernimmt in GPSS-FORTRAN Version 3 das Unterprogramm TEST. Es prüft alle in der logischen Funktion CHECK zu-
sammengestellten Bedingungen und veranlaßt die Ausführung einer
Aktivität, wenn die entsprechende Bedingung wahr ist.

Das Unterprogramm TEST muß immer dann aufgerufen werden, wenn im
Simulationsprogramm eine Variable ihren Wert ändert, die in einer
Bedingung vorkommt. Das geschieht, indem der Benutzer den Test-

indikator TTEST setzt. Daraufhin wird von der Ablaufkontrolle die
Überprüfung der Bedingungen durch den Aufruf des Unterprogrammes
TEST vorgenommen.

Hinweise:

* Die benutzergesteuerte Bedingungsüberprüfung hat abgesehen von
der Rechenzeitersparnis einen weiteren deutlichen Vorteil:
Es gibt zahlreiche reale Modelle, in denen eine Reaktion aufgrund
einer erfüllten Bedingung nicht sofort erfolgt, sondern erst
dann, wenn die Bedingung tatsächlich überprüft wird. Diese Modelle lassen sich mit der benutzergesteuerten Bedingungsüber-
wachung besonders gut simulieren.
Beispiel:
In einem Stausee soll die Schleuse geschlossen werden, wenn der
Wasserstand eine bestimmte Untergrenze erreicht hat. Die Prüfung
des Wasserstandes wird vom Bedienungspersonal einmal am Tag vor-
genommen.
Bei der Simulation hat die benutzereigene Bedingungsüberprüfung
die Möglichkeit, genau wie im realen System die Prüfung der
Bedingung zu beliebigen Zeiten vorzunehmen. Die automatische
Bedingungsüberprüfung würde unabhängig von der tatsächlichen
Kontrolle durch das Bedienungspersonal das Erreichen der
Untergrenze sofort melden.

* Die benutzergesteuerte Bedingungsüberprüfung gibt dem Anwender
zusätzliche Möglichkeiten. So ist es z.B. nicht unbedingt erforderlich, einen Zustandsübergang sofort durchzuführen, wenn die
Bedingung erfüllt ist. Der Benutzer ist nicht gezwungen, die Ausführung des bedingten Zustandsüberganges zum aktuellen Zeitpunkt
zu veranlassen. Er kann vielmehr die Ausführung des Zustandsüberganges für einen späteren Zeitpunkt anmelden.
Beispiel:
Wenn der Wasserstand des Stausees die Untergrenze erreicht hat,
wird eine Stunde später die Schleuse geöffnet.
Das bedeutet, daß der Benutzer das Ereignis nicht sofort ausführt, sondern die Ausführung für die Zeit T+1. anmeldet. T ist
hierbei die aktuelle Zeit (Stand der Simulationsuhr), zu der eine
Zeitverschiebung von einer Zeiteinheit addiert wird.

Ein bedingter Zustandsübergang ist immer ein zeitdiskretes Ereignis. Es handelt sich demnach entweder um die Ausführung eines
Ereignisses oder um eine Transactionaktivierung.

Die Ereignisse, die in einem Modell vorkommen sollen, werden im
Unterprogramm EVENT zusammengestellt.
Jedes Ereignis besteht aus einer Anweisungsnummer und den dazuge-
hörigen Programmzeilen, die den Zustandsübergang durchführen. Die
Anweisungsnummer ist dabei identisch mit der Ereignisnummer NE.
Wenn ein Ereignis bearbeitet werden soll, wird das Unterprogramm
EVENT aufgerufen, wobei in der Parameterliste die Nummer des
Ereignisses NE übergeben wird.
Innerhalb des Unterprogrammes EVENT wird dann über den
Adreßverteiler das Programmstück mit der Anweisungsnummer ange-
sprungen, die der Ereignisnummer NE entspricht.

Das Anmelden eines Ereignisses übernimmt in GPSS-FORTRAN Version 3 das Unterprogramm ANNOUN:

Funktion: Anmelden eines Ereignisses

Unterprogrammaufruf

CALL ANNOUN(NE,TE,EXIT1)

Parameterliste:

NE   Ereignisnummer
Das Ereignis mit der Nummer NE soll ausgeführt werden.

TE   Ereigniszeitpunkt
Die Ausführung des Ereignisses NE wird für die Zeit TE angemeldet.

EXIT1   Fehlerausgang
Liegt ein Fehler vor, wird in der Regel zur Endabrechung gesprungen und der Simulationslauf abgebrochen.

Das Anmelden eines Ereignisses beinhaltet das Eintragen des Ereigniszeitpunktes TE in der Zeile NE der Liste der Ablaufkontrolle und die Korrektur der Verzeigerung.

Die Überprüfung der Bedingung und die Bearbeitung eines Ereignisses beinhaltet die folgende Vorgehensweise:

Wenn eine Variable, die in einer Bedingung erscheint, ihren Wert ändert, wird die Ablaufkontrolle veranlaßt, die Überprüfung der Bedingung vorzunehmen. Das geschieht durch Setzen des Testindikators TTEST=T. Daraufhin wird das Unterprogramm TEST angesprungen.
In TEST wird durch den Aufruf der logischen Funktion CHECK der Wahrheitswert einer Bedingung festgestellt. NCOND gibt hierbei die Nummer der zu überprüfenden Bedingung an. Ist die Bedingung erfüllt, wird durch den Aufruf des Unterprogrammes EVENT die Ausführung des entsprechenden Ereignisses veranlaßt.

Beispiel:

* Eine Bedingungsüberprüfung im Unterprogramm TEST könnte die folgende Form haben:

    IF (CHECK(NCOND)) CALL EVENT(5,*9999)

Das bedeutet, daß das Ereignis NE=5 zur gegenwärtigen Zeit ausgeführt werden muß, wenn die Bedingung NCOND den Wahrheitswert .TRUE. hat.

In ähnlicher Weise arbeitet eine bedingte Transactionaktivierung. In diesem Fall sorgt das Unterprogramm DBLOCK dafür, daß eine Transaction zur Weiterbearbeitung angemeldet wird.

Ausführliche Beispiele werden die Vorgehensweise im Einzelnen er-
läutern.

1.3 Das Unterprogramm FLOWC

Die Ablaufkontrolle übernimmt in GPSS-FORTRAN Version 3 das
Unterprogramm FLOWC. Dieses Unterprogramm bildet die zentrale
Schaltstelle des Simulators.

1.3.1 Die Listen für die Zustandsübergänge

In Kap. 1.2.1 wurde die prinzipielle Vorgehensweise für die Behandlung zeitabhängiger Zustandsübergänge beschrieben. Die
Ablaufkontrolle von GPSS-FORTRAN Version 3 gestaltet dieses Verfahren weiter aus.
Zunächst werden die möglichen Zustandsübergänge klassifiziert und
in verschiedenen Listen geführt. Weiterhin werden den unmittelbaren Zustandsübergängen Eingriffe in das Modell beigestellt, die
dazu dienen, dem Modell Information zu entnehmen, um sie der
Endauswertung eines Simulationslaufes zugänglich zu machen.

Anstelle der einen Liste der Ablaufkontrolle treten jetzt 6 voneinander unabhängige Listen. Jede Liste hat eine eigene Verzeigerung und einen eigenen Kopfanker.

Die Ablaufkontrolle von GPSS-FORTRAN Version 3 verwaltet die fol-
genden Listen:
Ereignisliste, Sourceliste, Aktivierungsliste, Konfidenzliste,
Monitorliste und Equationliste.

* Ereignisliste
In der Ereignisliste werden alle Ereignisse eingetragen. Jedes
Ereignis nimmt einen, vom Benutzer zu programmierenden,
zeitdiskreten Zustandsübergang vor. Die Ereignisse sind einzeln
durchnumeriert. Die Ereignisnummer heißt NE. Jedes Ereignis
besetzt in der Eventliste diejenige Zeile, die seiner
Ereignisnummer NE entspricht.

* Sourceliste
Sources erzeugen Transactions. In der Sourceliste ist für jede
Source in der entsprechenden Zeile die Zeit für den nächsten
Sourcestart eingetragen, der eine neue Transaction generiert.

* Aktivierungsliste
Für jede Transaction wird angegeben, zu welcher Zeit sie wieder
aktiviert werden muß. Jede Transaction belegt in der Aktivierungsliste eine Zeile.

* Konfidenzliste
Um statistische Information über zeitverbrauchende Vorgänge zu
gewinnen, stehen in GPSS-FORTRAN Version 3 die sogenannten Bins
zur Verfügung. In regelmäßigen, zeitlichen Abständen wird der Inhalt der Bins inspiziert, um Mittelwerte und Konfidenzintervalle
bestimmen zu können. In der Konfidenzliste ist jeder Bin eine
Zeile zugeordnet.

* Monitorliste
Um die zeitliche Entwicklung von Zustandsvariablen graphisch darzustellen, können in GPSS-FORTRAN Plots angelegt werden. Für
jeden Plot müssen in regelmäßigen, zeitlichen Abständen die Werte
der zu plottenden Modellvariablen aufgenommen und in einer Datei
sichergestellt werden. In der Monitorliste wird für jeden Plot
der Zeitpunkt festgehalten, zu dem die Werte der Modellvariablen
registriert werden müssen.

* Equationliste
GPSS-FORTRAN Version 3 bietet für die Simulation zeitkontinuierlicher Modelle das Set-Konzept an. Einzelne, lose gekoppelte
Systeme von Differentialgleichungen bilden jeweils ein Set. Die
einzelnen Sets können unterschiedliche Integrationsschrittweiten
haben. In der Equationliste wird für jedes Set von Differentialgleichungen der Zeitpunkt für den nächsten Integrationsschritt
festgehalten.

Alle Listen enthalten Aktivitäten, die zu einer bestimmten Zeit
ausgeführt werden müssen. Die Listen unterscheiden sich voneinander durch die Art des Zustandsüberganges.
Alle Aktivitäten sind in den Listen der zeitlichen Reihenfolge
entsprechend geordnet. Die Ordnung wird durch eine einfache Verkettung realisiert.
In allen Listen gibt es neben anderen Informationen im wesentlichen die Angabe über die Zeit der Ausführung und den Zeiger auf
das nächstfolgende Listenelement.

Die Kopfanker für alle 6 Listen sind in einem Vektor THEAD zusammengefaßt. Es ergibt sich demnach eine Datenstruktur nach Bild
8.
Der Zeiger in THEAD zeigt auf das Listenelement mit dem kleinsten
Zeitpunkt. Die Verkettung der weiteren Listenelemente erfolgt in
der Spalte, die in Bild 8 mit Zeiger bezeichnet wird.

Das Unterprogramm FLOWC, das in GPSS-FORTRAN Version 3 die Ablaufkontrolle übernimmt, arbeitet mit der soeben beschriebenen
Datenstruktur. FLOWC sucht in THEAD zunächst die Liste mit dem
kleinsten Zeitpunkt. In dem entsprechenden Zeigerfeld findet
FLOWC dann die Listenzeile für den auszuführenden Zustandsübergang.

Hinweise:

* Die Listenelemente in THEAD sind in GPSS-FORTRAN nicht verzei-
gert. Die kleinste Zeit wird durch lineares Suchen gefunden.

* Die Zeit für den kleinsten Zeitpunkt in einer Liste wurde in
den Kopfanker THEAD übernommen, um das Suchen zu beschleunigen.
Es ist in diesem Fall nicht erforderlich, dem Zeiger aus dem
Kopfanker zu folgen, um die Zeit der Liste zu entnehmen.

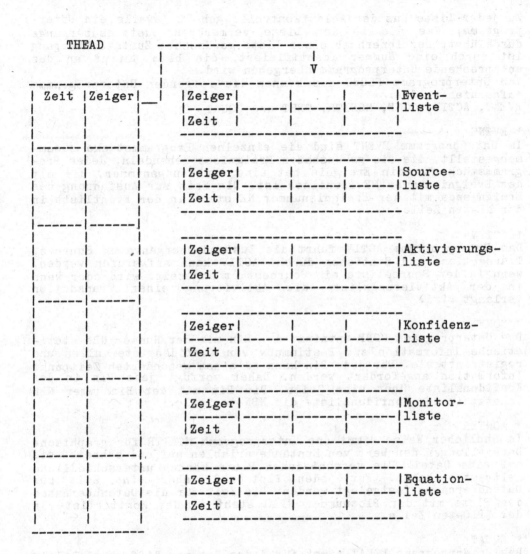

Bild 8   Die Datenbereiche für die Ablaufkontrolle

1.3.2 Die Unterprogramme für die Zustandsübergänge

Zu jeder Liste aus der Ablaufkontrolle gehört jeweils ein Unterprogramm, das die in der Liste vermerkten Zustandsübergänge
durchführt. Der innerhalb einer Liste gewünschte Zustandsübergang
ist durch eine Nummer identifiziert, die beim Aufruf an das
entsprechende Unterprogramm übergeben wird.
Vom Unterprogramm FLOWC aus können die folgenden Unterprogramme
aufgerufen werden:
EVENT, ACTIV, CONF, MONITR, TEST und EQUAT

* EVENT
Im Unterprogramm EVENT sind die einzelnen Programmstücke zusammengestellt, die die gewünschten Ereignisse behandeln. Jedes Programmstück für ein Ereignis hat eine Anweisungsnummer, die mit
der Ereignisnummer NE identisch ist. Die Zeit zur Ausführung des
Ereignisses mit der Ereignisnummer NE steht in der Eventliste in
der NE-ten Zeile.

* ACTIV
Das Unterprogramm ACTIV führt die Zustandsübergänge an Sources,
Transactions und Stationen durch. ACTIV kann aufgerufen werden,
wenn in der Sourceliste ein Sourcestart angezeigt wird oder wenn
in der Aktivierungsliste die Aktivierung einer Transaction
verlangt wird.

* CONF
Das Unterprogramm CONF entnimmt der Bin mit der Nummer NBN statistische Information zur Bestimmung von Konfidenzintervallen und
registriert sie. Für jede Bin kann zu einem gesonderten Zeitpunkt
Information angefordert werden. Daher verfügt jede Bin in der
Konfidenzliste über eine Zeile. Die Bin mit der Binnummer NBN
besetzt in der Konfidenzliste die NBN-te Zeile.

* MONITR
In ähnlicher Weise nimmt das Unterprogramm MONITR für graphische
Darstellungen den Wert von Zustandsvariablen auf und schreibt sie
auf eine Datei. Die verschiedenen Plots können unterschiedliche
Zeitraster haben. Für jeden Plot muß daher eine Zeit zur
Datenübernahme festgelegt werden. Die Zeit für die Datenübernahme
des Plots mit der Plotnummer NPLO steht in der Monitorliste in
der NPLO-ten Zeile.

* EQUAT
Das Unterprogramm EQUAT nimmt für jedes Set von Differentialgleichungen den nächsten Zustandsübergang vor, indem das Set einen
Schritt weiterintegriert wird. Das Set mit der Nummer NSET belegt
in der Equationliste die NSET-te Zeile.

* TEST
Im Unterprogramm TEST überprüft der Benutzer seine Bedingungen
und veranlaßt die erforderlichen Aktivitäten.

Am Beispiel des Unterprogrammes EVENT soll das prinzipielle Vorgehen erläutert werden. Die anderen Unterprogramme werden an späterer Stelle ebenfalls ausführlich beschrieben.

In das Unterprogramm EVENT muß der Benutzer die Programmstücke eintragen, die die gewünschten Zustandsübergänge vornehmen sollen. Als Beispiel sollen 5 verschiedene Ereignisse möglich sein.

Das Unterprogramm EVENT habe die folgende Form:

```
      SUBROUTINE EVENT(NE,EXIT1)
C
C     Funktion:   Bearbeiten eines Ereignisses
C
C     Parameter:  NE      = Nummer des Ereignisses
C                 EXIT1   = Fehlerausgang
C
C     Adressverteiler
C     ================
      GOTO(1,2,3,4,5), NE

1     Programmstück
      für Ereignis NE=1
      RETURN

2     Programmstück
      für Ereignis NE=2
      RETURN

3     Programmstück
      für Ereignis NE=3
      RETURN

4     Programmstück
      für Ereignis NE=4
      RETURN

5     Programmstück
      für Ereignis NE=5
      RETURN
      END
```

Hinweis:

* Der Adreßausgang EXIT1 dient als Ausgang im Fehlerfall. Er ist in der vorliegenden Beschreibung des Unterprogrammes EVENT nicht berücksichtigt.

Die dazugehörige Eventliste soll z.B. die folgende Form haben:

Eventliste

Zeit   Zeiger

	Zeit	Zeiger
Ereignis 1	10.	3
Ereignis 2	8.	1
Ereignis 3	12.	5
Ereignis 4	0.	0
Ereignis 5	16.	-1

Der Kopfanker THEAD soll beispielsweise die folgende Form haben:

	EVENT	ACTIV	ACTIV	CONF	MONITR	EQUAT
	Ereig-nisse	Sources	Trans-actions	Bins	Plots	Sets
Zeit	8.	0.	0.	0.	12.	11.
Zeiger	2	-1	-1	-1	3	2
	Event-liste	Source-liste	Aktiv.-liste	Konf.-liste	Monitor-liste	Equat.-liste

Den Einträgen in THEAD zufolge müssen die folgenden Aktivitäten durchgeführt werden:

Zur Zeit T = 8.   Ereignis NE=2   bearbeiten
Zur Zeit T = 11. Set NSET=2 einen Schritt integrieren
Zur Zeit T = 12. Für Plot NPLO=3 die Werte der
                   Zustandsvariablen registrieren

Eine -1 im Zeiger gibt an, daß die Kette leer ist und keine Aktivitäten zur Ausführung angemeldet sind.

Hinweis:

* In der vorhergehenden Darstellung ist über dem Datenbereich THEAD vermerkt, welche Art von Zustandsübergängen vorgenommen

werden sollen und welche Unterprogramme für diese Zustandsübergänge verantwortlich sind. Weiterhin ist angegeben, für
welche Liste THEAD den Kopfanker enthält.

Das Unterprogramm FLOWC stellt zunächst fest, daß sich im ersten
Feld von THEAD der kleinste Zeitpunkt befindet. Das bedeutet, daß
als nächster Zustandsübergang ein Ereignis zu bearbeiten ist. Der
Zeiger in THEAD deutet auf die 2. Zeile in der Ereignisliste. Das
bedeutet, daß zum aktuellen Zeitpunkt T=8. das Ereignis NE=2
ausgeführt werden muß.
Vom Unterprogramm FLOWC aus wird daher das Unterprogramm EVENT
wie folgt aufgerufen:

        CALL EVENT(2,EXIT1)

Im Unterprogramm selbst wird über den Adreßverteiler mit Hilfe
des Computed GOTO zur Anweisungsnummer 2 gesprungen. An dieser
Stelle befindet sich das Programmstück, das den Zustandsübergang
des Ereignisses NE=2 durchführt.
Nach Bearbeitung des Ereignisses NE=2 wird zum aufrufenden Unterprogramm FLOWC zurückgesprungen, das anschließend den nächsten
Zustandsübergang feststellt, indem es in THEAD erneut nach dem
kleinsten Zeitpunkt sucht. Nach der Ausführung des Ereignisses
NE=2 hat der Kopfanker THEAD die folgende Form:

	EVENT Ereig- nisse	ACTIV Sources	ACTIV Trans- actions	CONF Bins	MONITR Plots	EQUAT Sets
Zeit	10.	0.	0.	0.	12.	11.
Zeiger	1	-1	-1	-1	3	2

Aus der Ereignisliste wurde der Zeitpunkt für die Ausführung des
nächstfolgenden Ereignisses in THEAD übertragen. Das bedeutet, da
vor allen anderen Aktivitäten noch einmal ein Ereignis bearbeitet
werden mu . In diesem Fall handelt es sich um das Ereignis NE=1.

Nach Bearbeiten des Ereignisses NE=1 hat THEAD die folgende Form:

	EVENT Ereig- nisse	ACTIV Sources	ACTIV Trans- actions	CONF Bins	MONITR Plots	EQUAT Sets
Zeit	12.	0.	0.	0.	12.	11.
Zeiger	3	-1	-1	-1	3	2

In diesem Fall würde als nächstes das Unterprogramm EQUAT aufgerufen, das das Set NSET=2 einen Schritt weiterintegriert.

* Hinweis:

Bei Gleichzeitigkeit wird die Aktivität zuerst ausgeführt, die in
THEAD an vorderer Stelle steht. Zur Zeit T=12. würde das Unterprogramm EVENT vor dem Unterprogramm MONITR aufgerufen. Durch die
sorgfältig durchdachte Reihenfolge in THEAD kann es dadurch keine
Komplikationen geben (siehe Bd.2 Kap. 1.4).

1.3.3 Der Ablaufplan für das Unterprogramm FLOWC

Der Ablaufplan in Bild 9 beschreibt die Funktionsweise der Ablaufkontrolle im Unterprogramm FLOWC.

"Kleinste Zeit in THEAD suchen"
Der Kopfanker THEAD wird nach der kleinsten Zeit durchsucht.

"K = Zeile in THEAD"
In die Variable K wird die Zeile eingetragen, in der in THEAD die
kleinste Zeit gefunden wurde. Auf diese Weise wird die Art der
auszuführenden Aktivität bestimmt.

"Simulationsuhr T setzen"
Die Simulationsuhr T wird auf den neuen Zeitpunkt gestellt, der
im Kopfanker THEAD registriert wurde.

"Aufruf von TEST erforderlich ?"
Wenn der Testindikator TTEST gesetzt ist, ist die Überprüfung der
Bedingungen erforderlich. Aus Gründen, die später verständlich
werden, muß der Aufruf des Unterprogrammes TEST vor dem Aufruf
des Unterprogrammes EQUAT erfolgen.

"Simulationsende ?"
Wenn die angegebene Zeitobergrenze für den Simulationslauf erreicht ist, wird zum Rahmen zurückgesprungen. Im Rahmen wird mit
dem Abschnitt "Endabrechnung" fortgefahren.

"Adreßverteiler"
Im Adreßverteiler wird das Unterprogramm angesprungen, das die
Aktivität mit der kleinsten Zeit durchführen soll. Anschließend
wird zum Anfang von FLOWC zurückgekehrt.

Auf die beschriebene Weise werden alle in den 6 Listen verzeich-
neten Aktivitäten in der korrekten zeitlichen Reihenfolge abgearbeitet.

Das Unterprogramm FLOWC wird zur Bearbeitung des ersten Zustandsüberganges betreten und erst nach Ausführung des letzten
Zustandsüberganges wieder verlassen. Der Kontrollfluß kreist
ständig in FLOWC, indem der Zyklus "Auswahl einer Aktivität" und
"Durchführen einer Aktivität" ständig wiederholt wird.

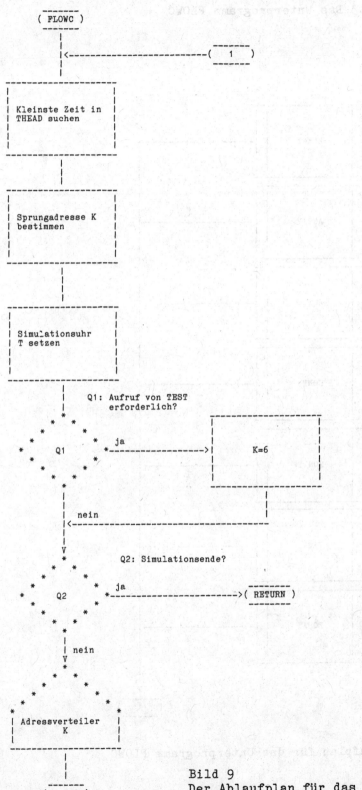

Bild 9
Der Ablaufplan für das Unterprogramm FLOWC
(Teil 1)

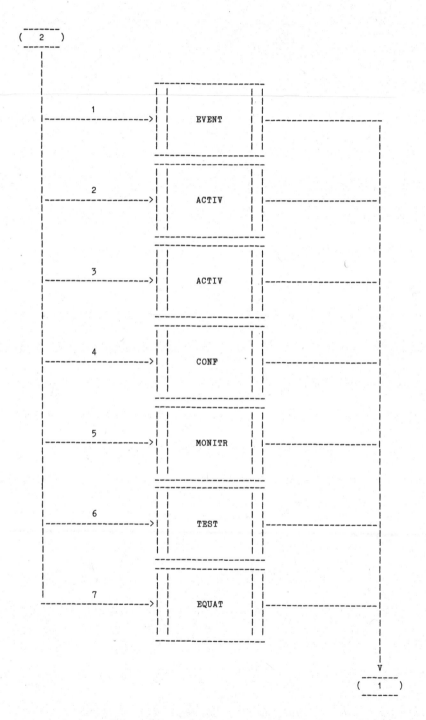

Bild 9   Der Ablaufplan für das Unterprogramm FLOWC
          (Teil 2)

Dieser ständige Zyklus wird gelegentlich unterbrochen, wenn die Überprüfung der Bedingungen im Unterprogramm TEST erforderlich ist. Die Überprüfung der Bedingungen wird an späterer Stelle ausführlicher beschrieben. Es wird dann auch verständlich, warum das Unterprogramm TEST im Unterprogramm FLOWC aufgerufen werden muß.

Die Ablaufkontrolle von GPSS-FORTRAN Version 3 zeichnet sich durch klare Struktur und durch weitgehende Modularität aus. Die unterschiedlichen Arten der Aktivitäten sind deutlich getrennt. Für jede Art von Aktivität ist genau ein Unterprogramm zuständig. In der Parameterliste des entsprechenden Unterprogramms wird die Zeile der Ablaufliste übergeben, die eine auszuführende Aktivität besetzt.

Beispiel:

* Das Unterprogramm EVENT bearbeitet alle Events, die in einem Modell vorkommen. Das individuelle Event mit der Eventnummer NE wird bearbeitet, indem beim Aufruf des Unterprogrammes EVENT der Parameter NE übergeben wird.

Die modulare Struktur der Ablaufkontrolle von GPSS-FORTRAN Version 3 bietet weiterhin die Möglichkeit der Erweiterung. So können die Arten der Aktivitäten ohne Schwierigkeiten ergänzt werden, indem ein neues Unterprogramm eingeführt wird, das in gleicher Weise wie die Unterprogramme EVENT, ACTIV, CONF, MONITR und EQUAT zu behandeln wäre.

Ein zusätzlicher Vorteil der Ablaufkontrolle von GPSS-FORTRAN Version 3 liegt in der Tatsache, daß die Listenstruktur zweistufig ist (siehe Bild 8). Zunächst wird in der 1. Stufe der Kopfanker THEAD durchgegangen, um die Liste mit der kleinsten Zeit zu finden. Anschließend wird in der 2. Stufe in der Liste selbst der Zustandsübergang mit der kleinsten Zeit ausgewählt. Auf diese Weise kann der Suchvorgang beschleunigt werden. Das gilt besonders für komplexe Modelle, für die alle Arten von Aktivitäten vorkommen und damit alle Listen besetzt sind.

Die Ablaufkontrolle von GPSS-FORTRAN Version 3 verbindet Schnelligkeit der Ausführung mit klarer Struktur und konsequenter Modularität.

1.3.4 Der Aufbau des Simulators

Der Simulator GPSS-FORTRAN Version 3 besteht aus einem Fortran-Hauptprogramm und zahlreichen Unterprogrammen.
Die Unterprogramme sind zunächst Systemunterprogramme, die festgelegte Funktionen übernehmen und die in der Regel vom Benutzer nicht geändert werden. Daneben gibt es Benutzerprogramme, die die Modellbeschreibung in Form der auszuführenden Zustandsübergänge enthalten.

Bild 10 zeigt zunächst den Aufbau des GPSS-FORTRAN Hauptpro-
grammes, das auch Rahmen genannt wird. Der Rahmen besteht aus den
drei folgenden Teilen:
Initialisierung des Simulationslaufes
Aufruf der Ablaufkontrolle
Endabrechnung.

* Initialisierung des Simulationslaufes
In diesem Teil des Rahmens wird die Dimension der Datenbereiche
angegeben, Datentypen vereinbart, Felder vorbesetzt und Anfangsbedingungen festgelegt. Für jeden Simulationslauf wird dieser
Teil einmal durchlaufen.

```
                    GPSS-FORTRAN-Hauptprogramm
                          (Rahmen)


        --------------------------------------
        |-------------------------------------|
        ||Initialisierung des                ||
        ||Simulationslaufes                  ||
        ||                                   ||
        |-------------------------------------|
        |-------------------------------------|        ------------
        ||Aufruf der Ablaufkontrolle  ||------|  FLOWC  |
        |-------------------------------------|        ------------
        |-------------------------------------|
        ||                                   ||
        ||                                   ||
        ||Endabrechnung                      ||
        ||                                   ||
        |-------------------------------------|
        --------------------------------------
```

Bild 10   Das GPSS-FORTRAN Hauptprogramm

* Aufruf der Ablaufkontrolle
Die Ausführung der Simulation wird der Ablaufkontrolle über-
tragen. Im Rahmen steht an dieser Stelle der Aufruf des
Unterprogramms FLOWC.

```
C
C       6. Modell
C       =========
6000    CALL FLOWC (*7000)
```

Der Programmfluß kreist innerhalb des Unterprogrammes FLOWC, bis
alle erforderlichen Zustandsübergänge abgearbeitet sind und das
Endekriterium erreicht ist. Im Anschluß daran wird zum aufrufenden Hauptprogramm zurückgekehrt und mit der Endabrechnung
fortgefahren.

* Endabrechnung
Die Endabrechnung wird am Ende des Simulationslaufes einmal
durchlaufen. Sie berechnet statistische Größen, z.B. Mittelwerte
und deren Konfidenzintervalle, legt graphische Darstellungen an
usw.

Das Unterprogramm FLOWC ruft in der entsprechenden zeitlichen
Reihenfolge die Unterprogramme EVENT, ACTIV, CONF, MONITR und
EQUAT auf. Außerdem wird das Unterprogramm TEST angesprungen,
wenn der Testindikator TTEST gesetzt worden ist.
Bild 11 zeigt die endgültige Aufrufhierarchie der Ablaufkon-
trolle.

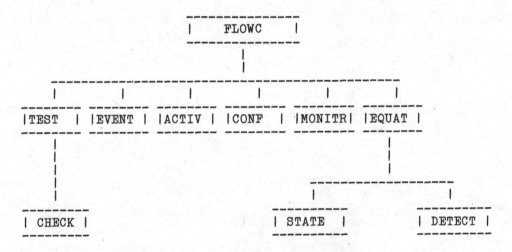

Bild 11   Die Aufrufhierarchie der Unterprogramme,
           die zur Ablaufkontrolle gehören

Das Unterprogramm EQUAT übernimmt die numerische Integration. Es
führt bei jedem Aufruf einen Integrationsschritt durch. Die
Differentialgleichungen, die integriert werden sollen, müssen vom
Benutzer im Unterprogramm STATE festgelegt werden.

Vom Unterprogramm EQUAT aus wird weiterhin das Unterprogramm
DETECT aufgerufen. DETECT kontrolliert die Zustandsvariablen aus
dem kontinuierlichen Teil, die in den Bedingungen vorkommen und
prüft, ob sie einen geforderten Wert erreicht haben.

Systemunterprogramme sind Unterprogramme, die zum Simulator gehören und die fertig vorliegen. Hierzu gehören: FLOWC, CONF,
MONITR und EQUAT.
Benutzerunterprogramme enthalten die Zustandsübergänge des Modells, die Bedingungen und deren Überwachung. Hierzu gehören:
EVENT, ACTIV, STATE, TEST, DETECT und CHECK. Sie sind als Unter
programme vorhanden. Der Benutzer muß diejenigen Programmzeilen
einfügen, die sein Modell beschreiben.

In den nachfolgenden Kapiteln wird ausführlich beschrieben, wie das zu geschehen hat. Weiterhin enthält Band 3 zahlreiche Beispielmodelle, an denen das Vorgehen im Einzelnen vorgeführt wird.

1.4 Gleichzeitige Aktivitäten

Zahlreiche reale Systeme zeichnen sich dadurch aus, daß eine Reihe von Aktivitäten parallel ablaufen. So bearbeiten z.B. in einem Supermarkt alle Kunden ihre Einkaufszettel parallel (siehe Bd.2 Kap. 3).
Bei herkömmlichen Rechenanlagen ist Parallelbearbeitung nicht möglich. Vorgänge, die in einem realen System parallel ablaufen, müssen in der Rechenanlage sequentialisiert werden. Das bedeutet, daß gleichzeitige Zustandsübergänge der Reihe nach bearbeitet werden müssen. In der Regel ergeben sich hierbei keine Schwierigkeiten, wenn die Reihenfolge bekannt ist, nach der bei Zeitgleichheit die Aktivitäten bearbeitet werden sollen.

Hinweis:

* Es ist zu beachten, daß für die Simulation die Zustandsänderungen betrachtet werden. Wenn in der Simulation die Bearbeitung gleichzeitiger Aktivitäten behandelt wird, geht es dabei immer nur um Zustandsübergänge.

1.4.1 Die Bearbeitungsreihenfolge bei Gleichzeitigkeit

Der Simulator GPSS-FORTRAN schenkt der Behandlung zeitgleicher Aktivitäten besonderes Augenmerk. Zunächst wird die Reihenfolge zeitgleicher Aktivitäten festgelegt:

1. Bearbeiten von Ereignissen
2. Starten von Sources
3. Aktivieren von Transactions
4. Sammeln von Information für Bins
5. Sammeln von Information für Plots
6. Integrieren von Sets

Beispiel:

* Wenn zur gleichen Zeit die Bearbeitung eines Ereignisses und die Erzeugung einer Transaction durch einen Source-Start ansteht, wird das Ereignis zuerst bearbeitet.

Innerhalb bestimmter Aktivitäten entscheidet die Nummer.

Beispiel:

* Sind mehrere Ereignisse zur gleichen Zeit angemeldet, so wird zunächst das Ereignis mit der kleinsten Ereignisnummer NE bearbeitet. In gleicher Weise wird bei Sources, Bins, Monitoraufrufen für Plots und Sets verfahren.

Im transactionorientierten Teil des Simulators GPSS-FORTRAN entspricht die Bearbeitungsreihenfolge bei Zeitgleichheit zunächst der Typnummer (siehe Bd.2 Kap. 3.1.3):

1. Facilities
2. Multifacilities

3. Pools
4. Storages
5. Gates
6. Gather Stationen
7. Gather Stationen für Families
8. User Chains (Typ1)
9. Trigger Stationen
10. User Chains (Typ2)
11. Trigger Stationen für Families
12. Match-Stationen

Innerhalb eines Stationstyps entspricht die Bearbeitung der Stationsnummer.

Beispiel:

* Eine Transaction, die von einer Facility bearbeitet werden
soll, wird bei Zeitgleichheit einer Transaction vorgezogen, die
vor einer Storage steht.
Stehen vor den Facilities mehrere Transactions zur Bearbeitung
an, so wird die Transaction mit der kleinsten Stationsnummer NFA
aufgegriffen.

Wenn alle zeitabhängigen Aktivitäten bearbeitet worden sind, wird
überprüft, ob der Benutzer durch das Setzen des Testindikators

    TTEST = T

zur Zeit T die Überprüfung der Bedingungen wünscht.
Wird bei der Überprüfung festgestellt, daß eine Bedingung erfüllt
ist, so wird die dann erforderliche Aktivität sofort ausgeführt.

Hinweise:

* Bedingte Aktivitäten werden in der Reihenfolge bearbeitet, in
der sie im Unterprogramm TEST geprüft werden. In diesem Fall ist
die Aufrufreihenfolge in TEST wesentlich.

1.4.2 Die Zahlenschranke EPS

Die Simulationsuhr T ist im Simulator GPSS-FORTRAN Version 3 eine
Variable vom Typ REAL.
Aufgrund der Darstellung von Zahlen des Typs REAL werden in einer
Rechenanlage Intervalle auf eine Realzahl abgebildet. Man spricht
in diesem Fall auch von Rundung. Die Breite des Intervalls,
innerhalb dessen alle reellen Zahlen in ihrer Darstellung in der
Rechenanlage als gleich angesehen werden, hängt von der Größe der
Zahl und von der Anzahl der Bits ab, die für die
Zahlendarstellung zur Verfügung stehen. Um bei der Darstellungs-
genauigkeit von der Größe der Zahl und der Anzahl der Bits unabhängig zu sein, arbeitet der Simulator GPSS-FORTRAN Version 3 mit
einer für einen Programmlauf festen Zahlenschranke EPS.

Ganz allgemein werden alle Zahlen als gleich behandelt, deren
Differenz kleiner als EPS ist. Das betrifft insbesondere die

Simulationsuhr T. Alle Aktivitäten, deren Bearbeitungszeit sich um weniger als EPS unterscheidet, werden als zeitgleich angesehen.
Die Variable EPS kann vom Benutzer angegeben werden. Sie kann z.B. mit Hilfe eines VARI-Datensatzes formatfrei eingelesen werden.

Wenn die Zahlenschranke EPS nicht vom Benutzer angegeben wird, so wird im Unterprogramm INPUT ein Wert automatisch bestimmt. Hierbei wird EPS so berechnet, daß die größtmögliche Zeit, die in der Variablen TEND abgespeichert ist, in der Zahlendarstellung der Rechenanlage von der Zahl TEND+EPS gerade noch unterscheidbar ist.

Im Unterprogramm FLOWC wird vor jedem Weiterschalten der Simulationsuhr geprüft, ob die folgende Bedingung erfüllt ist:

T. EQ. T+EPS

In diesem Fall hat die Simulationsuhr einen Stand erreicht, der so groß ist, daß T und T+EPS nicht mehr unterschieden werden können. Der Simulationslauf wird mit einem Fehlerkommentar abgebrochen.

Hinweise:

* Der Abbruch des Simulationslaufes aus dem eben genannten Grund ist nur möglich, wenn EPS vom Benutzer gesetzt wird.
Wird EPS vom Simulator selbst gesetzt, so ist sichergestellt, daß alle Zeiten bis zur maximal möglichen Zeit TEND korrekt darstellbar sind.
Das gilt allerdings nur dann, wenn TEND während des Simulationslaufes unverändert bleibt.

* Die Genauigkeit des Simulationsmodells hängt von der Größe der Zahlenschranke EPS ab. Das trifft insbesondere für die Integration zu. Daher sollte die Größe von EPS sorgfältig gewählt werden.
Wird die Bestimmung von EPS dem Simulator überlassen, so ist darauf zu achten, daß TEND vernünftig besetzt wird, da TEND zur Berechnung von EPS herangezogen wird. (Je größer TEND, umso größer EPS.)

2 Die Simulation zeitkontinuierlicher Systeme

In kontinuierlichen Systemen sind die Zustandsvariablen stetige Funktionen der Zeit. Der Systemzustand ist bekannt, wenn zu jeder Zeit die Werte für die Systemvariablen angegeben werden können, d.h. wenn
x = F(t)
bekannt ist.

Die Zustandsvariablen zeitkontinuierlicher Systeme sind in der Regel durch Differentialgleichungen bestimmt. Um den Systemzustand zur Zeit t angeben zu können, ist es daher erforderlich, aus den Differentialgleichungen die zeitliche Abhängigkeit der Zustandsvariablen selbst zu gewinnen. Das heißt, daß die Differentialgleichungen gelöst werden müssen. In einfachen Fällen ist die Lösung analytisch möglich. Weit häufiger liefert nur die Simulation Ergebnisse.

* Beispiel:

Das ungehinderte Wachstum einer Tierpopulation wird durch die folgende Differentialgleichung beschrieben:

dx/dt = a * x

Das Systemverhalten ist bekannt, wenn x=F(t) bekannt ist. Für die vorliegende Gleichung ist es möglich, eine analytische Lösung anzugeben.
Sie lautet bekanntlich wie folgt:
x = x(0) * exp(a*t)

Die Gleichung gestattet es, ausgehend vom Anfangswert x(0) die Größe der Tierpopulation zu jeder gewünschten Zeit t anzugeben. Damit gilt das Problem als gelöst.

Sollte die analytische Lösung nicht möglich sein, muß die Simulation eingesetzt werden. Die Simulation liefert als Ergebnis Wertetabellen, in denen die Werte der Zustandsvariablen zu diskreten Zeiten angegeben werden.

Hinweis:

* Das System Tierpopulation ist sehr einfach. Es wird nur durch eine Zustandsvariable x beschrieben. Komplexe Systeme werden in der Regel durch ein gekoppeltes System von Differentialgleichungen dargestellt. Beispiel für ein gekoppeltes Differentialgleichungssystem ist das Wirte-Parasiten-Modell, das in Band 3 Kap. 1 beschrieben wird.

2.1 Differentialgleichungen in GPSS-FORTRAN Version 3

Unter kontinuierlicher Simulation versteht man die Lösung von Differentialgleichungssystemen mit Hilfe der numerischen Integration. GPSS-FORTRAN Version 3 stellt Unterprogramme zur Verfügung, die die numerische Integration, die Datenerfassung und Datenpräsentation übernehmen. Die Aufgabe des Benutzers beschränkt sich auf die Formulierung der Differentialgleichungen im Unterprogramm STATE.

2.1.1 Die Formulierung der Differentialgleichungen

Die Zustandsvariablen werden in GPSS-FORTRAN Version 3 durchnumeriert und im Vektor SV festgehalten. In ähnlicher Weise steht der Differentialquotient dx/dt im Vektor DV.

Beispiele:

* Die Differentialgleichung für das ungestörte Wachstum einer Tierpopulation dx/dt=a*x lautet demnach

DV(1) = A * SV(1)

* Das Wirte-Parasiten-Modell, das in Band 3 Kap.1 beschrieben wird, enthält zwei Zustandsvariable x und y. Die dazugehörigen Differentialgleichungen haben die folgende Form:

dx/dt = a * x - c * x * y
dy/dt = c * x * y - b * y

Die Übertragung dieses Differentialgleichungssystems lautet:

DV(1) = A * SV(1) - C * SV(1) * SV(2)
DV(2) = C * SV(1) * SV(2) - B * SV(2)

Wenn Differentialgleichungen höherer Ordnung vorkommen, so müssen sie vom Benutzer in Differentialgleichungen erster Ordnung umgeschrieben werden:

Jede Differentialgleichung n-ter Ordnung

$y^{(n)} = f(t, y, y', \ldots, y^{(n-1)})$

läßt sich durch die Einführung neuer Variablen in ein System von n Differentialgleichungen 1. Ordnung überführen (Substitutionsmethode). Es gilt:

$y(1) = y'$
$y(2) = y''$
.
.
.
$y(n-1) = y^{(n-1)}$

Mit den neu eingeführten Variablen gilt:
dy/dt = y(1)
dy(1)/dt = y(2)
.
.
.
dy(n-1)/dt = f(t,y,y(1),y(2),...,y(n-1))

Es wird empfohlen, ein Lehrbuch zu Rate zu ziehen, in dem die Umwandlung einer Differentialgleichung der Ordnung n in ein System
von n Differentialgleichungen der Ordnung 1 beschrieben wird.

Beispiele:

* Die folgende Differentialgleichung 2. Ordnung soll umgeformt
werden:

y´´ = a * y + b * y´ + c

Im vorliegenden Fall ist die Einführung einer neuen Variablen
y(1) erforderlich. Es gilt:

y(1) = y´

Das Differentialgleichungssystem lautet jetzt:

dy/dt = y(1)
dy(1)/dt = a * y + b * y(1) + c

Es werden gleichgesetzt:

SV(1) = y(1)   DV(1) = dy(1)/dt
SV(2) = y   DV(2) = dy/dt

Damit lautet das Differentialgleichungssystem:

DV(2) = SV(1)
DV(1) = A * SV(2) + B * SV(1) + C

* Die folgende Differentialgleichung 3. Ordnung soll umgeformt
werden:

y´´´ = a * y´ + c

Es ist die Einführung von zwei neuen Variablen y(1) und y(2) erforderlich:

y(1) = y´
y(2) = y´´

Das Differentialgleichungssystem lautet jetzt:

dy/dt = y(1)
dy(1)/dt = y(2)
dy(2)/dt = a * y(1) + c

Es werden gleichgesetzt:

$$SV(1) = y(1) \qquad DV(1) = dy(1)/dt$$
$$SV(2) = y(2) \qquad DV(2) = dy(2)/dt$$
$$SV(3) = y \qquad\quad DV(3) = dy/dt$$

Damit lautet das Gleichungssystem:

$$DV(3) = SV(1)$$
$$DV(1) = SV(2)$$
$$DV(2) = A * SV(1) + C$$

Die Zeit wird im Simulator GPSS-FORTRAN in der Variablen T geführt. Für zeitvariante Differentialgleichungen muß daher bei der
Formulierung die Variable T eingesetzt werden.

Beispiel:

* Die Differentialgleichung habe die folgende Form:

$$dx/dt = sin(a*t) * x$$

Die Formulierung in GPSS-FORTRAN Version 3 lautet:

$$DV(1) = SIN(A*T) * SV(1)$$

2.1.2 Das Set-Konzept

Ein Set besteht in GPSS-FORTRAN aus einem System von gekoppelten
Differentialgleichungen. Das bedeutet, daß in einer Differentialgleichung andere Zustandsvariable oder deren Ableitungen auftau-
chen.

Beispiel:

* Die Gleichungen zur Beschreibung des Wirte-Parasiten-Modells
aus Band 3 Kap. 1 bilden ein gekoppeltes Differentialgleichungssystem und damit ein Set.

Differentialgleichungen eines Sets müssen gemeinsam integriert
werden.

Zahlreiche natürliche Systeme zeichnen sich dadurch aus, daß sie
aus Teilsystemen bestehen, die nur lose miteinander verbunden
sind. Das bedeutet, daß sich die Teilsysteme in der Regel unabhängig voneinander zeitlich weiterentwickeln. Zu diskreten Zeitpunkten können sie jedoch aufgrund von Bedingungen wechselseitig
aufeinander einwirken. Eine derartige Verbindung von Teilsystemen
wird lose Kopplung genannt.

Beispiel:

* Zwei Tierpopulationen P1 und P2 wachsen voneinander unbeein-

flußt. Jedes Mal, wenn in der Population P1 ein kritischer Grenzwert MAX erreicht wird, soll die Hälfte der Tiere aus der Population P1 der Population P2 hinzugefügt werden.
Das Gesamtsystem besteht der Definition entsprechend aus den lose
gekoppelten Teilsystemen P1 und P2.

* Hinweis:

Wenn die Hälfte der Population P1 nicht der Population P2 zuge-
fügt sondern ganz entfernt würde, handelte es sich nicht um lose
gekoppelte Teilsysteme. Es lägen dann zwei vollkommen unabhängige
Systeme vor.

Die Differentialgleichungen eines Teilsystems, das lose mit anderen Teilsystemen gekoppelt ist, bilden ein Set. Alle Zustandsvariablen eines Sets werden als zusammengehörig gekennzeichnet.

In GPSS-FORTRAN Version 3 sind die Datenbereiche für die Zustandsvariablen und die Differentialquotienten zweidimensional.
Der erste Index gibt die Setnummmer an, während der zweite Index
die Variablennummer bezeichnet. Die Variablen werden innerhalb
eines Sets durchnumeriert.

Es gilt:
SV (Setnummer, Variablennummer)
DV (Setnummer, Variablennummer)

Das bedeutet, daß die Differentialgleichungen in GPSS-FORTRAN
Version 3 mit zweidimensionalen Variablen geschrieben werden müs-
sen.
Die Differentialgleichungen werden vom Benutzer im Unterprogramm
STATE formuliert.

Beispiel:

* Das Wachstum der beiden Populationen P1 und P2 würde, soweit
sie unabhängig sind, durch die folgenden beiden Differentialgleichungen im Unterprogramm STATE wie folgt beschrieben:

```
C       Gleichungen für Set 1
C       =======================
 1      DV(1,1)= A * SV(1,1)
        RETURN
C
C       Gleichungen für Set 2
C       =======================
 2      DV(2,1)= B * SV(2,1)
        RETURN
```

Hinweise:

* Sets werden in GPSS-FORTRAN unabhängig voneinander behandelt.
Insbesondere ist es möglich, Sets mit unterschiedlicher Schrittweite und unterschiedlichem Integrationsverfahren zu integrieren
sowie für jedes Set getrennt Information für die Endabrechnung zu
sammeln. Das ist besonders nützlich, wenn das Gesamtsystem aus

lose gekoppelten Teilsystemen besteht, deren Zeitverhalten sehr
unterschiedlich ist. Das Teilsystem mit starken zeitlichen
Schwankungen kann z.B. mit sehr kleiner Schrittweite integriert
werden, während für das System mit den langsameren zeitlichen
Veränderungen eine große Schrittweite ausreichend ist.

* Es ist erforderlich, daß die erste Differentialgleichung eines
Sets im Unterprogramm STATE eine Anweisungsnummer trägt, die mit
der Setnummer übereinstimmt. Auf diese Weise kann vom Adreßverteiler im Unterprogramm STATE jedes Set individuell angesprungen
werden.

* In Band 3 Kap. 7 wird das Set-Konzept ausführlicher an einem
Beispiel dargestellt.

2.1.3 Die numerische Integration

Im vorhergehenden Abschnitt wurde beschrieben, daß Differentialgleichungen höherer Ordnung in ein System von Differentialgleichungen erster Ordnung umgewandelt werden müssen. Bei der Beschreibung der numerischen Integration genügt es daher, sich auf
Differentialgleichungen erster Ordnung zu beschränken.
Es soll im folgenden ganz kurz das Prinzip der numerischen Lösung
von Differentialgleichungen beschrieben werden. Es empfiehlt sich
auf jeden Fall, sich in einem Lehrbuch hiermit ausführlicher bekannt zu machen.

Die zu lösende Differentialgleichung erster Ordnung ist durch die
folgende Beziehung gegeben:

$$dy/dt = f(t,y)$$

In Bild 12 sei der Kurvenverlauf der gesuchten Funktion $y=F(t)$
angegeben. Wie bereits dargestellt, wird $F(t)$ durch eine Wertetabelle beschrieben. Die Werte von y sind nur an den zeitdiskreten
Stützstellen bekannt.

Die numerische Integration führt einen Schritt durch, der vom Zustand zur Zeit $t(n)$ zum Zustand zur Zeit $t(n+1)$ führt. Die Zustandsvariable haben hierbei den Wert $y(n)$ bzw. $y(n+1)$ usw.
Um den Zustandsübergang durchführen zu können, wird die Ableitung
der Funktion $y=F(t)$ an der Stelle $t(n)$ benötigt. Die Ableitung
ist durch den Differentialquotienten
$$dy/dt = f(t,y)$$
gegeben.

Ausgehend von dem Wertetripel $t(n)$, $y(n)$ und $dy(n)/dt$ wird durch
das numerische Integrationsverfahren ein neues Wertepaar $t(n+1)$
und $y(n+1)$ bestimmt. Durch Einsetzen von $t(n+1)$ und $y(n+1)$ in die
Differentialgleichung erhält man den neuen Differentialquotienten
$$dy(n+1)/dt.$$

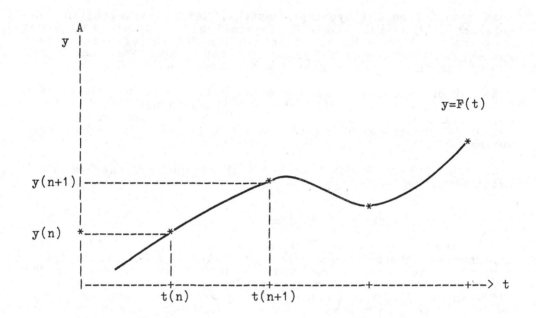

Bild 12   Der Verlauf der gesuchten Funktion y=F(t)

Durch fortgesetzte Anwendung dieses Vorgehens werden fortlaufend
Schritt für Schritt die Stützwerte der gesuchten Funktion y=F(t)
näherungsweise bestimmt.

Hinweis:

* Die Genauigkeit dieses Vorgehens hängt von der gewählten
Schrittweite TSTEP=t(n+1)-t(n) ab. Je kleiner die Schrittweite
ist, umso besser wird sich in der Regel die durch Stützwerte bestimmte Funktion der tatsächlichen Funktion y=F(t) anpassen.

* Die in GPSS-FORTRAN Version 3 eingesetzten Integrationsverfahren beruhen im wesentlichen auf dem hier geschilderten Vorgehen.
Ihr Aufbau ist jedoch wesentlich komplexer. Für den Einsatz des
Simulators durch den Benutzer ist es jedoch ausreichend zu wissen, daß ein Integrationsschritt den folgenden Zustandsübergang
vornimmt:

```
            Zustand n                          Zustand n+1

       t(n)      Integrationsschritt      t(n+1)
       y(n)      ------------------->      y(n+1)
       dy(n)/dt                            dy(n+1)/dt
```

In GPSS-FORTRAN Version 3 heißen die Zustandsvariablen und die dazugehörigen Differentialquotienten wie folgt:

SV(NSET,NV)   NSET   Setnummer
DV(NSET,NV)   NV   Variablennummer

Sie geben den Zustand zum Zeitpunkt t(n+1) an. Sie werden ergänzt durch Variable, die den Zustand zum vorhergehenden Zeitpunkt t(n) beschreiben:

SVLAST(NSET,NV)
DVLAST(NSET,NV)

Der Zustandsübergang vom Zustand n in den Zustand n+1 wird in GPSS-FORTRAN Version 3 durch das Unterprogramm EQUAT durchgeführt. Es ergibt sich damit folgendes Vorgehen:

          Zustand n   Zustand n+1

    ----------------------   ----------------------
    | T | EQUAT | T+TSTEP |
    | SVLAST(NSET,NV) | ----> | SV(NSET,NV) |
    | DVLAST(NSET,NV) | | DV(NSET,NV) |
    ----------------------   ----------------------

In GPSS-FORTRAN Version 3 werden in der Regel nur die Variablen SV und DV sowie SVLAST und DVLAST benötigt. Vor jedem neuen Integrationsschritt werden daher durch das Umspeichern der Variablen die Werte von SV und DV in SVLAST und DVLAST überführt.

Hinweis:

* Es muß beachtet werden, daß das Unterprogramm EQUAT den alten Systemzustand in den Variablen SVLAST und DVLAST übernimmt und den neuen Systemzustand in den Variablen SV und DV ablegt.
Durch das beschriebene Vorgehen werden ständig Systemzustände, die älter sind als DVLAST und SVLAST, überschrieben. Sie sind damit verloren und stehen nicht mehr zur Verfügung.

Es gibt reale Systeme, in denen der aktuelle Systemzustand zur Zeit T vom Systemzustand zu einer früheren Zeit T-TAU abhängt. Die Differentialgleichung hätte dann die folgende Form:

$$dy/dt = f(t, y(t-\tau))$$

Um derartige Differentialgleichungen behandeln zu können, ist es erforderlich, auf frühere Systemzustände zurückgreifen zu können.

Zur Darstellung derartiger Fälle stellt GPSS-FORTRAN Version 3 die Delay-Variablen zur Verfügung. Im Gegensatz zu den normalen Variablen SV und DV, für die nur SVLAST und DVLAST bekannt sind, gibt es besonders ausgezeichnete Variable SV und DV, für die auch weiter zurückliegende Systemzustände gespeichert werden. Eine ausführliche Beschreibung wird in Kap. 2.2.6 "Delay-Variable" gegeben.

2.2 Die zeitabhängigen Zustandsübergänge

Die Ablaufkontrolle sorgt dafür, daß die verschiedenen Arten von
Zustandsübergängen in der richtigen Reihenfolge abgearbeitet werden. In diesem Rahmen ist sie auch für die Zustandsübergänge verantwortlich, die aus dem zeitkontinuierlichen Teil des Simulators
kommen.

2.2.1 Die Datenbereiche und die Aufrufhierarchie

Das Unterprogramm EQUAT führt für jedes Set die erforderlichen
Zustandsübergänge durch. Die hierfür benötigte Information wird
in der Equationliste EQUL gehalten.

Die prinzipielle Vorgehensweise, insbesondere der Aufruf des Unterprogramms EQUAT durch das Unterprogramm FLOWC wurde bereits in
Kap. 1.3 beschrieben. Im folgenden soll das genaue Vorgehen ausführlich dargestellt werden.

Die Equationliste EQUL ist wie folgt dimensioniert:

DIMENSION EQUL ("NSET",4)

Die einzelnen Elemente haben die folgende Bedeutung:

EQUL("NSET",1) Zeitpunkt der nächsten Zustandsbestimmung
                Es wird festgehalten, für welchen Zeitpunkt die
                nächste Zustandsbestimmung durchgeführt werden
                muß. Zu diesem Zeitpunkt muß für jedes Set vom Un-
                terprogramm FLOWC das Unterprogramm EQUAT aufgeru-
                fen werden.

EQUL("NSET",2) Schrittweite
                Für jedes Set wird die Schrittweite angegeben, mit
                der die numerische Integration durchgeführt werden
                soll.

EQUL("NSET",3) Look-ahead Vermerk
                Es ist für bedingte Zustandsübergänge erforder-
                lich, daß der Zustand aller Sets zu einem gemein-
                samem Zeitpunkt bekannt ist. Dieser Zeitpunkt wird
                im Look-ahead Vermerk gespeichert. Der Zeitpunkt
                heißt Koordinationspunkt. Er ist für alle Sets
                identisch.

EQUL("NSET",4) Zeitpunkt der letzten Zustandsbestimmung
                Der Zeitpunkt, in dem die letzte Zustandsbestim-
                mung durchgeführt wurde, steht in diesem Element.

In EQUL("NSET",1) steht für jedes Set der Zeitpunkt der nächsten
Zustandsbestimmung. Die zeitliche Reihenfolge, in der für die
Sets die Zustandsbestimmungen durch den Aufruf von EQUAT durchgeführt werden sollen, wird durch Verzeigerung festgelegt. Die Zeiger stehen in einem eigenen Vektor CHAINE("NSET"). Bild 13 zeigt
den Aufbau der Datenbereiche.

	EQUL				CHAINE
Set 1	neuer Integ.-Punkt	Schrittweite	Look-ahead-Vermerk	alter Integ.-Punkt	Zeiger auf Nachfolger
Set 2					
Set 3					
		*			*
		*			*
		*			*
Set "NSET"					

Bild 13   Aufbau der Equationliste EQUL

Ein Beispielmodell, in dem das Zusammenspiel der Equationliste EQUL in EQUAT und dem Kopfanker für die Zeitketten THEAD in FLOWC gezeigt wird, findet sich in Kap. 2.2.5.

Hinweise:

* Die Anzahl der Sets, die im Simulator vorgesehen ist, muß vom Benutzer vorgegeben werden. Das geschieht, indem der Dimensions-parameter "NSET" vom Benutzer durch einen aktuellen Wert ersetzt wird. Siehe hierzu Band 3 Anhang A4 "Dimensionsparameter".

* Wenn ein normaler, ungestörter Integrationsschritt abläuft, gilt:

EQUL("NSET",1)=EQUL("NSET",4)+EQUL("NSET",2)

* In der vereinfachten Darstellung der Equationliste EQUL in

Bild 8 sind nur der Zeitpunkt der nächsten Integration und die Verzeigerung angegeben. Die endgültige Darstellung der Equationliste zeigt Bild 13.

* Im Unterschied zu Bild 8 fällt weiterhin auf, daß die Verkettung nicht zur Equationliste EQUL gehört. Es wurde der Vektor CHAINE abgespalten, der die Zeiger enthält. Das wurde getan, um Datentypen berücksichtigen zu können. Es gilt:

REAL EQUL
INTEGER CHAINE

Diese Aufspaltung gilt für alle Listen, die von der Ablaufkontrolle verwaltet werden und in denen Zeitketten erforderlich sind. Hierzu gehören:
THEAD, EVENTL, SOURCL, ACTIVL, CONFL, MONITRL und EQUL

Bild 14 zeigt an einem Beispiel für drei Sets die Besetzung der Datenbereiche.
Im vorliegenden Fall wurde für Set 1 der alte Systemzustand zum Zeitpunkt T=1.5 bestimmt.

Zum Zeitpunkt T=4.5 soll der Zustand für Set 1 erneut bestimmt werden, indem durch numerische Integration über einen Schritt mit der Schrittweite TSTEP=3.0 aus den Werten SVLAST(1,NV) und DVLAST(1,NV) die neuen Werte SV(1,NV) und DV(1,NV) berechnet werden. Das bedeutet, daß das Unterprogramm FLOWC zum Zeitpunkt T=4.5 das Unterprogramm EQUAT aufruft, das für das Set 1 den entsprechenden Zustandsübergang durchführt.

Das gleiche Vorgehen gilt auch für die beiden übrigen Sets.
Von den drei Sets muß das Set NSET=2 zuerst behandelt werden. Der Kopfanker für die Zeitketten im Unterprogramm FLOWC enthält demnach einen Eintrag, der auf die zweite Zeile in der Equationliste EQUL zeigt.

Hinweis:

* Im Kopfanker für die Zeitketten wurde der Vektor LHEAD(6) abgespalten. LHEAD(6) enthält die Zeiger auf die Listen EVENTL, SOURCL, ACTIVL, CONFL, MONITRL und EQUL. In THEAD befindet sich für jede Liste der kleinste Zeitpunkt für den Zustandsübergang, der in der jeweiligen Liste verzeichnet ist.

Bild 15 zeigt die Datenbereiche nach zwei weiteren Zustandsübergängen.

Hinweis:

* Im Beispielmodell mit drei Sets ist die Integrationsschrittweite konstant. In GPSS-FORTRAN arbeiten alle angebotenen Integrationsverfahren mit selbständiger Schrittweitenbestimmung. Das heißt, daß die Schrittweite für jedes Set ständig an die vorgegebene Genauigkeit angepaßt wird.

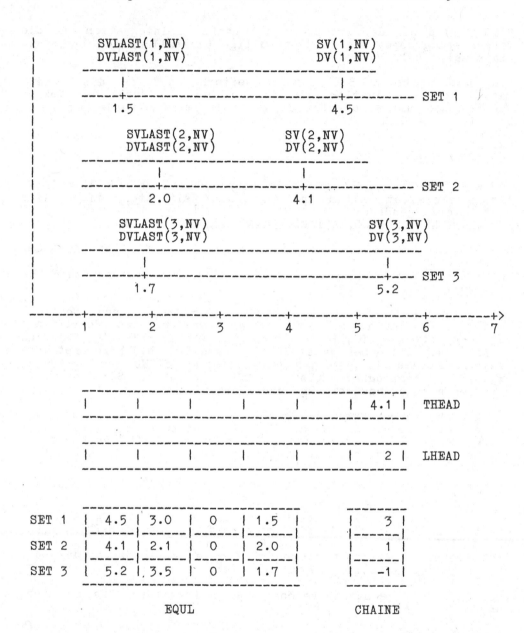

Bild 14   Die Beschreibung der Datenbereiche EQUL und
               CHAINE für ein Beispielmodell mit drei Sets

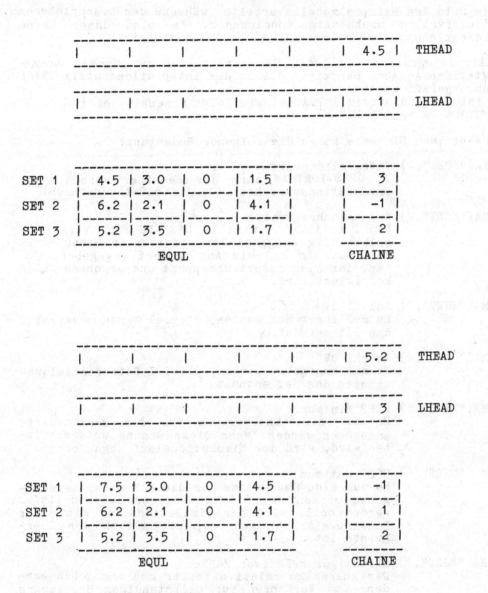

						4.5	THEAD

						1	LHEAD

	EQUL					CHAINE
SET 1	4.5	3.0	0	1.5		3
SET 2	6.2	2.1	0	4.1		−1
SET 3	5.2	3.5	0	1.7		2

						5.2	THEAD

						3	LHEAD

	EQUL					CHAINE
SET 1	7.5	3.0	0	4.5		−1
SET 2	6.2	2.1	0	4.1		1
SET 3	5.2	3.5	0	1.7		2

Bild 15   Zwei Zustandsübergänge für das Beispielmodell
           mit drei Sets

* Die Sets des Beispielmodells arbeiten während des beschriebenen Zeitintervalles unabhängig voneinander. Es sind daher keine Koordinationspunkte im Look-ahead Vermerk registriert.

Um die Integration für jedes Set durchführen zu können, werden zusätzliche Angaben benötigt, die in der Integrationsmatrix INTMA zusammengefaßt werden.
Die Integrationsmatrix INTMA ist wie folgt dimensioniert:
DIMENSION INTMA ("NSET",8)

Die einzelnen Elemente haben die folgende Bedeutung:

INTMA("NSET",1) Integrationsverfahren
In GPSS-FORTRAN kann der Benutzer verschiedene Integrationsverfahren für jedes Set auswählen.

INTMA("NSET",2) Anfangsschrittweite
Die Schrittweite wird in GPSS-FORTRAN Version 3 selbständig aufgrund der geforderten Genauigkeit bestimmt. Es muß ein Anfangswert angegeben werden, der dann sofort überprüft und gegebenenfalls korrigiert wird.

INTMA("NSET",3) Anzahl SV
Es muß angegeben werden, wieviel Zustandsvariable das Set enthält.

INTMA("NSET",4) Anzahl DV
Es muß angegeben werden, wieviel Differentialquotienten das Set enthält.

INTMA("NSET",5) STEP Minimum
Es muß eine Untergrenze für die Schrittweite angegeben werden. Wenn diese Grenze unterschritten wird, wird der Simulationslauf abgebrochen.

INTMA("NSET",6) STEP Maximum
Es muß eine Obergrenze für die Schrittweite angegeben werden. Wenn die Obergrenze überschritten werden soll, wird der Simulationslauf mit einer Schrittweite fortgesetzt, die gleich der Obergrenze ist.

INTMA("NSET",7) Zulässiger relativer Fehler
Der zulässige relative Fehler muß angegeben werden. Das Verfahren zur selbständigen Bestimmung der Integrationsschrittweite berechnet die Schrittweite so, daß der tatsächlich gemachte Fehler immer unter dem zulässigen, relativen Fehler liegt.

INTMA("NSET",8) Obergrenze Integrationsschritte
Es muß angegeben werden, wieviel Integrationsschritte zulässig sein sollen. Der Simulationslauf wird abgebrochen, wenn die Obergrenze erreicht ist.

Die Integrationsmatrix INTMA wird vom Benutzer durch Eingabedatensätze besetzt. Für jedes Set und damit für jede Zeile der
Integrationsmatrix ist ein eigener Datensatz INTI erforderlich.

Beispiel:

INTI; 1; 1; 0.1; 2; 2; 0.01; 5.; 0.05; 10000/

INTI	Kommandoname
1	Nummer des Set
1	Integrationsverfahren
0.1	Anfangsschrittweite
2	Anzahl der Zustandsvariablen SV
2	Anzahl der Ableitungen DV
	(Anzahl der Differentialgleichungen)
0.01	Minimale Schrittweite bei der Integration
5.	Maximale Schrittweite bei der Integration
0.05	Zulässiger, relativer Fehler
10000	Obergrenze Integrationsschritte

Hinweise:

* Es sind insgesamt 5 Integrationsverfahren möglich. Drei Verfahren bietet GPSS-FORTRAN Version 3 an. Die restlichen beiden Verfahren stehen dem Benutzer für den eigenen Bedarf zur Verfügung.

Die drei Verfahren des Simulators GPSS-FORTRAN Version 3 sind die
folgenden:

1	Runge - Kutta - Fehlberg
2	Implizites Runge-Kutta Verfahren vom Gauss-Typ
3	Extrapolationsverfahren (nach Bulirsch-Stoer)

* Es muß der zulässige relative Fehler pro Integrationsschritt
angegeben werden. Es ist zu beachten, daß sich im ungünstigsten
Fall der Gesamtfehler am Ende des Simulationslaufes wie folgt bestimmt:

Gesamtfehler = Relativer Fehler * Anzahl der Integrationsschritte

* Der relative Fehler ist wie folgt definiert:
Relativer Fehler = Absoluter Fehler / Wert der Zustandsvariablen

Der relative Fehler wird demzufolge nicht in Prozent angegeben.

* Alle Integrationsverfahren in GPSS-FORTRAN Version 3 enthalten
ein Fehlerabschätzungsverfahren. Sobald nach einem Integrationsschritt festgestellt wird, daß der Fehler zu groß wird, muß der
Integrationsschritt sofort mit halber Schrittweite wiederholt
werden. Wenn der Fehler kleiner wird als ein Zehntel des vorgegebenen relativen Fehlers, wird der nachfolgende Integrationsschritt mit doppelter Schrittweite durchgeführt.

* Es ist möglich, daß sich die Anzahl der Zustandsvariablen von
der Anzahl der Differentialquotienten und damit von der Anzahl

der Differentialgleichungen unterscheidet. Hierzu siehe Band 3
Kap. 8.1 "Variable und ihre graphische Darstellung".

* Das Einlesen der Datensätze INTI erfolgt im Unterprogramm INPUT
im Rahmen. Das Unterprogramm INPUT besetzt aufgrund der Angaben
im Datensatz INTI die Integrationsmatrix INTMA.
Es ist natürlich auch möglich, die Integrationsmatrix durch eine
Fortran-Anweisung zu besetzen. Wenn z.B. während des Simulationslaufes aufgrund einer bestimmten Bedingung das Integrationsverfahren gewechselt werden soll, kann man schreiben:

        INTMA(2,1) = 2.

Damit wird von diesem Augenblick an für das Set NSET=2 das Verfahren 2 (Implizites Runge-Kutta Verfahren) eingesetzt.
In gleicher Weise können alle anderen Datenbereiche durch den Benutzer modifiziert werden.

Das Integrationsverfahren, das für ein bestimmtes Set zuständig
ist, wird aufgrund des Eintrags in der Integrationsmatrix im Unterprogramm INTEG ausgewählt. Damit ergibt sich eine Unterprogrammhierarchie, wie sie in Bild 16 dargestellt ist.

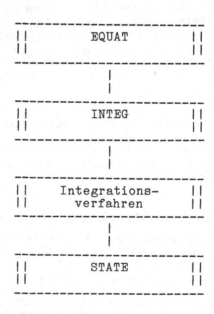

Bild 16   Die Unterprogrammhierarchie zur Durchführung
              eines Integrationsschrittes

Nachdem das Unterprogramm EQUAT von der Ablaufkontrolle in FLOWC
zur Durchführung eines Integrationsschrittes aufgerufen worden
ist, wird zunächst zum Unterprogramm INTEG verzweigt, das aus den
5 möglichen Integrationsverfahren das gewünschte anspringt. Im
Unterprogramm, das die numerische Integration durchführt, wird
dann schließlich das Unterprogramm STATE aufgerufen, in dem der
Benutzer die Differentialgleichungen festgelegt hat.

Hinweis:

* Die Aufrufhierarchie bleibt dem Benutzer im Normalfall verborgen. Er kann sich darauf beschränken, die Differentialgleichungen
im Unterprogramm STATE zu spezifizieren und die Angaben zur Integration durch den INTI-Datensatz festzulegen.

2.2.2 Die Zeitführung

Die Integration der Sets erfolgt im Normalfall mit der folgenden
Schrittweite:

TSTEP = EQUL(NSET,2)

Von diesem Vorgehen muß abgewichen werden, wenn der Systemzustand
zu einer Zeit bekannt sein muß, der zwischen zwei Stützpunkten
liegt. Das ist der Fall bei Monitoraufrufen und bei der Durchführung zeitdiskreter Zustandsübergänge.
In diesen beiden Fällen wird mit einer reduzierten Schrittweite
bis zu dem Punkt integriert, zu dem der Systemzustand bekannt
sein soll. Anschließend wird von dort an mit der normalen
Schrittweite aus EQUL(NSET,2) weiterintegriert.

Die tatsächliche Integrationsschrittweite steht in GPSS-FORTRAN
Version 3 in der Variablen TSTEP.
Die normale, aufgrund der angegebenen Genauigkeit bestimmte
Schrittweite wird in EQUL(NSET,2) gehalten. Liegt eine außeror-
dentliche Zustandsbestimmung vor, so gilt:

TSTEP.LT.EQUL(NSET,2)

Im folgenden werden die beiden Situationen beschrieben, die dazu
führen können, daß mit reduzierter Schrittweite integriert werden
muß.

* Monitoraufrufe

In GPSS-FORTRAN Version 3 ist der Monitor für die Datenaufnahme
zeitkontinuierlicher Variablen SV oder DV zur graphischen Darstellung in Plots zuständig. Vom Benutzer kann angegeben werden,
in welchen zeitlichen Abständen die Werte der Zustandsvariablen
aufgenommen und gespeichert werden sollen.

Die Datenaufnahme und Speicherung erfolgt für jeden vom Benutzer
gewünschte Plot gesondert durch Aufruf des Unterprogrammes MO-
NITR.

Eine ausführliche Beschreibung des Monitors findet man in Kap.
2.2.4 "Der Monitor".

Wenn ein Monitoraufruf die Systemvariablen aufnehmen will, muß
sichergestellt sein, daß zu diesem Zeitpunkt die Zustandsvariablen auch den für diese Zeit zutreffenden Wert haben. Es ist daher
erforderlich, daß der Monitorzeitpunkt immer auch das Ende eines
Integrationsschrittes ist. Das bedeutet, daß immer dann, wenn innerhalb eines normalen Integrationsschrittes ein Monitorzeitpunkt
liegt, zunächst mit einer reduzierten Schrittweite bis zum Monitorzeitpunkt integriert wird.
Bild 17 zeigt diesen Sachverhalt.

Normaler Integrationsschritt

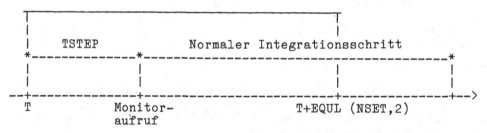

Bild 17   Die reduzierte Schrittweite TSTEP für
               einen Monitoraufruf

* Zeitdiskrete Übergänge

Wenn zeitdiskrete und zeitkontinuierliche Modellkomponenten in
einem kombinierten Gesamtmodell verbunden werden, besteht die
Möglichkeit, daß ein bedingter Zustandsübergang aufgrund einer
sogenannten kombinierten Bedingung durchgeführt werden soll. Eine
kombinierte Bedingung ist eine Bedingung, in der sowohl Variable
aus dem zeitdiskreten Teil wie auch aus dem zeitkontinuierlichen
Teil vorkommen können.

Beispiel:
Die Heizung einer Industrieanlage soll eingeschaltet werden, wenn
die Temperatur eines Wasserkessels einen unteren Grenzwert erreicht hat und die Wasserbedarfsanzeige auf "EIN" steht.

Die Wassertemperatur ist eine Zustandsvariable, die ihren Wert
kontinuierlich ändert. Sie gehört demnach dem zeitkontinuierlichen Teil des Modells an. Der Abkühlungs- und Heizvorgang wird
durch eine Differentialgleichung mit einer Zustandsvariablen
SV(NSET,NV) beschrieben.
Das Ein- und Ausschalten der Wasserbedarfsanzeige ist ein zeitdiskreter Vorgang. Aufgrund anderer Vorgänge im Modell wird die

Anzeige zu einem bestimmten Zeitpunkt gesetzt.
Wenn die kombinierte Bedingung den Wahrheitswert .TRUE. hat, wird
ein Ereignis aufgerufen, das die Heizung der Industrieanlage ein-
schaltet.

Um die Bedingung überprüfen zu können, muß in dem Zeitpunkt, zu
dem die Variable für die Wasserbedarfsanzeige ihren Wert ändert,
auch der Wert der kontinuierlichen Variablen für die Wassertemperatur bekannt sein.
Um das Vorgehen zu vereinfachen, wird in GPSS-FORTRAN Version 3
immer dann, wenn innerhalb eines normalen Integrationsschrittes
eine zeitdiskrete Aktivität liegt, mit reduzierter Schrittweite
bis zu diesem Zeitpunkt integriert. Es ergibt sich demnach ein
Vorgehen wie in Bild 17. Anstelle des Monitoraufrufs liegt jetzt
ein zeitdiskreter Zustandsübergang.

Hinweise:

* Es wird bei jedem zeitdiskreten Zustandsübergang die Schrittweite reduziert. Das trifft auch für Veränderungen von zeitdiskreten Variablen zu, die in keiner Bedingung erscheinen. Es wird
demnach die Schrittweite öfter als eigentlich notwendig verklei-
nert. Auf alle Fälle ist jedoch sichergestellt, daß zu jedem
Zeitpunkt, zu dem eine kombinierte Bedingung überprüft wird, die
dazugehörigen Variablen den richtigen Wert haben.

* Durch eine gelegentliche Reduzierung der Schrittweite, die eigentlich unnötig ist, ergibt sich eine etwas höhere Rechenzeit.
Dafür erhält man jedoch eine höhere Genauigkeit. Ausschlaggebend
für den Einsatz dieses Verfahrens im Simulator GPSS-FORTRAN Version 3 ist die Einfachheit.

* Grundlage des Verfahrens ist die Tatsache, daß in GPSS-FORTRAN
alle bedingten Zustandsübergänge in zeitabhängige Zustandsübergänge umgewandelt werden. Auf diese Weise liegt für jeden Zustandsübergang die Zeit fest, zu der er ausgeführt werden kann.
Es kann daher immer geprüft werden, ob innerhalb eines normalen
Integrationsschrittes ein zeitdiskreter Zustandsübergang liegt,
der zu einer Reduktion der Schrittweite zwingt.

Für die Zeitführung der Ablaufkontrolle ist die Reihenfolge der
Aktivitäten bei Zeitgleichheit wichtig.
Wenn mehrere Arten von Aktivitäten zur selben Zeit ausgeführt
werden müssen, geht die Ablaufkontrolle dem Aufbau des Kopfankers
entsprechend vor. So, wie die Aktivitäten in THEAD aufeinander-
folgen, werden sie bei Zeitgleichheit bearbeitet. Das heißt, daß
die Reihenfolge der Aktivitäten diese Form hat:

Bearbeitung von Ereignissen
Source Starts
Transaction-Aktivierung
Aufruf des Unterprogrammes CONF
Monitoraufruf
Aufruf des Unterprogrammes EQUAT

Im folgenden soll das Zusammenwirken der zeitdiskreten Aktivitäten mit den Integrationsschritten dargestellt werden:

Die Simulationsuhr stehe auf T.
Während der Bearbeitung der zeitdiskreten Aktivitäten und während
der Datenbeschaffung für die Endabrechnung durch die Unterprogramme CONF und MONITR stehen zu dieser Zeit die aktuellen Werte
der kontinuierlichen Zustandsvariablen in SV und DV.

Liegen mehrere zeitgleiche Aktivitäten vor, so werden sie der in
THEAD vorgegebenen Reihenfolge entsprechend bearbeitet. Das heißt
insbesondere, daß EQUAT erst dann aufgerufen wird, wenn alle anderen, zeitgleichen Aktivitäten bearbeitet sind. Der letzte Zustandsübergang zu einer Zeit T ist immer ein Simulationsschritt,
der von T in die Zukunft führt.

Im Unterprogramm EQUAT werden hierfür zunächst die bisher für die
Zeit T aktuellen Werte SV und DV in SVLAST und DVLAST umgespeichert. Ausgehend von den Zustandsgrößen SVLAST und DVLAST zur
Zeit T bestimmt EQUAT den in der Zukunft liegenden Zustand SV und
DV zur Zeit T+TSTEP. TSTEP ist hierbei bei normaler Integration
die aufgrund der angegebenen Genauigkeit berechnete Schrittweite,
die in EQUL(NSET,2) steht. Liegt innerhalb des Integrationsschrittes eine zeitdiskrete Aktivität oder ein Monitoraufruf,
dann wird mit der reduzierten Schrittweite TSTEP bis zu diesem
Punkt integriert.

Hierzu wird im Unterprogramm der Vektor THEAD durchgeprüft. Findet sich im Kopfanker für die Zeitketten THEAD ein Zeitpunkt für
eine Aktivierung, die kleiner ist als der Endpunkt des neuen Integrationsschrittes, so wird die Schrittweite entsprechend reduziert.

Hinweis:

* Auf diese Weise ist sichergestellt, daß innerhalb eines Integrationsschrittes nie eine andere Aktivität ausgeführt werden
kann.

Nach Beendigung des Integrationsschrittes wird das Unterprogramm
EQUAT verlassen und zur Ablaufkontrolle in FLOWC zurückgekehrt.
Hier wird zunächst die Simulationsuhr auf den nächst höheren
Stand gebracht. Die Bearbeitung der Zustandsübergänge zur neuen
Zeit T kann in der durch THEAD festgelegten Reihenfolge beginnen.
Zum neuen Zeitpunkt T ist auf jeden Fall auch ein Aufruf von
EQUAT fällig.
Handelt es sich bei dem vorhergehenden Integrationsschritt um
einen normalen Integrationsschritt, so lag keine andere Aktivität
im Integrationsintervall. Es folgt dann ein weiterer Integra-
tionsschritt.
Wird jedoch im vorhergehenden Integrationsintervall eine zeitdis-
krete Aktivität oder ein Monitoraufruf entdeckt, so wird die
Integration nur bis zu diesem Zeitpunkt vorgenommen. In diesem
Fall wird zum neuen Zeitpunkt zuerst die andere Aktivität bearbeitet und anschließend zum selben Zeitpunkt die Integration um
einen Schritt weitergeführt.

Hinweis:

* Es ist für den Aufbau des Simulators GPSS-FORTRAN Version 3 von
entscheidender Bedeutung, daß vom Zeitpunkt T aus in die Zukunft
integriert wird. Durch die Reihenfolge der Aktivitäten in THEAD
und durch das Verfahren der reduzierten Integrationsschrittweite
wird jedoch sichergestellt, daß die aktuellen Werte der Zustandsvariablen zur Zeit T in SV und DV stehen.

2.2.3 Der Anfangszustand und zeitabhängige Ereignisse

Die Simulation bestimmt das zeitliche Verhalten eines Systems,
indem ausgehend von einem Anfangszustand durch Zustandsübergänge
fortlaufend die Folgezustände bestimmt werden. Das gilt sowohl
für zeitdiskrete wie auch für zeitkontinuierliche Systeme.

Es ist die Aufgabe des Benutzers, den Anfangszustand festzulegen,
von dem aus sich alle weiteren Zustände ergeben.
Die Angabe des Anfangszustandes ist in GPSS-FORTRAN ein Ereignis,
das im Unterprogramm EVENT festgelegt werden muß. Dieses Ereignis
wird durch einen Aufruf des Unterprogrammes ANNOUN im Rahmen im
Abschnitt 5 "Festlegen der Anfangswerte" angemeldet.

Für Differentialgleichungen muß für jede Variable SV der Wert zur
Zeit T(0) angegeben werden. Nach Angabe der Anfangswerte muß das
Unterprogramm BEGIN aufgerufen werden, das aus SV und T(0) durch
den Aufruf von STATE die Differentialquotienten DV berechnet. Damit steht das Tripel SV, DV und T zur Verfügung, das von EQUAT
benötigt wird, um den Folgezustand bestimmen zu können.
Das Unterprogramm BEGIN besorgt weiterhin das Einketten der Sets
mit den Anfangsbedingungen in die Zeitketten.

Unterprogrammaufruf:

        CALL BEGIN(NSET,EXIT1)

Parameterliste:

NSET Setnummer
      Es muß angegeben werden, für welches Set die Anfangsbedin-
      gungen festgelegt werden sollen.

EXIT1 Fehlerausgang
      Im Fehlerfall wird der Simulationslauf abgebrochen und zur
      Endabrechnung gesprungen.

Hinweis:

* Das Unterprogramm BEGIN speichert weiterhin die Delay-Variablen
ab. Auf diese Weise wird erreicht, daß die Werte für Delay-Variablen an einer Unstetigkeitsstelle vor und nach dem Sprung bekannt sind. Siehe hierzu Kap. 2.2.6 "Delay-Variable".

Bild 18 zeigt den Ablaufplan für das Unterprogramm BEGIN.

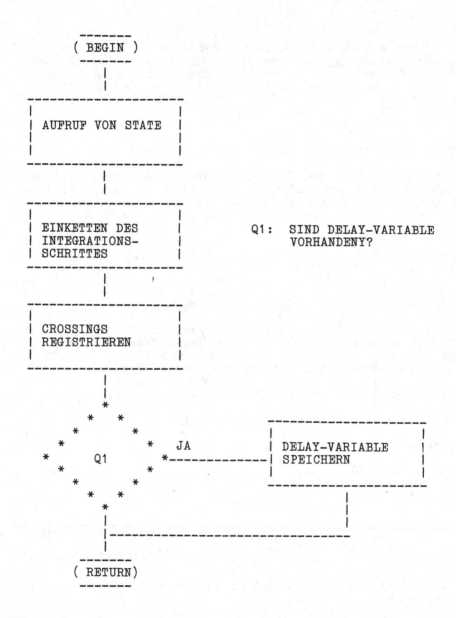

Bild 18   Der Ablaufplan für das Unterprogramm BEGIN

Beispiel:

* Das Modell soll aus zwei Sets mit jeweils zwei Differentialgleichungen bestehen. Für Set NSET=1 sollen die Anfangsbedingungen zur Zeit T(0)=0 gelten, während das Set NSET=2 mit der Integration erst zur Zeit T(0)=10 beginnen soll.
Im Unterprogramm EVENT sind demzufolge zwei Ereignisse zu definieren. Das Ereignis NE=1 legt die Anfangswerte für NSET=1 fest.
Das Ereignis NE=2 kümmert sich um die Anfangswerte für das Set
NSET=2.

Das Unterprogramm EVENT hat demnach folgende Form:

```
C
C       Adreßverteiler
C       ==============
        GOTO(1,2),NE
C
C       Ereignis 1
C       ==========
1       SV(1,1)=10.
        SV(1,2)=20.
        CALL BEGIN(1,*9999)
        RETURN

C
C       Ereignis 2
C       ==========
2       SV(2,1)=3.
        SV(2,2)=4.
        CALL BEGIN(2,*9999)
        RETURN
```

Die beiden Ereignisse versorgen die Variablen SV mit Anfangswerten. (Die Anfangswerte wurden im Beispiel willkürlich angenommen.)

Um die Ereignisse ausführen zu können, müssen sie durch den Auf-
ruf des Unterprogrammes ANNOUN angemeldet werden. Der Abschnitt 5
"Festlegen der Anfangswerte" im Rahmen hat demnach die folgende
Form:

```
C
C       Anmelden der ersten Ereignisse
C       ==============================
        CALL ANNOUN(1,0.,*9999)
        CALL ANNOUN(2,10.,*9999)
```

Hierdurch werden zunächst die beiden Ereignisse NE=1 und NE=2 für
die Zeit TE=0. bzw. TE=10. zur Ausführung angemeldet. Das geschieht, indem sie durch das Unterprogramm ANNOUN in die Ereignisliste EVENTL eingetragen werden.

Das Unterprogramm FLOWC findet demnach als auszuführende Aktivität zur Zeit T=0. das Ereignis NE=1. Daher wird vom Unterprogramm
FLOWC aus das Unterprogramm EVENT angesprungen. Über den Adreß-

verteiler geht es in EVENT zu dem Programmstück mit der Anwei-
sungsnummer 1, das den Zustandsübergang für Ereignis NE=1 durch-
führt.
Hier werden zunächst die Variablen SV mit Anfangswerten versehen.
Durch den Aufruf von BEGIN werden die beiden Differentialquotien-
ten DV(1,1) und DV(1,2) bestimmt. Anschließend wird das Set 1 zur
Integration angemeldet. Das geschieht, indem in die Equationliste
EQUL als Zeitpunkt für den Aufruf von EQUAT die aktuelle Zeit
T=0. eingetragen wird.
Nach der Ausführung des Events NE=1 wird zum Unterprogramm FLOWC
zurückgekehrt. FLOWC findet jetzt für T=0. einen Eintrag in der
Equationliste, der für das Set NSET=1 einen Integrationsschritt
in die Zukunft festlegt. Das heißt, es wird von FLOWC das Unterprogramm EQUAT aufgerufen, das vom Zustand T(0)=0. aus SV und DV
einen Schritt weiter in die Zukunft integriert. Mit Set NSET=2
wird zum Zeitpunkt T=10. auf die gleiche Weise verfahren.

Hinweis:

* In GPSS-FORTRAN Version 3 besteht zwischen dem Setzen der Anfangswerte und der zeitdiskreten Änderung der Zustandsvariablen
zu einem späteren Zeitpunkt kein Unterschied. Mit Hilfe des beschriebenen Verfahrens lassen sich Sprungstellen bequem nachbilden.

Beispiel:

* Zur Zeit T=20. soll die Variable SV mit der Nummer NV=1 aus Set
NSET=1 halbiert werden.
Neben die Ereignisse, die die Anfangswerte setzen, tritt jetzt
gleichberechtigt ein weiteres Ereignis, das die Halbierung der
Variablen SV(1,1) übernimmt. Das Ereignis hat die folgende Form:

```
C
C      Ereignis 3
C      ==========
 3     SV(1,1)=SV(1,1)/2.
       CALL BEGIN(1,*9999)
       RETURN
```

Dieses Ereignis muß wieder durch einen Aufruf des Unterprogrammes
ANNOUN zur Ausführung angemeldet werden.

Der Unterprogrammaufruf hat in diesem Fall die folgende Form:

CALL ANNOUN (3,20.,*9999)

Das an dieser Stelle dargestellte Vorgehen wird in Band 3 Kap. 1,
insbesondere Kap. 1.2 an einem Beispielmodell ausführlich beschrieben.

Besondere Vorkehrungen in Bezug auf die Anfangsbedingungen sind
erforderlich, wenn die Variable SV eine Delay-Variable ist. In
diesem Fall müssen auch zeitlich weiter zurückliegende Zustände
vom Benutzer angegeben werden.
Delay-Variable werden in Kap. 2.2.6 behandelt.

2.2.4 Der Monitor

Der Benutzer hat in GPSS-FORTRAN Version 3 die Möglichkeit, den
Verlauf zeitkontinuierlicher Variablen in Abhängigkeit von T graphisch darzustellen. Eine derartige graphische Darstellung heißt
Plot. Es können in einem Plot bis zu sechs Variable gezeichnet
werden. Es ist möglich, daß in der graphischen Darstellung Zustandsvariable aus unterschiedlichen Sets erscheinen.

Die Information, die zur Datenaufnahme für einen Plot erforderlich ist, wird in der Plotmatrix 1 PLOMA1 zusammengestellt.
Die Plotmatrix 1 ist wie folgt dimensioniert:

DIMENSION PLOMA1 ("NPLOT",16)

Hinweis:

* Die Anzahl der möglichen Plots kann durch den Benutzer festgelegt werden, indem die Dimensionsvariable "NPLOT" durch einen aktuellen Wert ersetzt wird. Siehe hierzu Band 3 Anhang A 4 "Dimensionsparameter".

Die einzelnen Elemente haben die folgende Bedeutung:

PLOMA1("NPLOT",1) Zeitpunkt Plot-Beginn
Es wird angegeben, zu welchem Zeitpunkt der
Plot beginnen soll.

PLOMA1("NPLOT",2) Zeitpunkt Plot-Ende
Es wird angegeben, zu welchem Zeitpunkt der
Plot enden soll. Mit den Angaben über Beginn
und Ende des Plots ist es möglich, auch Aus-
schnitte aus einem Simulationslauf graphisch
darzustellen.

PLOMA1("NPLOT",3) Monitorschrittweite
Die Monitorschrittweite bezeichnet die Zeitin-
tervalle, zu denen die Werte der Zustandsvariablen gespeichert werden sollen.

PLOMA1("NPLOT",4) Nummer der Datei zur Zwischenspeicherung der
Plots
Die Daten für jeden Plot werden auf eine Datei
geschrieben, deren Nummer angegeben werden muß.
Wenn in der Endabrechnung die Plots gedruckt
werden, müssen die Daten von dieser Datei in
ihrer Gesamtheit wieder gelesen werden.

PLOMA1("NPLOT",5) Setnummer der ersten Plotvariablen

PLOMA1("NPLOT",6) Variablennummer der ersten Plotvariablen
Für die zu plottende Variable müssen Setnummer
und Variablennummer angegeben werden.

In den Feldern PLOMA1("NPLOT";7) bis PLOMA1("NPLOT",16) stehen
die Kennzeichnungen der restlichen fünf Plotvariablen.

Hinweis:

* Die Plotmatrix 1 steuert die Datenaufnahme für die gewünschten Plots. Daneben gibt es noch 2 weitere Plotmatrizen PLOMA2 und PLOMA3, die für das Aussehen und die Gestaltung der Plots verantwortlich sind. Sie sind an dieser Stelle nicht von Bedeutung.

Die Plotmatrix 1 wird vom Benutzer mit Hilfe des Eingabedatensatzes PLO1 besetzt. Für jeden Plot ist ein eigener Datensatz erforderlich.

Beispiel:

PLO1; 1; O.; 1000; 10.; 21; 001001; 001002/

PLO1   Kommandoname
1   Nummer des Plot
O.   Zeitpunkt für den Beginn des Plots
1000.   Zeitpunkt für das Ende des Plots
10.   Zeitintervall (Monitorschrittweite)
21   Nummer der Datei zum Ablegen der Plot-Daten
001001   Kennzeichnung der ersten zu plottenden Variablen
001002   Kennzeichnung der zweiten zu plottenden Variablen

Durch 00n00m wird die Variable m aus dem Set n bezeichnet.

Soll statt der Variablen $SV(n,m)$ der Differentialquotient $DV(n,m)$ geplottet werden, ist im Datensatz -00n00m anzugeben.

Für jeden Plot wird der Zeitpunkt, zu dem Daten aufgenommen und gespeichert werden müssen, in der Monitorliste MONITL registriert.

Die Monitorliste ist wie folgt dimensioniert:

DIMENSION MONITL ("NPLOT")

Für jeden Plot wird in der Monitorliste MONITL der Zeitpunkt angegeben, zu dem die nächste Datenaufnahme erforderlich ist. Diese Zeitpunkte können verschieden sein, da für jeden Plot eine eigene Monitorschrittweite angegeben werden kann. Die Reihenfolge der Monitoraufrufe wird durch eine Verkettung festgelegt, die im Vektor CHAINM("NPLOT") geführt wird. Die Monitorliste und die dazugehörige Verzeigerung haben damit eine Form, wie sie in Bild 19 dargestellt ist.

Wenn der Zeitpunkt für einen Monitoraufruf gekommen ist, wird die Simulationsuhr T auf den in THEAD(5) vermerkten Monitorzeitpunkt gesetzt. Im zu THEAD(5) gehörigen Zeigerfeld LHEAD(5) steht der Hinweis auf die entsprechende Zeile in der Monitorliste MONITL, die der Plotnummer entspricht. In FLOWC wird daraufhin das Unterprogramm MONITR aufgerufen. Hierbei wird in der Parameterliste von MONITR die Plotnummer NPLOT übergeben.

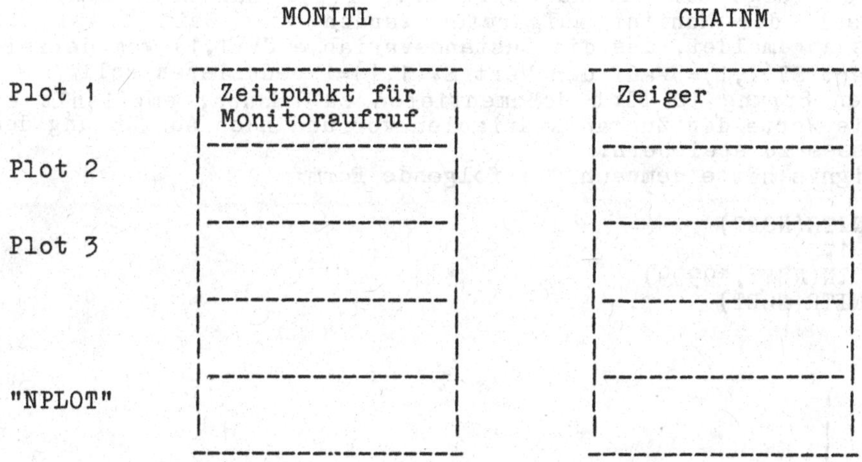

```
                    MONITL                      CHAINM

             -------------------         -------------------
Plot 1       | Zeitpunkt für   |         | Zeiger          |
             | Monitoraufruf   |         |                 |
             |-----------------|         |-----------------|
Plot 2       |                 |         |                 |
             |                 |         |                 |
             |-----------------|         |-----------------|
Plot 3       |                 |         |                 |
             |                 |         |                 |
             |-----------------|         |-----------------|
             |                 |         |                 |
             |                 |         |                 |
             |-----------------|         |-----------------|
"NPLOT"      |                 |         |                 |
             |                 |         |                 |
             -------------------         -------------------
```

Bild 19   Der Aufbau der Monitorliste und der
               dazugehörigen Verzeigerung

Das Unterprogramm MONITR prüft daraufhin in der PLOMA1, welche
Variable für den Plot mit der Nummer NPLOT gespeichert werden
müssen und trägt sie in den Vektor PORTER ein. Der Vektor PORTER
wird dann auf die Datei geschrieben, die in der PLOMA1 angegeben
ist. Anschließend wird für den gerade bearbeiteten Plot der
nächstfolgende Monitorzeitpunkt bestimmt und in die Monitorliste
MONITL eingetragen.

Unterprogrammaufruf:

CALL MONITR(NPLOT)

Parameterliste:

NPLOT   Plotnummer
          Dem Unterprogramm MONITR wird die Nummer NPLOT des Plots
          übergeben, für den die Werte der Zustandsvariablen ge-
          speichert werden sollen.

Das Unterprogramm MONITR kann auch vom Benutzer an beliebiger
Stelle und zu beliebiger Zeit aufgerufen werden. Damit können zusätzliche Werte, die außerhalb des vorgesehenen Zeitrasters, das
durch die Monitorschrittweite festgelegt wird, gespeichert und
geplottet werden. Das trifft besonders für Ereignisse zu, die
kontinuierliche Systemvariablen verändern und damit Sprungstellen
bewirken.

Beispiel:

* Bild 20 zeigt den Verlauf der Kurve F(T). Zur Zeit T(m) und
T(m+1) soll der Monitor aufgerufen werden. Zur Zeit T ist ein
Ereignis angemeldet, das die Zustandsvariable SV(1,1) vom derzei-
tigen Wert SV(1,1)=3 auf den Wert SV(1,1)=1 reduzieren soll.
Um diesen Sprung im Plot dokumentieren zu können, empfiehlt es
sich, die Werte der Zustandsvariablen vor und nach Ausführung des
Ereignisses zu speichern.
Das Ereignis hätte demnach die folgende Form:

```
CALL MONITR(NSET)
SV(1,1)=1.
CALL BEGIN(NSET,*9999)
CALL MONITR(NSET)
RETURN
```

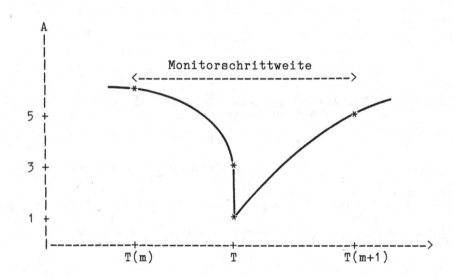

Bild 20   Sprungstelle zwischen zwei Monitoraufrufen

Hinweise:

* Wenn das Unterprogramm MONITR vom Unterprogramm FLOWC innerhalb
des Monitorzeitrasters aufgerufen wird, muß MONITR den nächstfolgenden Aufruf für den entsprechenden Plot in die Monitorliste
eintragen. Dieser Eintrag entfällt für einen außergewöhnlichen
Aufruf von MONITR durch den Benutzer.

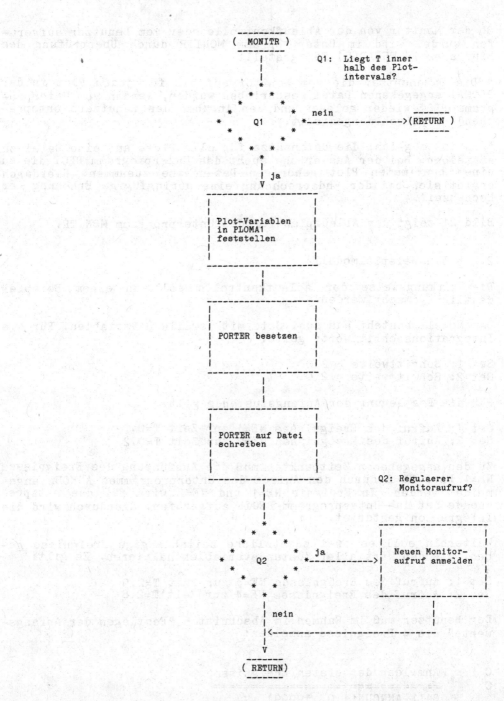

Bild 21   Der Ablaufplan für das Unterprogramm MONITR

Ob der Monitor von der Ablaufkontrolle oder vom Benutzer aufgerufen wurde, wird im Unterprogramm MONITR durch Überprüfung des Eintrages in THEAD(5) festgestellt.

* Die Datensätze, die vom Monitor auf die für jeden Plot in der PLOMA1 angegebenen Datei geschrieben wurden, werden vom Unterprogramm PLOT wieder gelesen und den Angaben des Benutzers entsprechend graphisch dargestellt.

* Es ist möglich, die Datensätze für alle Plots auf eine Datei zu schreiben. Bei der Auswertung sucht das Unterprogramm PLOT die zu einem bestimmten Plot gehörigen Datensätze zusammen. Hierdurch ergibt sich bei der Endabrechnung eine geringfügige Erhöhung der Rechenzeit.

Bild 21 zeigt den Ablaufplan für das Unterprogramm MONITR.

2.2.5 Ein Beispielmodell

Die Wirkungsweise der Ablaufkontrolle soll an einem Beispiel deutlich gemacht werden.

Das Modell besteht aus zwei Sets mit jeweils 2 Variablen. Für die Integrationsschrittweite gelte:

Set 1: Schrittweite = 2.0
Set 2: Schrittweite = 2.0

Für die Festlegung der Anfangszustände gilt:

Set 1: Aufruf des Ereignisses NE=1 zur Zeit T=0.
Set 2: Aufruf des Ereignisses NE=2 zur Zeit T=0.2

Zu den angegebenen Zeitpunkten muß die Ausführung des Ereignisses NE=1 bzw. NE=2 durch den Aufruf des Unterprogrammes ANNOUN angemeldet werden. In Ereignis NE=1 und NE=2 wird für das entsprechende Set das Unterprogramm BEGIN aufgerufen. Hierdurch wird die Integration gestartet.

Weiterhin soll es zwei zusätzliche zeitabhängige Ereignisse geben, die den Wert aller Zustandsvariablen halbieren. Es gilt:

Set 1: Aufruf des Ereignisses NE=3 zur Zeit T=2.9
Set 2: Aufruf des Ereignisses NE=4 zur Zeit T=2.8

Der Benutzer muß im Rahmen im Abschnitt 5 "Festlegen der Anfangswerte" die 4 Ereignisse anmelden:

```
C
C       Anmelden der ersten Ereignisse
C       ==============================
        CALL ANNOUN(1,0.,*9999)
        CALL ANNOUN(2,0.2,*9999)
        CALL ANNOUN(3,2.9,*9999)
        CALL ANNOUN(4,2.8,*9999)
```

Im Unterprogramm EVENT sind die 4 Ereignisse zu beschreiben. Die Anfangswerte für die Variablen SV sind hierbei willkürlich gewählt.

```
1       SV(1,1)=0.
        SV(1,2)=2.
        CALL BEGIN(1,*9999)
        RETURN

2       SV(2,1)=3.
        SV(2,2)=1.5
        CALL BEGIN(2,*9999)
        RETURN

3       CALL MONITR(1)
        SV(1,1)=SV(1,1)/2.
        SV(1,2)=SV(1,2)/2.
        CALL BEGIN(1,*9999)
        CALL MONITR(1)
        RETURN

4       CALL MONITR(1)
        SV(2,1)=SV(2,1)/2.
        SV(2,2)=SV(2,2)/2.
        CALL BEGIN(2,*9999)
        CALL MONITR(1)
        RETURN
        END
```

Die Differentialgleichungen für beide Sets sind vom Benutzer im Unterprogramm STATE festzulegen.

Alle 4 Systemvariablen sollen in einem Plot graphisch dargestellt werden. Die Monitorschrittweite sei 3.5 Zeiteinheiten (ZE). Im folgenden werden die einzelnen Zustandsübergänge schrittweise so durchgeführt, wie es die Ablaufkontrolle des Simulators GPSS-FORTRAN Version 3 tun würde. Die Ausdrucke werden durch das Unterprogramm REPRT3 erzeugt.

Hinweise:

* Um jeden Zustandsübergang durch Angabe aller wichtigen Datenbereiche darstellen zu können, wurde der Unterprogrammaufruf

CALL REPRT3

zusätzlich für die vorliegende Aufgabe in das Unterprogramm FLOWC aufgenommen.

* Die Ausführung eines Zustandsübergangs wird protokolliert, wenn die allgemeine Protokollsteuerung durch IPRINT=1 eingeschaltet wird.

* An dieser Stelle sind nur die Datenbereiche der Ablaufkontrolle von Bedeutung. Die Werte der Zustandsvariablen werden nicht dar-

gestellt. Für ein vollständiges Beispiel wird auf Band 3 Kap. 1 verwiesen.

```
     T = 0.0       RT = 0.0


     ANKER THEAD - LHEAD
     ===================

     EVENTL  SOURCL  ACTIVL  CONFL  MONITL  EQUL

T    0.0     0.0     0.0     0.0    0.0     0.0
LINE   -1      -1      -1      -1     -1      -1
```

Die oberste Zeile zeigt den Stand der Simulationsuhr T und den Stand der Benutzeruhr RT. Da die Benutzeruhr im vorliegenden Beispiel nicht gesetzt wird, gilt T=RT. Vor der Ausführung irdendwelcher Aktivitäten sind alle Datenbereiche unbesetzt. Im Vektor THEAD steht für alle Listen als Aktivierungszeitpunkt T=0. Im dazugehörigen Vektor LHEAD, der die Zeiger auf die Listen enthält, deutet der Eintrag -1 das Kettenende an; es liegt keine Aktivität vor.

Im Rahmen wird durch das Unterprogramm INPUT der erste Aufruf des Monitors zum Zeitpunkt T=0. eingetragen. Weiterhin wird im Rahmen das Unterprogramm ANNOUN viermal aufgerufen, das die 4 Ereignisse anmeldet.

```
ANNOUN: EREIGNIS 1 WIRD ANGEMELDET FUER T = 0.0
ANNOUN: EREIGNIS 2 WIRD ANGEMELDET FUER T = 0.2000
ANNOUN: EREIGNIS 3 WIRD ANGEMELDET FUER T = 2.9000
ANNOUN: EREIGNIS 4 WIRD ANGEMELDET FUER T = 2.8000
```

Die Datenbereiche der Ablaufkontrolle haben jetzt die folgende Form:

```
     T = 0.0       RT = 0.0


     ANKER THEAD - LHEAD
     ===================

     EVENTL  SOURCL  ACTIVL  CONFL  MONITL  EQUL

T    0.0     0.0     0.0     0.0    0.0     0.0
LINE    1      -1      -1      -1     1       -1
```

```
EREIGNISSE
==========

LINE      T     CHAINV

1       0.0       2
2       0.2000    4
3       2.9000   -1
4       2.8000    3


MONITOR
=======

LINE      T    CHAINM

1       0.0      -1
```

Zunächst sieht man, daß die 4 Ereignisse in der Ereignisliste angemeldet worden sind. Der Zeiger in Element LHEAD(1) zeigt auf die erste Zeile in der Ereignisliste. Hier steht das Ereignis NE=1, das zur Zeit 0.0 bearbeitet werden soll. Der zur Ereignisliste gehörige Vektor CHAINV enthält die Verkettung, die die zeitliche Reihenfolge der Ereignisse angibt. Für jedes Ereignis steht in CHAINV die Zeilennummer des Nachfolgers. Der Eintrag -1 bedeutet Kettenende.
Weiterhin ist zum Zeitpunkt T=0.0 ein Monitoraufruf für Plot NPLO=1 eingetragen.

Die Ablaufkontrolle geht den Vektor THEAD durch. Es wird festgestellt, daß das Ereignis NE=1 ausgeführt werden muß. Hierzu wird das Unterprogramm EVENT aufgerufen. In EVENT wird die Bearbeitung des Ereignisses bestätigt:

EVENT : T = 0.0   EREIGNIS 1 WIRD BEARBEITET

Durch das Ereignis NE=1 werden die Anfangsbedingungen für das Set NSET=1 gesetzt. Dann wird die Integration gestartet, indem durch den Aufruf des Unterprogrammes BEGIN zur Bearbeitung des Set eine 1 in LHEAD eingetragen wird. Die Datenbereiche der Ablaufkontrolle haben jetzt die folgende Form:

```
        T = 0.0      RT = 0.0


        ANKER THEAD - LHEAD
        ===================

        EVENTL  SOURCL  ACTIVL  CONFL  MONITL  EQUL

T      0.2000   0.0     0.0     0.0    0.0     0.0
LINE      2      -1      -1      -1     1       1
```

```
EREIGNISSE
==========

LINE      T        CHAINV

  1     0.0000       0
  2     0.2000       4
  3     2.9000      -1
  4     2.8000       3


MONITOR
=======

LINE      T     CHAINM

  1      0.0      -1


EQUATIONS
=========

LINE    TNEXT     STEP     LOOK-AHEAD    TLAST     CHAINE

  1      0.0     2.0000       0.0         0.0        -1
```

Man sieht durch den Eintrag CHAINV(1)=0, daß das Ereignis NE=1 nicht mehr in der Kette steht. Es ist bereits bearbeitet.

Durch das Ereignis NE=1 wurde in der ersten Zeile der Equation- liste die Integration für Set NSET=1 angemeldet.

Nach Bearbeitung des Ereignisses NE=1 wird das Unterprogramm EVENT verlassen. Es geht zurück zur Ablaufkontrolle in FLOWC. Hier wird erneut der Vektor THEAD nach der nächsten Aktivität durchsucht. FLOWC findet, daß zur Zeit T=0.0 als nächstes das Un- terprogramm MONITR aufgerufen werden muß, das die Werte der Zu- standsvariablen für den Plot auf eine Datei schreibt.
Das Unterprogramm MONITR meldet sich selbst für die Zeit T+3.5 wieder an. Die Monitorschrittweite beträgt wie vereinbart 3.5 Zeiteinheiten. Nach Aufruf des Unterprogramms MONITR haben die Datenbereiche die folgende Form:

```
     T = 0.0      RT = 0.0


     ANKER THEAD - LHEAD
     ===================

     EVENTL  SOURCL  ACTIVL  CONFL  MONITL  EQUL
T    0.2000  0.0     0.0     0.0    3.5000  0.0
LINE    2      -1      -1      -1      1       1


     EREIGNISSE
     ==========

     LINE      T    CHAINV

     1      0.0000     0
     2      0.2000     4
     3      2.9000    -1
     4      2.8000     3


     MONITOR
     =======

     LINE      T    CHAINM

     1      3.5000    -1


     EQUATIONS
     =========

     LINE  TNEXT    STEP     LOOK-AHEAD   TLAST    CHAINE

     1     0.0      2.0000     0.0        0.0       -1
```

Als letzte Aktivität zur Zeit T=0.0 wird das Unterprogramm EQUAT
aufgerufen, das für das Set NSET=1 den nächsten Integrationsschritt durchführen soll.
Die Schrittweite für das Set beträgt 2.0 ZE. Die Simulation
sollte dabei eigentlich bis 2.0 geführt werden. In diesem Intervall liegt jedoch zur Zeit T=0.2 ein Ereignis. Das heißt, daß der
Integrationsschritt nur bis T=0.2 führen darf.

Diese Aktivität wird im Unterprogramm EQUAT protokolliert.

T = 0.0 ; NSET = 1 ; NAECHST.INTEGR.ZEITPUNKT= 0.2000E+00;
TSTEP = 0.2000E+00 EVENT

Der Hinweis EVENT deutet an, daß dieser Integrationsschritt aufgrund eines Ereignisses nur von T=0.0 bis 0.2 geführt wurde. Im

Unterprogramm EQUAT wird der spätere Aufruf von EQUAT zur weiteren Integration in die Equationliste eingetragen. Nach Durchführung des Integrationsschrittes wird die Simulationsuhr auf den
nächsten Zeitpunkt weitergeschaltet, zu dem eine neue Aktivität
fällig ist.
Nach Aufruf des Unterprogrammes EQUAT haben die Datenbereiche die
folgende Form:

T = 0.2000   RT = 0.2000

ANKER THEAD - LHEAD
===================

	EVENTL	SOURCL	ACTIVL	CONFL	MONITL	EQUL
T	0.2000	0.0	0.0	0.0	3.5000	0.2000
LINE	2	-1	-1	-1	1	1

EREIGNISSE
==========

LINE	T	CHAINV
1	0.0000	0
2	0.2000	4
3	2.9000	-1
4	2.8000	3

MONITOR
=======

LINE	T	CHAINM
1	3.5000	-1

EQUATIONS
=========

LINE	TNEXT	STEP	LOOK-AHEAD	TLAST	CHAINE
1	0.2000	2.0000	0.0	0.0	-1

Die Ablaufkontrolle wird als nächstes das Ereignis NE=2 bearbeiten. Hierdurch wird die Integration des Sets NSET=2 gestartet.

Die Ausführung des Ereignisses wird protokolliert:

EVENT : T = 0.2000 EREIGNIS 2 WIRD BEARBEITET

Die Datenbereiche haben jetzt die folgende Form:

```
T = 0.2000      RT = 0.2000
```

ANKER THEAD - LHEAD
====================

```
     EVENTL  SOURCL  ACTIVL  CONFL  MONITL  EQUL
T    2.8000   0.0     0.0     0.0   3.5000  0.2000
LINE    4     -1      -1      -1       1       1
```

EREIGNISSE
==========

```
LINE     T     CHAINV
1     0.0000      0
2     0.2000      0
3     2.9000     -1
4     2.8000      3
```

MONITOR
=======

```
LINE      T     CHAINM
1      3.5000     -1
```

EQUATIONS
=========

```
LINE  TNEXT     STEP    LOOK-AHEAD  TLAST  CHAINE
1    0.2000   2.0000      0.0       0.0      2
2    0.2000   2.0000      0.0       0.0     -1
```

Als nächste Aktivität können die beiden Sets NSET=1 und NSET=2
jeweils um einen Schritt weiterintegriert werden. Die reguläre
Integrationsschrittweite beträgt in beiden Fällen 2.0 ZE. Aus dem
Vektor THEAD ist ersichtlich, daß im Intervall zwischen 0.2 und
2.2 keine weiteren zeitdiskreten Aktivitäten liegen. Die Integration kann demnach ungestört ausgeführt werden. Das geschieht
durch den zweimaligen Aufruf von EQUAT. Der Protokollausdruck
vermerkt die Aktivitäten:

```
T = 0.2000E+00; NSET = 1; NAECHST.INTEGR.ZEITP. = 0.2200E+01;
TSTEP = 0.2000E+01  NORMALE INTEGRATION
T = 0.2000E+00; NSET = 2; NAECHST.INTEGR.ZEITP. = 0.2200E+01;
TSTEP = 0.2000E+01  NORMALE INTEGRATION
```

Nach Ausführung der beiden Integrationsschritte haben die Datenbereiche die folgende Form:

T = 2.2000   RT = 2.2000

ANKER THEAD - LHEAD
====================

	EVENTL	SOURCL	ACTIVL	CONFL	MONITL	EQUL
T	2.8000	0.0	0.0	0.0	3.5000	2.2000
LINE	4	-1	-1	-1	1	1

EREIGNISSE
==========

LINE	T	CHAINV
1	0.0000	0
2	0.2000	0
3	2.9000	-1
4	2.8000	3

MONITOR
=======

LINE	T	CHAINM
1	3.5000	-1

EQUATIONS
=========

LINE	TNEXT	STEP	LOOK-AHEAD	TLAST	CHAINE
1	2.2000	2.0000	0.0	0.2000	2
2	2.2000	2.0000	0.0	0.2000	-1

Zur Zeit T=2.2 steht wiederum die Integration der beiden Sets an.
Sie würde im Normalfall mit der Schrittweite 2.0 bis zum Zeitpunkt 4.2 führen. Da jedoch zum Zeitpunkt 2.8 ein Ereignis zu
bearbeiten ist, wird die Integration nur bis T=2.8 vorgenommen.

Der Protokollausdruck vermerkt die beiden Aktivitäten:

```
T = 0.2200E+01; NSET = 1; NAECHST.INTEGR.ZEITP. = 0.2800E+01;
TSTEP = 0.6000E+00   EVENT
T = 0.2200E+01; NSET = 2; NAECHST.INTEGR.ZEITP. = 0.2800E+01;
TSTEP = 0.6000E+00   EVENT
```

Nach dem zweimaligen Aufruf von EQUAT zur Zeit T=2.2 wird die
Simulationsuhr weitergeschaltet. Die Datenbereiche haben anschließend die folgende Form:

    T = 2.8000   RT = 2.8000

    ANKER THEAD - LHEAD
    ===================

    EVENTL SOURCL ACTIVL CONFL MONITL EQUL
T   2.8000 0.0   0.0   0.0   3.5000 2.8000
LINE   4   -1   -1   -1   1   1

    EREIGNISSE
    ==========

    LINE   T   CHAINV

    1   0.0000   0
    2   0.2000   0
    3   2.9000   -1
    4   2.8000   3

    MONITOR
    =======

    LINE   T   CHAINM

    1   3.5000   -1

    EQUATIONS
    =========

    LINE TNEXT   STEP   LOOK-AHEAD TLAST   CHAINE

    1   2.8000   2.0000   0.0   2.2000   2
    2   2.8000   2.0000   0.0   2.2000   -1

Die weiteren Zustandsübergänge werden von der Ablaufkontrolle im
Unterprogramm FLOWC in der bereits beschriebenen Art durchgeführt.
Es wird dem Benutzer empfohlen, die Zustandsübergänge bis T=5.5
durch eine Simulation "mit der Hand" vorzunehmen.

2.2.6 Delays

Es gibt reale Systeme, in denen der aktuelle Systemzustand zur
Zeit T vom Systemzustand zu einer frühen Zeit T-TAU abhängt.

Um derartige Differentialgleichungen behandeln zu können, ist es erforderlich, auf einen früheren Systemzustand zurückgreifen zu können. Zur Darstellung derartiger Fälle stellt GPSS-FORTRAN Version 3 die Delay-Variablen zur Verfügung. Im Gegensatz zu den normalen Variablen SV und DV, für die nur SVLAST und DVLAST bekannt sind, gibt es besonders ausgezeichnete Variable SV und DV, für die auch weiter zurückliegende Systemzustände archiviert werden.

Es ist die Aufgabe des Benutzers, anzugeben, welche Zustandsvariablen zu Delay-Variablen ernannt werden sollen. Das geschieht durch einen Eingabedatensatz der folgenden Form:

DELA; NSET; NV; TAUMAX/

Hinweis:

* Zur Beschreibung der Eingabedatensätze siehe Bd.2 Kap. 7.1.1.

Der Eingabedatensatz DELA veranlaßt, daß die Werte der Zustandsvariablen mit der Variablennummer NV aus dem SET mit der Nummer NSET gespeichert werden. Werte, die älter sind als T-TAUMAX stehen nicht mehr zur Verfügung.
Wenn statt einer Zustandsvariablen SV deren Differentialquotient DV gespeichert werden soll, ist als Variablennummer -NV anzugeben.

Die zurückliegenden Systemzustände werden im Datenbereich DEVAR gespeichert.

DEVAR ist wie folgt dimensioniert:
DIMENSION DEVAR ("NDEVAR",2,"LDEVAR")

Hinweis:

* Die maximale Anzahl der Delay-Variablen kann vom Benutzer angegeben werden, indem der durch den Doppelapostroph eingeschlossene Variablenname "NDEVAR" vom Benutzer durch einen Wert ersetzt wird. Das Vorgehen wird in Band 3 Anhang A 4 "Dimensionsparameter" beschrieben.

Die Elemente des Datenbereichs DEVAR haben die folgende Bedeutung:

"NDEVAR" Anzahl der Delay-Variablen
Es stehen eine beschränkte Anzahl von Datenbereichen zur Verfügung, in welche die Werte für die Zustandsvariablen abgelegt werden können.

"LDEVAR" Anzahl der Werte, die gespeichert werden können
Zur Speicherung jedes zurückliegenden Systemzustandes wird eine Spalte mit zwei Elementen benötigt. Im ersten Element steht die Zustandsvariable SV bzw. DV. Im zweiten Element wird die Zeit eingetragen, zu der die Systemvariable aufgenommen wurde. Die Anzahl der möglichen, zurückliegenden Zustände muß vom Benutzer

angegeben werden. Diese Anzahl bestimmt die Länge "LDEVAR" des
Datenbereichs DEVAR. Das bedeutet, daß für jede Delay-Variable im
Datenbereich DEVAR eine zweidimensionale Matrix mit 2 Zeilen und
"LDEVAR" Spalten vorgesehen ist.

Es sind insgesamt "NDEVAR" Matrizen vorgesehen. Diese Matrizen
werden dann in dem dreidimensionalen Datenbereich DEVAR zusammengefaßt.

Hinweise:

* Die Archivierung der zurückliegenden Systemzustände übernimmt
die Ablaufkontrolle. Der Benutzer hat lediglich im DELA-Datensatz
anzugeben, wie groß die Verzögerung maximal werden kann.

* Die Ablaufkontrolle speichert Zustandsübergänge, die nicht älter als T-TAUMAX sind. Der Benutzer muß darauf achten, daß der
Datenbereich DEVAR ausreichend lang ist, damit alle Zustände gespeichert werden können. Die Länge von DEVAR wird durch den Dimensionsparameter "LDEVAR" festgelegt.

* Ist der Datenbereich DEVAR nicht ausrei chend, um alle Zustände
bis zum Zeitpunkt T-TAUMAX speichern zu können, wird eine sogenannte Datenkomprimierung durchgeführt. Dies geschieht dadurch,
daß vom Simulator GPSS-FORTRAN Version 3 zwei benachbarte Zustände zusammengefaßt werden. Ist auch das nicht mehr möglich,
wird der Simulationslauf abgebrochen (siehe Bd.3 Kap. 8.6.2).

* Das Unterprogramm REPRT7 druckt die archivierten Zustände für
alle Delay-Variablen aus. Zum Ausdrucken der archivierten Systemzustände steht das Unterprogramm REPRT7 zur Verfügung.

In der Matrix IDEMA wird die Zuordnung von Delay-Variablen zum
Datenbereich DEVAR festgelegt. Das geschieht, indem für jede
Matrix aus DEVAR angegeben wird, welche Zustandsvariable hier ge-
speichert wird.

Die Matrix IDEMA ist wie folgt dimensioniert:
DIMENSION IDEMA ("NDEVAR",2)

Die Elemente haben die folgende Bedeutung:

IDEMA("NDEVAR",1) Setnummer
                  Es wird die Setnummer der Delay-Variablen ange-
                  geben, die in der Matrix mit der Nummer NDEVAR
                  gespeichert wird.

IDEMA("NDEVAR",2) Variablennummer
                  Es wird die Variablennummer der Delay-Variablen
                  angegeben.

Zu jeder Delay-Variablen gehört ein Feld im Vektor TAUMAX, in dem
der maximale Delay festgehalten wird. Zustände jenseits der maximalen Delayzeit TAUMAX stehen nicht mehr zur Verfügung.

Der Vektor TAUMAX ist wie folgt dimensioniert:

DIMENSION TAUMAX("NDEVAR")

Wenn bei der Formulierung der Differentialgleichungen im Unterprogramm STATE der Wert einer Zustandsvariablen zu einer vorhergehenden Zeit T-TAU benötigt wird, kann er mit Hilfe des Unterprogrammes DELAY beschafft werden.

Unterprogrammaufruf:

CALL DELAY (NSET, NV, TAU, DVALUE, *9999)

Parameterliste:

NSET   Setnummer der Delay-Variablen

NV   Variablennummer der Delay-Variablen
         NV > 0 Zustandsvariable SV
         NV < 0 Differentialquotient DV

TAU   Zeitverzögerung (Delay)

DVALUE   Systemvariable (delayed)
         Es wird der Wert der angeforderten Systemvariablen zur Zeit T-TAU zurückgegeben. War NV > 0, dann handelt es sich um den Wert der Zustandsvariablen SV. War NV < 0, dann steht der Differentialquotient DV in DVALUE.

Funktion:

In der Delay-Matrix IDEMA wird festgestellt, in welchem Datenbereich die Variable NV aus dem Set NSET abgespeichert wurde. Mit Hilfe der linearen Interpolation wird der Wert der Systemvariablen DVALUE aus den gespeicherten Daten berechnet.

Hinweis:

* Aufgrund der variablen Schrittweite ist es nicht möglich, die zurückliegenden Zustände so abzuspeichern, daß der Wert der Delay-Variablen zur geforderten Zeit T-TAU exakt vorliegt. In der Regel muß der Wert aus den benachbarten Werten durch Interpolation bestimmt werden.
Bild 22 zeigt diesen Zusammenhang. T(i-1) und T(i) sind die Zeitpunkte, zu denen zurückliegende Zustände gespeichert wurden.

Beispiel:

* Es soll ein System beschrieben werden, das der folgenden Differentialgleichung genügt:

dy(t)/dt = a*y(t) + dy(t-3.2)/dt

Das bedeutet, daß der Differentialquotient zur Zeit t vom Zustand der Variablen y zur Zeit t und vom Differentialquotienten zur Zeit t-3.2 abhängt.
Im Unterprogramm STATE müßte die vorliegende Differentialgleichung die folgende Form haben:

```
C       Gleichungen für Set 1
C       =======================
1       CALL DELAY(1,-1,3.2,DVALUE,*9999)
        DV(1,1)=A*SV(1,1)+DVALUE
        RETURN
```

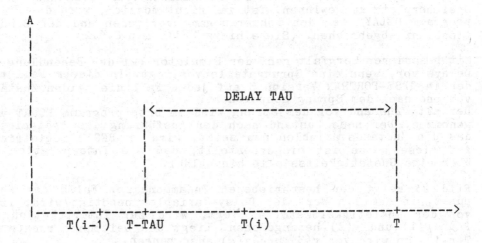

Bild 22   Die Bestimmung des Wertes von Delay-Variablen

Die Variable DV(1,1) muß dazu durch einen DELA-Datensatz zur Delay-Variablen erklärt werden. Da der Differentialquotient gespeichert werden soll, muß NV=-1 sein. Der Eingabedatensatz DELA hat
damit die folgende Form:

DELA; 1; -1; 3.2/

Im Unterprogramm EQUAT und im Unterprogramm BEGIN werden für die
Delay-Variablen zurückliegende Zustände gespeichert. Es ist daher
für den Benutzer wichtig, die Dimensionsvariable "LDEVAR" ausreichend zu dimensionieren. "LDEVAR" muß so groß sein, daß bis zum
erforderlichen Delay TAUMAX alle gewünschten Zustände registriert
werden können.

Hinweise:

* Im Datensatz DELA wird im Parameter TAUMAX angegeben, wie groß
die Verzögerung maximal sein kann. Zustände, die jenseits von T-
TAUMAX liegen, werden überschrieben und stehen nicht mehr zu Verfügung.

* Es ist möglich, daß in einem Differentialgleichungssystem dieselbe Variable SV Delay-Variable mit zwei verschiedenen Delays

ist. In diesem Fall braucht die Variable nur einmal als Delay-Variable deklariert werden. Im Parameter DELAY steht der maximale Delay, der benötigt wird.

* Ist der angelegte Datenbereich zur Speicherung zurückliegender Zustände von Delay-Variablen zu klein, so wird in GPSS-FORTRAN Version 3 versucht, durch Zusammenfassen von Zuständen neuen Speicherplatz zu gewinnen. Ist das nicht möglich, wird das Unterprogramm DELAY über den Fehlerausgang verlassen und der Simulationslauf abgebrochen. (Siehe hierzu Bd.3 Kap.8.6.2)

Mit besonderer Sorgfalt geht der Simulator bei der Behandlung von Delays vor, wenn eine Sprungstelle vorliegt. In diesem Fall werden in GPSS-FORTRAN Version 3 auf jeden Fall die beiden Zustände vor und nach dem Sprung gespeichert.
Der alte Zustand vor dem Sprung wird im Unterprogramm EQUAT aufgenommen. Der neue Zustand nach der Ausführung des Ereignisses, das die Zustandsvariablen neu setzt, wird in BEGIN registriert. Auf diese Weise ist sichergestellt, daß die Interpolation nie über eine Unstetigkeitsstelle hinwegläuft.

Bild 23 zeigt den beschriebenen Zusammenhang. Falls der Zeitpunkt, in dem ein Wert der Delay-Variablen benötigt wird, links von der Unstetigkeitsstelle liegt, wird zur Interpolation das Paar y(1) und y(2) herangezogen. Liegt der Zeitpunkt rechts von T(n-1), so wird von y(3) und y(4) ausgegangen.

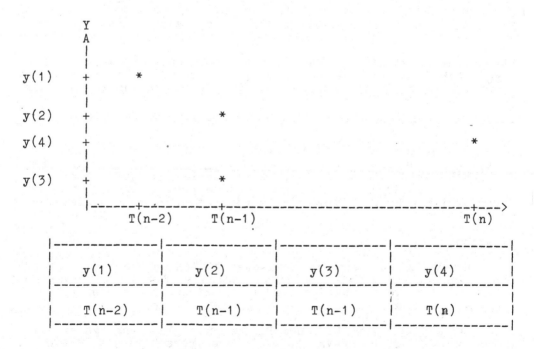

Bild 23   Die Bestimmung des Delays bei Sprungstellen

Sollte der Delay-Zeitpunkt zufällig mit der Unstetigkeitsstelle zusammenfallen, wird als Wert der Delay-Variable der Wert nach dem Ereignis zurückgegeben. In Bild 23 wäre das der Wert y(3).

Für Delay-Variable ist das Vorgehen zur Festlegung der Anfangszustände, das in Kap. 2.2.3 beschrieben wurde, geringfügig zu erweitern. Es ist erforderlich, neben den Anfangswerten zur Zeit T(0) auch weiter zurückliegende Zustände anzugeben.

Hinweise:

* Auf jeden Fall müssen zwei Delay-Zustände angegeben werden. Einer muß zur Zeit des maximalen Delay vorliegen, der andere zur Zeit des Simulationsbeginns. Weitere Zustände können dann durch Interpolation aus dem Delay-Zustand und dem Zustand zum Zeitpunkt des Simulationsbeginns bestimmt werden.

* Der Wert zur Zeit des Simulationsbeginnes erscheint zweimal. Einmal als Vorbesetzung für die Zustandsvariable SV und dann als Wert für die archivierten Zustände.

* Die Zeitpunkte für Delay-Zustände dürfen negativ sein. Auf diese Weise wird es möglich, den Simulationslauf trotz eines Delays bei T=0. beginnen zu lassen.

Die Angabe der Delay-Zustände erfolgt für jedes Set in dem Ereignis, das auch die Anfangswerte setzt. Die Paare, bestehend aus dem Wert für die Variable SV bzw. DV und T werden zunächst in eine Matrix eingetragen. Diese Matrix ist vom Benutzer anzulegen. Sie wird an das Unterprogramm DEFILL übergeben, das die Besetzung des Datenbereiches DEVAR übernimmt.

Unterprogrammaufruf:

CALL DEFILL(NSET,NV,X,IDIM,*9999)

Parameterliste:

NSET   Setnummer

Es wird die Setnummer der Delay-Variablen angegeben.

NV   Variablennummer

Es wird die Variablennummer der Delay-Variablen angegeben, für die Delay-Zustände eingetragen werden sollen.
NV > 0 Zustandsvariable SV
NV < 0 Differentialquotient DV

X   Wertmatrix

In der Wertmatrix finden sich die Wertepaare, welche die Delay-Zustände charakterisieren. Die Matrix X ist vom Benutzer zu besetzen.

.IDIM   Dimension der Wertematrix

    Es wird angegeben, wieviele Wertepaare zur Beschreibung
    übergeben werden sollen.

Die Wertematrix X ist wie folgt dimensioniert:

DIMENSION X(2,IDIM)

Die einzelnen Elemente haben die folgende Bedeutung:

X(1,IDIM) Wert der Variablen

        Es wird der Wert der Variablen SV bzw. DV angegeben.

X(2,IDIM) Delay-Zeitpunkt

        Es wird angegeben, zu welcher Zeit der Wert der Delay-
        Variablen aufgenommen wurde.

Beispiel:

* Sei SV(1,1) eine Delay-Variable mit Delay 8.0. Für SV(1,1) soll
die folgende Differentialgleichung gelten:

CALL DELAY (1, 1, 8.0, SVD, *9999)
DV(1,1) = A*SV(1,1) + SVD/10.

SV(1,1) wird durch den Datensatz
DELA; 1; 1; 8.0/
als Delay-Variable deklariert.

Die Simulation beginnt zur Zeit T=0.0

Der Anfangszustand zur Zeit T=0. sei SV(1,1)=10. Weiterhin liegen
Werte für SV zur Zeit T=-8. und T=-4. vor.

SV(1,1) = 20.   T = -8.
SV(1,1) = 30.   T = -4.

Das Ereignis, das die Anfangsbedingungen setzt, hat die folgende
Form:

```
1     X(1,1)=20.
      X(2,1)=-8.
      X(1,2)=30.
      X(2,2)=-4.
      X(1,3)=10.
      X(2,3)=0.
      CALL DEFILL (1,1,X,3,*9999)
      SV(1,1)=10.
      CALL BEGIN(1,*9999)
      RETURN
```

Hinweise:

* Das Ereignis muß für die Zeit des Simulationsbeginns T=0. angemeldet werden.

* Der Benutzer muß die Matrix X im Unterprogramm EVENT dimensionieren.

* Es ist unbedingt erforderlich, daß die Wertepaare nach aufsteigender Zeit geordnet sind. Ist das nicht der Fall, wird der Simulationslauf mit einer Fehlermeldung abgebrochen.

* Die Forderung, daß mindestens zwei Zustände in der Vergangenheit vorliegen müssen, ist erfüllt. Einer davon gibt den Wert zur maximalen Delay-Zeit an, der andere den Wert zur Zeit des Simulationsbeginns. Der Wert zur Zeit T=-4. hilft, die Interpolation genauer zu machen.

* Man sieht, daß der Wert 10. zweimal vorkommt. Einmal als Vorbesetzung für die Variable $SV(1,1)=10$. Zusätzlich muß dieser Wert noch archiviert werden. Das geschieht durch die folgenden beiden Zuweisungen:

$X(1,3)=10.$
$X(2,3)=0.$

* Wenn der Datenbereich DEVAR zur Archivierung vergangener Zustände nicht ausreicht, werden benachbarte Zustände zusammengefaßt (siehe hierzu Bd.3 Kap. 8.6 "Delay-Variable"). Mit Hilfe der Protokollsteuerung IPRINT bzw. JPRINT(22) kann der Datenbereich DEVAR für eine Delay-Variable vor und nach dem Zusammenlegen ausgedruckt werden.

* Die Delay-Variablen dürfen auch bereits bei der Vorbesetzung Sprungstellen aufweisen. Diese beschreibt man dadurch, indem man für einen Zeitpunkt zwei Werte in die Matrix X einträgt, also beispielsweise:

$X(1,2) = 5.$
$X(2,1) = -4.$
$X(1,3) = 15.$
$X(2,2) = -4.$

* Es ist darauf zu achten, daß in der Parameterliste des Unterprogrammes DEFILL der Parameter IDIM der Dimension der Matrix X entsprechend gesetzt wird. Andernfalls können sich schwer zu rekonstruierende Fehler ergeben.

2.3 Bedingte Zustandsübergänge

Bei bedingten Zustandsübergängen wird eine zeitdiskrete Aktivität, d.h. ein Ereignis oder eine Transaction-Aktivierung durchgeführt, wenn eine vom Benutzer festzulegende Bedingung erfüllt
ist. In der Bedingung können Zustandsvariablen in kombinierter
Form aus dem zeitdiskreten und dem zeitkontinuierlichen Teil vorkommen.
Besondere Vorkehrungen sind erforderlich, wenn in der Bedingung
der Wert einer kontinuierlichen Zustandsvariablen abgefragt wird.
GPSS-FORTRAN Version 3 folgt in diesem Fall A. Pritsker, The GASP
IV Simulation Language, John Wiley * Sons, 1974.

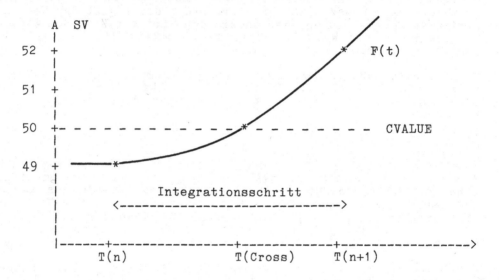

Bild 24   Crossing der Variablen SV zur Zeit T(Cross)

2.3.1 Crossings und die Anzeigevariablen IFLAG und JFLAG

Aufgrund der numerischen Integration ist der Wert der Zustandsvariablen nur zu diskreten Zeitpunkten bekannt. Es muß darauf ge-
achtet werden, daß der Wert der Zustandsvariablen, der in der Bedingung verlangt wird, zur richtigen Zeit berechnet wird. Bild 24
zeigt den Verlauf der Kurve F(t). Ein Ereignis soll stattfinden,
wenn die Zustandsvariable den Wert 50.0 überschreitet.

Die numerische Integration liefert die Werte SV=49. zur Zeit T(n)
und SV=52. zur Zeit T(n+1). Es würde der Wert SV=50. übergangen.

Es muß dafür Sorge getragen werden, daß in einem derartigen Fall
nicht mit der normalen Schrittweite von T(n) nach T(n+1) integriert wird. Anstelle dessen darf die Integration nur von T(n)
bis T(Cross) führen.

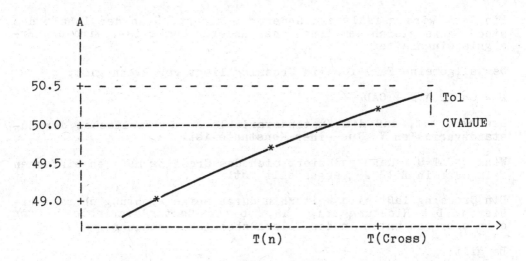

Bild 25   Das Crossing innerhalb des Toleranzbereiches

Hinweis:

* Wenn eine kontinuierliche Zustandsvariable einen vorgegebenen
Wert überschreitet, spricht man von Crossing. In Bild 24 hat die
Variable SV zur Zeit T(Cross) ein Crossing.

Es ist Aufgabe des Simulators, vom Benutzer angegebene Crossings
zu entdecken und die Integration bis zu diesem Punkt zu führen.

Die Crossings müssen innerhalb eines Sets einzeln durchnumeriert
werden. Sie werden vom Benutzer im Unterprogramm DETECT definiert.

Das Unterprogramm EQUAT ruft DETECT nach jedem Integrationsschritt auf. Wenn hierbei festgestellt wird, daß innerhalb des
Integrationsschrittes ein Crossing liegt, wird der Integrationsschritt rückgängig gemacht und das Crossing gesucht.

Ein Crossing gilt als gefunden, wenn der Wert der Zustandsvariablen SV innerhalb eines vom Benutzer angegebenen Toleranzbereiches
um den Crossingwert CVALUE liegt.
Bild 25 zeigt das Crossing für den Crossingwert CVALUE=50. mit
einer Toleranz von TOL=0.5. Das Crossing wird zur Zeit T(Cross)
entdeckt. Der Wert der Variablen SV ist in diesem Fall SV=50.20.

Ein Crossing liegt nicht nur dann vor, wenn eine Zustandsvariable
einen festen Wert CVALUE überschreitet. Es ist auch möglich, daß
eine Zustandsvariable eine andere Zustandsvariable kreuzt. Das
bedeutet, daß SV(NSET,NV1) = SV(NSET,NV2) ist.

Beispiel:

Ein Tank wird gefüllt,ein anderer entleert. Wenn der Inhalt des einen Tanks gleich dem Inhalt des anderen Tanks ist, wird ein Ereignis eingeleitet.

Der allgemeine Fall für ein Crossing liegt vor, wenn gilt:

$$X = CMULT * Y + CADD$$

Das bedeutet, daß die Zustandsvariable X ein Vielfaches der Zustandsvariablen Y plus einer Konstante ist.

Wenn CMULT=0., dann reduziert sich das Crossing auf den einfachen Fall, der in Bild 25 dargestellt ist.

Ein Crossing läßt sich weiterhin durch seine Richtung charakterisieren. Die Richtung zeigt an, ob die Zustandsvariable SV von oben oder von unten in den Toleranzbereich eintaucht.

Es gilt:

LDIR = +1 Positives Crossing

        Die Variable kommt von unten. Das heißt:
        SVLAST < CVALUE - TOL

LDIR = -1 Negatives Crossing

        Die Variable kommt von oben. Das heißt:
        SVLAST > CVALUE + TOL

LDIR = 0 Neutrales Crossing

        Die Richtung spielt keine Rolle. Es liegt ein Crossing vor, unabhängig davon, ob die Variable SV von oben oder von unten kommt.

Beispiel:

* Ein Tank wird entleert. Wenn der Inhalt einen bestimmten Wert MIN unterschritten hat, wird ein Warnlicht eingeschaltet. Dieses Warnlicht ist nicht erforderlich, wenn der leere Tank von unten her gefüllt wird. Das bedeutet, daß ein negatives Crossing mit LDIR=-1 gesucht wird. Nur wenn der Tank durch Abnahme des Inhalts den Wert MIN erreicht, soll eine Aktion eingeleitet werden. Wenn die Grenze MIN beim Füllen des Tanks überschritten wird, liegt kein Crossing vor.

Etwas komplexer ist die Richtungsbestimmung bei zwei sich kreuzenden Variablen X und Y.

Es gilt:

LDIR = + 1 Positive Richtung
        SVLAST(X) < (SVLAST(Y)*CMULT+CADD)

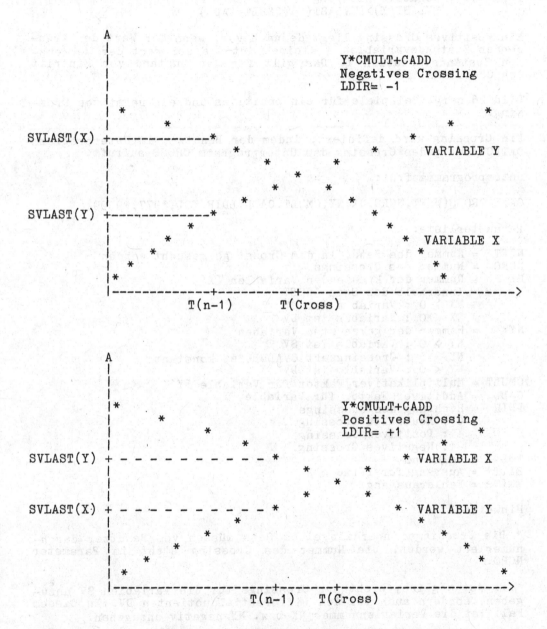

Bild 26   Die Richtung eines Crossing bei sich
               kreuzenden Variablen x und y.

LDIR = - 1 Negative Richtung
       SVLAST(X)>(SVLAST(Y)*CMULT+CADD)

Ein positives Crossing liegt demnach vor, wenn der Wert der kreuzenden Zustandsvariablen X kleiner ist als der Wert der gekreuz-
ten Zustandsvariablen Y. Das gilt für den Zustand vor Eintritt
des Crossings.

Bild 26 zeigt Beispiele für ein positives und ein negatives Crossing.

Ein Crossing wird definiert, indem der Benutzer im Unterprogramm
DETECT für jedes Crossing das Unterprogramm CROSS aufruft.

Unterprogrammaufruf:

CALL CROSS(NSET,NCRO,NX,NY,CMULT,CADD,LDIR,TOL,*977,*9999)

Parameterliste:

```
NSET  = Nummer des Sets, in dem Crossings gesucht werden
NCRO  = Nummer des Crossings
NX    = Nummer der kreuzenden Variablen ´X´
        innerhalb des Sets ´NSET´
        NX > 0 : Variable ist SV
        NX < 0 : Variable ist DV
NY    = Nummer der gekreuzten Variaben
        NY > 0 : Variable ist SV
        NY = 0 : Crossingwert CVALUE ist konstant
        NY < 0 : Variable ist DV
CMULT = Multiplikativer Faktor für Variable ´Y´
CADD  = Additiver Faktor für Variable ´Y´
LDIR  = Richtung des Crossings
        0 : Neutrales Crossing
        +1: Positives Crossing
        -1: Negatives Crossing
TOL   = Toleranz
EXIT1 = Ausgang für IFLAG = 2
EXIT2 = Fehlerausgang
```

Hinweise:

* Die Crossings innerhalb eines Sets müssen vom Benutzer durchnumeriert werden. Die Nummer des Crossing steht im Parameter
NCRO.

* Es ist möglich, nicht nur Crossings für die Variablen SV anzugeben, sondern auch für den Differentialquotienten DV. In diesem
Fall ist die Variablennummer NX bzw. NY negativ anzugeben.

* Crossings sind nur zwischen Variablen des gleichen Sets zulässig.

Nach jedem Integrationsschritt wird von EQUAT aus das Unterprogramm DETECT aufgerufen. DETECT bestimmt durch Aufruf des Unter-

programms CROSS, ob im gegenwärtigen Integrationsschritt ein
Crossing liegt oder nicht. Im Unterprogramm CROSS wird hierzu die
Anzeigevariable IFLAG gesetzt.
Die Variable IFLAG ist wie folgt definiert:

DIMENSION IFLAG("NSET","NCRO")

In den Dimensionsparametern wird festgelegt, wieviele Sets zulässig sein sollen und wieviele Crossings vorkommen können. Siehe
hierzu Anhang A 4 "Dimensionsparameter".

Jedem durch einen Unterprogrammaufruf CALL CROSS definierten
Crossing wird ein Element in der Matrix IFLAG zugeordnet. Die Zuordnung erfolgt über die Nummer des Crossings NCRO. Das heißt,
daß die Angaben über das Crossing für das Set NSET mit der Nummer
NCRO im Element IFLAG(NSET,NCRO) stehen.

Die Elemente in IFLAG können die folgenden Werte annehmen:

IFLAG(NSET,NCRO)=0 Kein Crossing innerhalb des vorliegenden Inte-
                   grationsschrittes

IFLAG(NSET,NCRO)=1 Crossing am Ende des Integrationsschrittes ge-
                   funden.

IFLAG(NSET,NCRO)=2 Es gibt ein Crossing innerhalb des Integra-
                   tionsschrittes. Dieses Crossing wurde noch
                   nicht genau lokalisiert.

Wenn kein Crossing vorliegt, ist der gegenwärtige Integrationsschritt abgeschlossen. Es kann zur Ablaufkontrolle zurückgekehrt
werden, die den nächsten Zustandsübergang aktiviert.
Ist das Crossing am Ende des Integrationsschrittes gefunden worden, ist der gegenwärtige Integrationsschritt ebenfalls abgeschlossen. Der Integrationsschritt führt mit reduzierter Schrittweite gerade soweit, daß die kreuzende Variable X einen Wert hat,
der innerhalb des Toleranzbereiches liegt.
Liegt das Crossing innerhalb des Integrationsschrittes, so gibt
es zwar ein Crossing, das jedoch noch nicht lokalisiert werden
konnte. In diesem Fall muß der gegenwärtige Integrationsschritt
mit halbierter Schrittweite wiederholt werden (Intervallschachte-
lung).

Hinweis:

* Die Anzeigevariable IFLAG wird im Unterprogramm CROSS gesetzt
und im Bereich COMMON/EQU/ an die Unterprogramme DETECT und EQUAT
übergeben.

Das Lokalisieren des Crossings übernimmt das Unterprogramm EQUAT.
EQUAT wird erst dann verlassen, wenn der Integrationsschritt
genau bis zum Crossing führt.

In verkürzter Darstellung gibt Bild 27 die Aufgaben des Unterprogrammes EQUAT wieder. Eine ausführliche Beschreibung des Unterprogrammes EQUAT folgt in Kap. 2.4.

86

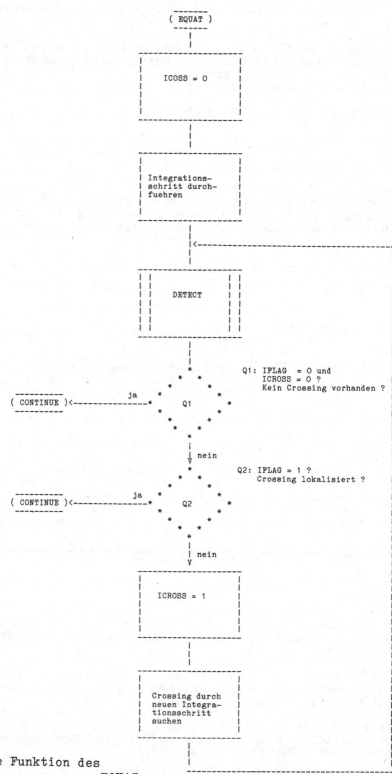

Bild 27   Die Funktion des
           Unterprogrammes EQUAT
           (schematische Darstellung)

* Wenn nach Durchführung eines Integrationsschrittes im Unterprogramm DETECT festgestellt wird, daß innerhalb des Integrationsschrittes ein Crossing liegt, wird dieser Sachverhalt in der Variablen ICROSS festgehalten, indem ICROSS=1 gesetzt wird. Liegt
kein Crossing vor, dann ist IFLAG=0 und ICROSS=0. In diesem Fall
ist der Integrationsschritt abgeschlossen.
Gibt es innerhalb des Integrationsschrittes ein nicht lokalisier-
tes Crossing, so wird mit veränderter Schrittweite solange gesucht, bis das Crossing lokalisiert ist. Hierbei kann es vorkommen, daß innerhalb eines Teilintervalles das festgestellte und
nicht lokalisierte Crossing nicht gefunden wird. In diesem Fall
ist IFLAG=0 und ICROSS=1. Der Integrationsschritt gilt als nicht
abgeschlossen. Die Suche muß solange fortgesetzt werden, bis das
Crossing lokalisiert wurde und die Anzeigenvariable den Wert
IFLAG=1 hat.

Die Suche nach dem Crossing führt das Unterprogramm EQUAT durch
fortgesetzte Intervallhalbierung durch. Bild 28 zeigt das Vorgehen. Das Crossing soll hierbei zum Zeitpunkt T(3) vorliegen.

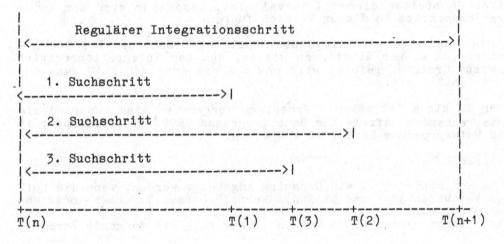

Bild 28   Die Suche nach einem Crossing, das zur
               Zeit T(3) vorliegt

Zunächst wird im ursprünglichen Integrationsschritt, der von T(n)
nach T(n+1) führt, festgestellt, daß innerhalb des Integrationsschrittes ein Crossing liegt. In DETECT wird hierauf IFLAG=2 gesetzt. Im Unterprogramm EQUAT erhält nach Durchlauf der beiden
Abfragen Q1 und Q2 die Variable ICROSS den Wert 1 (siehe Bild
27). Daraufhin wird der Integrationsschritt mit halber Schrittweite wiederholt. Er führt von T(n) nach T(1). Der Aufruf von DE-
TECT liefert jetzt IFLAG=0, da sich das Crossing nicht in diesem
Intervall befindet.
Es wird jetzt von T(n) mit neuer Schrittweite von T(n) nach T(2)
integriert. Im Anschluß daran liefert DETECT für IFLAG den Wert

IFLAG=2, da das Crossing innerhalb des Intervalls liegt. Das bedeutet, daß als nächstes von T(n) an mit halbierter Schrittweite
bis T(3) integriert wird.
Im vorliegenden Beispiel soll das Crossing bei T(3) gefunden werden. In DETECT wird IFLAG=1 gesetzt. Damit ist der Integrationsschritt abgeschlossen. Das Unterprogramm EQUAT kann aufgrund der
Abfrage Q2 verlassen werden.

Hinweise:

* Wenn IFLAG=2 ist, dann liegt das Crossing im Integrationsintervall. Es wird vom Ausgangspunkt aus mit halber Schrittweite integriert. Ist IFLAG=0 und ICROSS=1, so liegt das Crossing nicht in
der linken Hälfte des Intervalls. Es wird vom Anfangspunkt aus
mit der neuen Schrittweite TSTEP=TSTEP+TSTEP/2 erneut integriert.

* Die Anzahl der Schritte, die zur Lokalisierung eines Crossings
erforderlich sind, hängt von der Breite des Toleranzintervalls
ab, das in der Parameterliste des Unterprogramms CROSS angegeben
wird. Je breiter dieses Intervall ist, umso eher wird der Integrationsschritt in diesen Bereich führen.

* Das Suchen der Crossings übernimmt der Simulator. Für den Benutzer ist es nur wichtig zu wissen, daß der Integrationsschritt
bis zum Crossing geführt wird und daß die Anzeige IFLAG dann den
Wert IFLAG=1 hat.

Wenn in einem Set mehrere Crossings vorgesehen sind, so sind die
entsprechenden Aufrufe des Unterprogramms CROSS hintereinander in
das Unterprogramm DETECT zu schreiben.

Beispiel:

* Im Set NSET=1 soll ein Crossing angezeigt werden, wenn die beiden Variablen NV=1 und NV=5 die Werte 5.0 bzw. 7.2 über- oder un-
terschreiten.
Das Unterprogramm DETECT hat in diesem Fall die folgende Form:

```
      SUBROUTINE DETECT(NSET,*,*)
C
C     *** CALL DETECT(NSET,*1000,*9999)
C
C     *** FUNKTION : Überprüfung aller im Set NSET möglichen
C                    Crossings
C     *** PARAMETER: NSET   = Nummer des Set, dessen Crossing
C                             überwacht werde
C                    EXIT1  = Ausgang nach EQUAT, wenn in
C                             UP CROSS ein IFLAG=2 gesetzt wurde
C                    EXIT2  = Fehlerausgang
C
C     Adressverteiler
C     ===============
      GOTO(1,2,3),NSET
```

```
C      Aufruf des UP CROSS für Set1
C      ============================
1      CONTINUE
       CALL CROSS(1,1,1,0,0.,5.,0,1.,*977,*9999)
       CALL CROSS(1,2,5,0,0.,7.2,0,1.,*977,*9999)
       RETURN
C
C      Aufruf des UP CROSS für Set2
C      ============================
2      CONTINUE
       RETURN
C
C      Aufruf des UP CROSS für Set3
C      ============================
3      CONTINUE
       RETURN
C
C      Rücksprünge nach EQUAT
C      ======================
977    RETURN 1
9999   RETURN 2
       END
```

Hinweise:

* Der Benutzer hat lediglich die Crossings zu definieren, indem er die Aufrufe für das Unterprogramm CROSS festlegt und die Parameterliste besetzt.

* Die beiden Adreßausgänge *977 und *9999 im Unterprogramm CROSS dürfen vom Benutzer nicht verändert werden. Sie führen zu festen Anweisungsnummern im Unterprogramm DETECT.

Das Unterprogramm CROSS wird über den Adreßausgang *977 verlassen, wenn in CROSS ein IFLAG mit IFLAG=2 gefunden wurde. In diesem Fall kann sofort nach EQUAT verzweigt werden. Weitere Aufrufe des Unterprogramms CROSS sind nicht mehr erforderlich.

Liegen mehrere Crossings innerhalb eines Integrationsschrittes, so ist es erforderlich, daß das erste Crossing mit dem niedrigsten Crossingzeitpunkt zuerst gefunden wird. Es könnte sein, daß das erste Crossing zu einem bedingten Ereignis führt, das die nachfolgenden Crossings auflöst.
Liegen mehrere Crossings zum selben Crossingzeitpunkt vor, so werden alle zu den Crossings gehörigen Anzeigevariablen IFLAG(NSET, NCRO)=1 gesetzt, bevor nach EQUAT zurückgekehrt wird.

Hinweis:

* Sobald eine Anzeigevariable mit IFLAG=2 gefunden wurde, kann die Suche nach weiteren Crossings abgebrochen werden. Crossings mit größeren Crossingzeitpunkten sind ohne Bedeutung. Liegen innerhalb des gegenwärtigen Integrationsschrittes noch weitere Crossings, so werden diese auf jeden Fall bei den nächsten Inte-

grationsschritten mit halbierter Schrittweite lokalisiert.

Die Anzeigevariable IFLAG(NSET,NCRO) gibt an, ob im gegenwärtigen Integrationsschritt ein Crossing vorliegt. Das bedeutet, daß der Crossingwert CVALUE tatsächlich überschritten worden ist. Im nachfolgenden Integrationsschritt ist diese Information bereits verlorengegangen.
Um anzuzeigen, ob der Wert der Zustandsvariablen unterhalb oder oberhalb des Crossingwertes CVALUE liegt, stehen die Variablen JFLAG(NSET,NCRO) und JFLAGL(NSET,NCRO) zur Verfügung.
Es gilt:

JFLAG(NSET,NCRO) = -1 Der Wert der Zustandsvariablen liegt
                        unterhalb von CVALUE.
                    +1 Der Wert der Zustandsvariablen liegt
                        oberhalb von CVALUE.

Neben der Variablen JFLAG(NSET,NCRO) gibt es in GPSS-FORTRAN Version 3 die Variable JFLAGL(NSET,NCRO), die den Zustand für den vorhergehenden Integrationsschritt angibt. Sie dient im wesentlichen der Crossingbestimmung im Unterprogramm CROSS, steht jedoch bei Bedarf auch dem Benutzer zur Verfügung.

Hinweise:

* Es ist zu beachten, daß der Toleranzbereich immer nur auf einer Seite von CVALUE liegt.

Falls SVLAST.LT.CVALUE, dann gilt:

IF(SV.GT.CVALUE.AND.SV.LT.CVALUE+TOL) IFLAG=1

Das bedeutet, daß der Toleranzbereich nach oben geklappt wird, wenn die Kurve von unten kommt. Bild 25 zeigt diesen Vorgang.

In ähnlicher Weise wird der Toleranzbereich nach unten verlegt, wenn die Kurve von oben kommt.

Falls SVLAST.GT.CVALUE, dann gilt:

IF(SV.LT.CVALUE.AND.SV.GT.CVALUE-TOL) IFLAG=1

Das hat zur Folge, daß ein Crossing immer nach dem tatsächlichen Überschreiten des Grenzwertes lokalisiert wird.

* Es liegt kein Crossing vor, wenn die Kurve den Crossingwert CVALUE zwar erreicht, jedoch nicht überschreitet. Das ist der Fall, wenn der Crossingwert CVALUE ein Extremum darstellt. Für einen derartigen Punkt gilt für JFLAG:
JFLAG = JFLAGL

* Die Anzeigevariable IFLAG zeigt einmalig das Überschreiten des Crossingwertes an. Die Variable JFLAG bezeichnet einen längerandauernden Zustand.

* Sobald ein Crossing auftritt und IFLAG(NSET,NCRO)=1 gesetzt wird, ändert auch die zu diesem Crossing gehörende Variable JFLAG(NSET,NCRO) ihren Wert.

Die Variable JFLAG(NSET,NCRO) ist immer dann von Nutzen, wenn zu einem späteren Zeitpunkt bekannt sein soll, daß ein Crossing an einem vorhergehenden Zeitpunkt vorgelegen hatte. Etwas derartiges kann z.B. auftreten, wenn eine Bedingung komplex ist und den Zustand mehrerer Variablen abfragt. Es ist dann möglich, daß ein Teil dieser Variablen den erforderlichen Wert früher als andere erreicht. (Siehe hierzu Bd.3 Kap.7.4 Übung 2)

Für die Unterscheidung von IFLAG und JFLAG gilt die folgende: Die Variable IFLAG zeigt einmalig das Überschreiten der Crossinglinie an. Die Variable JFLAG dagegen gibt ständig an, ob der Wert der Zustandsvariablen ober- bzw. unterhalb des Crossingwertes liegt. An zwei Beispielen soll der Einsatz von IFLAG und JFLAG gezeigt werden:

Ein Fall für den Einsatz von JFLAG wird in Bd.2 Kap.2.3.3 "Die Bedingungen und ihre Überprüfung" beschrieben. An jedem Montag wird überprüft, ob der Wasserstand des Stausees die Schranke MAX=5000. überschritten hat. Wenn das der Fall ist, wird eine Aktion eingeleitet. Die Bedingung für die Aktion lautet daher:

Es ist Montag und der Wasserstand hat den Wert MAX überschritten.

Wenn der Wasserstand den Wert MAX überschreitet, liegt ein Crossing vor, das die Anzeigevariable IFLAG(NSET,NCRO)=1 setzt. Gleichzeitig wird in der Variablen JFLAG(NSET,NCRO) vermerkt, daß der Wasserstand über dem Grenzwert liegt. Falls die Überschreitung der Grenze nicht am Montag erfolgte, wird die Integration weitergeführt. Das bedeutet, daß im nächsten Integrationsschritt die Anzeigevariable auf IFLAG(NSET,NCRO)=0 zurückgesetzt wird. Die Tatsache, daß der Wasserstand über der Grenze liegt und daher zu einem späteren Zeitpunkt (d.h. am kommenden Montag) eine Aktion erfolgen muß, ist nur noch an JFLAG(NSET,NCRO) ersichtlich.

An einem weiteren Beispiel wird gezeigt, für welche Fälle der Einsatz der Variablen IFLAG erforderlich ist.

In einem Modell wird ein Tank gefüllt. Wenn der Tankinhalt den Wert 50. überschritten hat, soll die Pumpe sofort abgeschaltet werden. Der Verlauf der Variablen SV, die den Tankinhalt angibt, wird durch Bild 29 beschrieben.
Zunächst wächst der Tankinhalt auf den Wert 50. Dieser Fall würde durch ein Crossing entdeckt. Daraufhin würde ein bedingtes Ereignis, das auf IFLAG abfragt, die Pumpe ausschalten. Der Tankinhalt bleibt von diesem Zeitpunkt an konstant.

Da die Anzeigevariable IFLAG(NSET,NCRO)=1 nur gesetzt wird, wenn der Crossingwert CVALUE tatsächlich überschritten wird, ist vom nächsten Integrationsschritt an die Anzeigevariable IFLAG(NSET, NCRO)=0, scwohl sich der Wert der Variablen SV im Toleranzbereich

aufhält. Das führt dazu, daß die Pumpe wie gewünscht nur einmal
beim Überschreiten von CVALUE abgeschaltet wird.

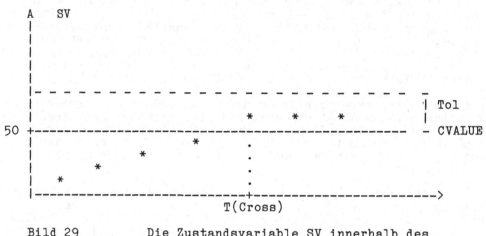

Bild 29   Die Zustandsvariable SV innerhalb des
                 Toleranzbereiches

Es wäre jedoch auch denkbar, daß eine Aktion ständig erfolgen
soll, wenn der Tankinhalt den Wert 50. überschritten hat. So
könnte z.B. in Abständen eine Sirene ertönen. In diesem Fall
würde die Steuerung der Sirene aufgrund der Variablen JFLAG erfolgen, die nicht angibt, daß einmalig der Grenzwert überschritten wurde, sondern die ständig festhält, daß der Tankstand über
der Grenze von 50. liegt.

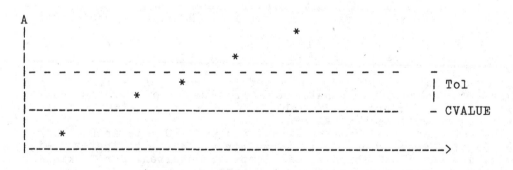

Bild 30   Kleine Integrationsschrittweite bei
                großem Toleranzbereich

Bild 29 zeigt, wie sich der Kurvenverlauf aufgrund eines Ereignisses im Toleranzbereich aufhält.

Daß zwei oder mehrere Punkte des Kurvenverlaufes im Toleranzbereich verlaufen, ist auch möglich, wenn die Integrationsschrittweite sehr klein bzw. der Toleranzbereich sehr groß ist. Bild 30 zeigt diesen Fall. Dennoch wird das Crossing nur einmal beim unmittelbaren Überschreiten des Crossingwertes CVALUE einmalig angezeigt.

Es ist denkbar, daß der Verlauf der Zustandsvariablen innerhalb eines Integrationsschrittes einen Extremwert hat und damit innerhalb eines Integrationsschrittes zwei Crossings vorliegen würden, die durch das in GPSS-FORTRAN Version 3 eingesetzte Verfahren nicht erkannt würden. Bild 31 zeigt diesen Vorgang.

Ein derartiger Fall dürfte in der Regel jedoch nicht vorkommen, da die selbständige Schrittweitenanpassung dafür sorgt, daß bei deutlichen Veränderungen des Kurvenverlaufes eine kleinere Schrittweite gewählt wird. Das führt dazu, daß sich innerhalb eines Integrationsschrittes in der Regel nur ein Crossing befindet.

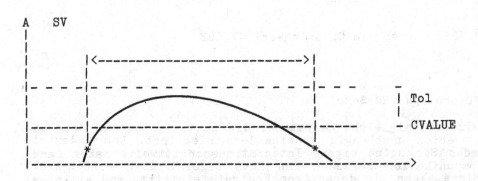

Bild 31   Zwei Crossings innerhalb eines
             Integrationsschrittes

Hinweise:

* Crossings werden auch entdeckt, wenn aufgrund eines Sprungs ein Crossingwert überschritten wird. Nach jeder Diskontinuität wird daher von GPSS-FORTRAN Version 3 selbständig das Unterprogramm DETECT zur Überprüfung der Crossings aufgerufen.

* Weiterhin ist es möglich, daß der Crossingwert CVALUE in einem Ereignis geändert wird und sich dadurch ein Crossing ergibt. Bild 32 zeigt diesen Vorgang. Auch ein derartiger Fall wird im Simulator GPSS-FORTRAN Version 3 erkannt.
Es wird daran erinnert, daß der Benutzer nach der Änderung des Crossingwertes CVALUE im gleichen Ereignis das Unterprogramm BEGIN aufzurufen hat.

* Ganz allgemein liegt ein Crossing stets dann vor, wenn der Funktionsverlauf der Crossingvariablen von einer Seite der Cros-

singlinie auf die andere überwechselt. Das bedeutet, daß IFLAG
genau dann auf 1 gesetzt wird, wenn JFLAG das Vorzeichen wechselt, d.h. wenn JFLAG.NE.FLAGL ist.

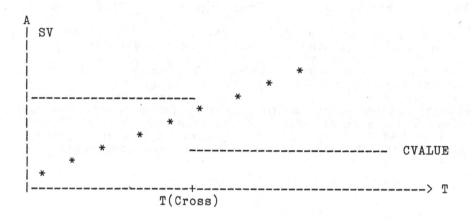

Bild 32   Sprung im Crossingwert CVALUE

2.3.2 Crossings und Sets

Die Differentialgleichungssysteme, die zu verschiedenen Sets gehören, werden unabhängig voneinander integriert. Das bedeutet,
daß jedes Set seine eigene Integrationsschrittweite haben kann.
Die Kommunikation zwischen den Sets erfolgt über zeitdiskrete
Ereignisse. Wenn ein derartiges Ereignis eintritt, muß sichergestellt sein, daß der Systemzustand aller Sets zu diesem Zeitpunkt
vorliegt. Das wird in der Regel wegen der unterschiedlichen
Schrittweite nicht der Fall sein.
Besondere Vorkehrungen sind nicht erforderlich, wenn das Ereignis, das die Kommunikation zwischen den Sets übernimmt, ein zeitabhängiges Ereignis ist. Es ist dann sichergestellt, daß die
Integration nicht über dieses Ereignis hinausgeführt wird. Alle
Sets werden nur bis zur Zeit, zu der das Ereignis aktiviert werden soll, integriert.
Der gleiche Sachverhalt trifft zu, wenn das Ereignis ein bedingtes Ereignis ist, in dessen Bedingung nur Variable vorkommen, die
im zeitdiskreten Teil des Simulators verändert werden. Durch die
Schrittweitenbestimmung im Unterprogramm EQUAT ist wiederum sichergestellt, daß die Integration nie über eine Aktivität hinausführt, in der zeitdiskrete Variable verändert werden.
Das bedeutet, daß alle Sets zu einem Zeitpunkt, in dem eine diskrete Zustandsänderung erfolgt, zusammenkommen. Bild 33 zeigt
diesen Zustand. Wichtig ist die Reduzierung der Schrittweite, die
dafür sorgt, daß jedes Set nur bis zum Zeitpunkt für das diskrete
Ereignis integriert wird.

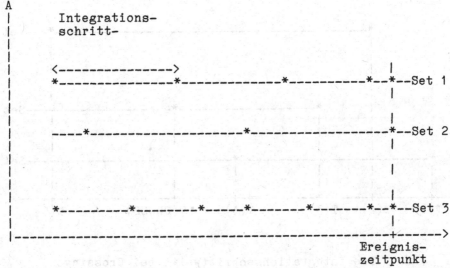

<pre>
Zustandsvariable
 A
 | Integrations-
 | schritt-
 |
 | <------------------>
 | *-----------------*----------------*------------*--*--Set 1
 | |
 | |
 | -----*-----------------------------*----------------*--Set 2
 | |
 | |
 | |
 | *----------*---------*---------*-------*--*--Set 3
 | |
 |--+------>
                                                          Ereignis-
                                                          zeitpunkt
</pre>

Bild 33   Der Kommunikationspunkt bei verschiedenen Sets

Besondere Vorkehrungen sind innerhalb des Simulators erforderlich, wenn in einer Bedingung eine Anzeigevariable IFLAG vorkommt. Bild 34 zeigt diese Situation. Das Set 3 wird zum Zeitpunkt T(1) bis T(4) integriert. Anschließend führt die Integration das Set 1 von T(2) nach T(5). Das Set 2 findet bei seinem
Integrationsschritt ein Crossing zur Zeit T(cross). Im vorliegenden Beispiel soll aufgrund des Crossings eine Bedingung wahr geworden sein, die ein bedingtes Kommunikationsereignis aktiviert.
Um die Kommunikation jedoch korrekt abwickeln zu können, ist es
erforderlich, daß der Zustand aller Sets zur Zeit T(cross) bekannt ist. Sets dürfen daher nie über einen Crossingzeitpunkt
hinaus integriert werden.
Sets, die bereits über den Crossingzeitpunkt hinaus integriert
worden sind, müssen zurückgeholt werden. Für Sets, die den Crossingzeitpunkt noch nicht erreicht haben, muß als Integrationsziel
die Zeit T(cross) vermerkt werden.
Jedes Mal, wenn ein Crossing entdeckt worden ist, übernimmt das
Unterprogramm EQUAT die Aufgabe, die übrigen Sets dementsprechend
zu korrigieren.
Für ein Set, das bereits über die Zielzeit T(cross) hinaus integriert worden ist, wird der letzte Integrationsschritt mit reduzierter Schrittweite wiederholt. Falls in diesem Set bis zu einem
Crossing integriert worden war, wird die Anzeigevariable IFLAG
gelöscht.

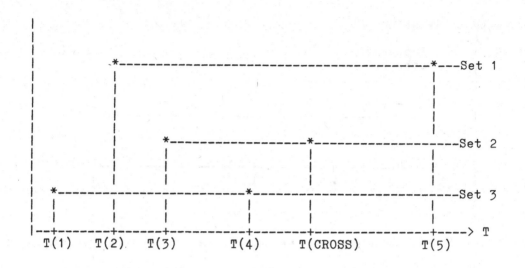

Bild 34   Die Integrationsschrittweite bei Crossings

Hinweis:

* Im Beispiel in Bild 34 könnte es sein, daß der Zeitpunkt T(5)
für das Set 1 ein Crossingzeitpunkt ist. Da das Set 1 jedoch zurückgeholt wird, um bis T(cross) integriert zu werden, muß auch
die Anzeigevariable IFLAG wieder gelöscht werden, die nur angibt,
daß zum Zeitpunkt T(5) ein Crossing vorliegt.

Liegt das entsprechende Set noch zurück, so wird für dieses Set
in der Equationliste EQUL in der 3. Spalte der Look-ahead-Vermerk
eingetragen. Der Look-ahead-Vermerk ist für jedes Set die Zeit,
bis zu der auf jeden Fall integriert werden muß.
Bei der Bestimmung der Schrittweite wird dementsprechend vor jedem Integrationsschritt geprüft, ob mit der normalen Schrittweite
aus EQUL(NSET,2) gearbeitet werden kann, oder ob eine reduzierte
Schrittweite erforderlich ist, die zum Crossingzeitpunkt führt,
der im Look-ahead-Vermerk in EQUL(NSET,3) vermerkt ist.
Dem Benutzer bleibt der beschriebene Mechanismus verborgen. Es
ist durch den Simulator GPSS-FORTRAN Version 3 immer sichergestellt, daß die Zustände aller Sets zu der Zeit vorliegen, zu der
ein Set ein Crossing lokalisiert.

Hinweis:

* Bei den Crossings wird das bei Ereignissen bereits beschriebene
Verfahren durchgehalten, das dafür sorgt, daß prinzipiell nur bis
zu einem Zeitpunkt integriert wird, zu dem möglicherweise eine
Bedingung wahr werden könnte. Es handelt sich hierbei um alle
Zeitpunkte für Zustandsänderungen im diskreten Teil und für Cros-
sings.

2.3.3 Die Bedingungen und ihre Überprüfung

Bei bedingten Aktivierungen handelt es sich um Zustandsübergänge,
die ausgeführt werden, wenn eine Bedingung den Wahrheitswert
.TRUE. annimmt. Es kann hierbei die Bearbeitung eines Ereignisses
oder die Aktivierung einer Transaction vorliegen.
In der Bedingung können Variable aus dem zeitdiskreten Teil und
aus dem kontinuierlichen Teil vorkommen. Sollen Zustände aus dem
kontinuierlichen Modell in die Bedingung aufgenommen werden, so
sind hierfür die Anzeigevariablen IFLAG bzw. JFLAG einzusetzen.

Jeder gesuchte Systemzustand für eine Bedingung im kontinuierlichen Teil wird durch ein Crossing definiert. Das Eintreffen dieses Zustandes wird angezeigt, indem die zu jedem Crossing gehörigen Variablen IFLAG und JFLAG gesetzt werden.
An einem Beispiel soll das Vorgehen erläutert werden:

An jedem Montag wird der Wasserstand eines Stausees überprüft.
Wenn er eine obere Schranke MAX=5000. überschritten hat, wird das
Abflußventil geöffnet.

Der Wochentag wird in der Variablen A geführt. A wird in Zeitabständen von einem Tag um 1 erhöht. Diese Aktivität übernimmt das
zeitabhängige Ereignis NE=1. Für Montag sei A=1.
Das Ereignis NE=2 übernimmt das Öffnen und Schließen des Abfluß-
ventils durch Setzen der Variablen B. Es gilt:

    B = 0   Ventil offen
    B = 1   Ventil geschlossen.

Der Wasserstand des Stausees werde im Set 1 durch die Variable
NV=2 beschrieben. Um feststellen zu können, wann der Stausee die
Marke MAX=5000. erreicht hat, wird im Unterprogramm DETECT ein
Crossing definiert.
Das Crossing soll die Nummer NCRO=5 haben. Der Aufruf des Unter-
programms CROSS hat die folgende Form:

        CALL CROSS(1,5,2,0,0.,5000.,1,5.,*977,*9999)

Falls der Stausee die Marke MAX innerhalb einer Toleranz von 5
erreicht hat, wird die Anzeigevariable IFLAG(1,5)=1 gesetzt.
Dieser Sachverhalt steht in der Variablen JFLAG auch zu späteren
Zeitpunkten noch zur Verfügung (siehe Bd.2 Kap.2.3.1 bei der Beschreibung von JFLAG).

Alle Bedingungen eines Modells werden in der logischen Funktion
CHECK zusammengestellt. Jede Bedingung erhält eine Nummer NCOND,
die mit der Anweisungsnummer in CHECK übereinstimmen muß. Nach
jeder Be dingung muß die Anweisung GOTO 100 stehen.

Für das vorliegende Beispiel hat die logische Funktion CHECK die
folgende Form:

```
C
C       Adressverteiler
C       ================
```

```
       GOTO(1), NCOND
C
C      Bedingungen
C      ===========
1      IF(A.EQ.1 .AND. JFLAG(1,5).EQ.1) CHECK=.TRUE.
       GOTO 100
```

Die Bedingung besagt, daß die logische Funktion CHECK für die Bedingung NCOND=1 den Wahrheitswert .TRUE. hat, wenn A=1 (Es ist Montag) und JFLAG(1,5)=1 (Der Wasserstand hat den Wert MAX überschritten).

Hinweis:

* Im Unterprogramm CROSS wird das Crossing mit der Nummer NCRO=5 definiert. Zu diesem Crossing gehört die Anzeigevariable JFLAG(1, 5).

Immer wenn die Bedingung NCOND=1 erfüllt ist, soll das Ereignis NE=2 ausgeführt werden, das das Ventil öffnet. Das heißt, daß das Ereignis NE=2 durch das Unterprogramm EVENT zur aktuellen Zeit T bearbeitet werden muß. Die Bedingungsüberprüfung im Unterprogramm TEST hat daher die folgende Form:

```
       IF(CHECK(1)) CALL EVENT(2,*9999)
```

Die benutzergesteuerte Bedingungsüberprüfung verlangt, daß die Bedingung vom Benutzer an den Stellen überprüft werden muß, an denen Variablen geändert werden, die in der Bedingung vorkommen.

Zunächst erscheint in der Bedingung die Variable A. Nach jeder Veränderung von A im Unterprogramm EVENT muß daher die Bedingung überprüft werden. Das geschieht durch Setzen des Testindikators TTEST=T.

Das Unterprogramm EVENT hat demnach die folgende Form:

```
C      Adressverteiler
C      ===============
       GOTO (1,2), NE
C
C      Ereignis 1
C      ==========
1      A = A + 1
       A = MOD(A,7)
       CALL ANNOUN(1,T+1.,*9999)
       TTEST = T
       RETURN
C
C      Ereignis 2
C      ==========
2      B = 0
       RETURN
       END
```

Jedes Mal, wenn A den Wert verändert, wird geprüft, ob vielleicht

A=1 und zugleich IFLAG(1,5)=1. Wenn das der Fall ist, hat die logische Funktion CHECK den Wahrheitswert .TRUE. Es kann für den gegenwärtigen Zeitpunkt das Ereignis NE=2 bearbeitet werden.

Hinweise:

* Durch die Anweisung A = MOD(A,7) wird erreicht, daß die Tageszahl an jedem Sonntag auf A=0 zurückspringt.

* Durch die Anweisung CALL ANNOUN(1,T+1.,*9999) meldet sich das Ereignis zur Ausführung einen Tag später zur Zeit T=T+1. selbst wieder an.

Neben der Variablen A erscheint in der Bedingung die Anzeigevariable JFLAG(1,5). Die Überprüfung der Bedingung muß daher jedes Mal erfolgen, wenn die Möglichkeit besteht, daß JFLAG(1,5) den Wert geändert hat. Die Lokalisierung der Crossings und das Setzen der Anzeigevariablen JFLAG wird im Unterprogramm EQUAT durchgeführt. Das bedeutet, daß nach jedem Aufruf des Unterprogramms EQUAT die Bedingungen überprüft werden müssen, wenn in EQUAT ein Crossing gefunden worden ist. Hierzu wird im Unterprogramm EQUAT der Testindikator TTEST gesetzt.

Hinweis:

* Bei der Veränderung zeitdiskreter Zustandsvariablen muß der Benutzer selbst den Testindikator setzen. Wenn im zeitkontinuierlichen Teil ein Crossing durch das Setzen der Anzeigevariablen IFLAG gemeldet wird, wird TTEST durch den Simulator gesetzt.

Das Unterprogramm TEST ist ein Benutzerprogramm, in das der Benutzer die Bedingungsüberprüfung mit der Angabe der gewünschten Aktivität einträgt. Das Unterprogramm TEST hat demnach die folgede Form:

```
C
C      Überprüfen der Bedingungen
C      ==========================
       IF(CHECK(1)) CALL EVENT(2,*9999)
       RETURN
```

Im Unterprogramm TEST werden alle Bedingungen der Reihe nach durchgeprüft. Im vorliegenden Fall liegt nur die Bedingung NCOND=1 vor.

Der Benutzer bzw. das Unterprogramm EQUAT veranlassen die Überprüfung der Bedingungen, indem der gegenwärtige Stand der Simulationsuhr in den Testindikator eingetragen wird. Das geschieht durch die Anweisung

TTEST = T

Der Aufruf des Unterprogrammes TEST erfolgt in der Ablaufkontrolle durch FLOWC, wenn TTEST=T.

Wenn das Unterprogramm TEST aufgerufen wird, muß sichergestellt

sein, daß alle Systemvariablen den für die Zeit T zutreffenden
Wert haben. Das heißt, daß alle zeitabhängigen Aktivitäten zur
Zeit T ausgeführt sein müssen, bevor die Bedingungen überprüft
werden können.
Aus diesem Grund steht TEST im Unterprogramm FLOWC in der Reihen-
folge der zu bearbeitenden Unterprogramme an 6. Stelle nach MO-
NITR und vor EQUAT (siehe Bild 9).

Hinweis:

* TEST steht vor EQUAT, da EQUAT durch das Vorausintegrieren
ausgehend vom Zustand zur Zeit T bereits den zukünftigen Zustand
zur Zeit T+TSTEP bestimmt.

Wird durch den Aufruf von TEST festgestellt, daß eine Bedingung
erfüllt ist, so wird die hierdurch mögliche Aktivierung der entsprechenden Aktivität sofort bearbeitet. Das geschieht durch den
Aufruf des Unterprogrammes EVENT bzw. DBLOCK (siehe Bd.2 Kap.
1.2.2 "Bedingte Zustandsübergänge")

Es ist möglich, daß durch die Ausführung einer bedingten Aktivität eine weitere Bedingung wahr wird, die ihrerseits die Ausführung einer Aktivität verlangt. Es kann zu einer sogenannten Be-
dingungskaskade kommen.
In GPSS-FORTRAN Version 3 sind Bedingungskaskaden zulässig. Es
ist möglich, daß zur Zeit T der Testindikator TTEST mehrfach gesetzt und gelöscht wird. Auf diese Weise kann das Unterprogramm
TEST zur gleichen Zeit wiederholt aufgerufen werden.

Um zu verhindern, daß durch den wiederholten Aufruf von TEST eine
bereits ausgeführte bedingte Aktivität noch einmal bearbeitet
wird, registriert die logische Funktion CHECK alle Bedingungen,
die zur aktuellen Simulationszeit T wahr geworden sind und für
welche die erforderliche bedingte Aktivität bereits durchgeführt
wurde. Derartige Bedingungen erhalten auf jeden Fall den Wahrheitswert .FALSE. Damit ist sichergestellt, daß sie nicht noch
einmal bearbeitet werden können.
Hierfür wird für jede Bedingung mit der Nummer NCOND im Vektor
TCOND im Element TCOND(NCOND) der aktuelle Stand der Simulationsuhr T eingetragen, wenn die Bedingung den Wahrheitswert .TRUE.
angenommen hat.
Dieser Eintrag in TCOND ist für jede Bedingung erforderlich. Aus
diesem Grund muß vom Benutzer nach jeder Bedingung die Sprung-
anweisung GOTO 100 stehen, die in CHECK zum Abschnitt "Vermerk
für erfüllte Bedingungen setzen" führt.

Um Bedingungen formulieren und bearbeiten zu können, muß der Benutzer im allgemeinen Fall die folgenden drei Schritte ausführen:

* Definieren der Bedingungen in CHECK

* Überprüfen der Bedingungen und Bearbeiten der Aktivitäten in
TEST

* Festlegen der Ereignisse in EVENT

Die logische Funktion CHECK könnte beispielsweise für 4 Bedingungen LOGEX1... LOGEX4 die folgende Form haben:

```
       LOGICAL FUNCTION CHECK(NCOND)
C
C      Ausschluß mehrfacher Überprüfungen
C      ===================================
       CHECK = .FALSE.
       IF(TCOND(NCOND).EQ.T) RETURN
C
C      Adressverteiler
C      ===============
       GOTO(1,2,3,4),NCOND
C
C      Bedingungen
C      ===========
1      IF(LOGEX1) CHECK = .TRUE.
       GOTO 100
2      IF(LOGEX2) CHECK = .TRUE.
       GOTO 100
3      IF(LOGEX3) CHECK = .TRUE.
       GOTO 100
4      IF(LOGEX4) CHECK = .TRUE.
       GOTO 100
C
C      Vermerk für erfüllte Bedingungen setzen
C      =======================================
100    IF(CHECK) TCOND(NCOND)=T
       RETURN
       END
```

Hinweis:

* Der Benutzer muß im Adreßverteiler für alle Bedingungen die Anweisungsnummern eintragen.
Weiterhin muß er in Abschnitt "Bedingungen" die logischen Ausdrücke für seine Bedingungen definieren.
Alles andere führt der Simulator selbständig aus.

Die Überprüfung der Bedingungen und das Anmelden der Aktivitäten erfolgt in TEST. Im Beispiel soll es sich um das Anmelden der 4 Ereignisse 1...4 handeln.

Das Unterprogramm hat dann die folgende Form:

```
      SUBROUTINE TEST (*710)
C
C     Überprüfen der Bedingungen
C     ==============================
      IF(CHECK(1)) CALL EVENT(1,*9999)
      IF(CHECK(2)) CALL EVENT(2,*9999)
      IF(CHECK(3)) CALL EVENT(3,*9999)
      IF(CHECK(4)) CALL EVENT(4,*9999)
      RETURN
C
C     Ausgang zur Endabrechnung
C     ==========================
9999  RETURN 1
      END
```

Hinweise:

* Im Abschnitt "Überprüfen der Bedingungen" muß der Benutzer die Bedingung abfragen und das Bearbeiten der gewünschten Aktivität durchführen.

* Durch einen Aufruf von TEST werden alle Bedingungen geprüft. Im Gegensatz dazu wird in CHECK für jede Bedingung individuell der Wahrheitswert festgestellt. Die Nummer der Bedingung, deren Wahrheitswert von CHECK bestimmt werden soll, wird in der Parameterliste von CHECK übergeben.

* Die Beschreibung der 4 Ereignisse im Unterprogramm EVENT erfolgt auf die gewohnte Weise.

* Es ist möglich, ein bedingtes Ereignis nicht sofort zu bearbeiten, sondern zur Bearbeitung für einen späteren Zeitpunkt anzumelden. Die Überprüfung der Bedingung hat dann die folgende Form:

```
      IF(CHECK(NCOND)) CALL ANNOUN(NE,T+ET,*9999)
```

In diesem Fall wird die Bedingung zur Zeit T geprüft und zur Zeit T+ET das dazugehörige Ereignis NE bearbeitet.

2.4 Das Unterprogramm EQUAT

Das Unterprogramm EQUAT führt bei jedem Aufruf einen Zustandsübergang für das angegebene Set durch. Die Aufgaben von EQUAT
sind in Bild 35 dargestellt. Sie werden im folgenden ausführlich
beschrieben.

2.4.1 Integrationsschritt ausführen

Die erste Aufgabe des Unterprogramms EQUAT besteht in der Durchführung eines normalen Integrationsschrittes. Hierbei ist die Bestimmung der Schrittweite von Bedeutung. Es darf in jedem Fall
höchstens bis zu einem Zeitpunkt integriert werden, zu dem eine
diskrete Aktivität vorliegt. Weiterhin darf nicht über einen möglichen Look-ahead-Vermerk hinausintegriert werden. Außerdem muß
die Schrittweite aufgrund der vom Benutzer angegebenen Genauigkeit festgelegt werden.
Die Funktionen, die zur Ausführung des Integrationsschrittes erforderlich sind, werden in Bild 36 beschrieben.

"Umspeichern von SV, DV und JFLAG"
Vor jedem neuen Integrationsschritt müssen die Zustandsvariablen
SV und DV in SVLAST und DVLAST umgespeichert werden. Die Integra-
tion bestimmt dann aus T, SVLAST und DVLAST den Zustand am neuen
Integrationspunkt. Die Zustandsvariablen für den neuen Zustand
stehen dann wieder in SV und DV.

In analoger Weise werden die Werte der Anzeigenvariablen JFLAG in
die Anzeigenvariable JFLAGL übernommen.

"Berechnen der Integrationsschrittweite"
Es muß sichergestellt sein, daß die Integration nicht über den
Zeitpunkt einer diskreten Aktivität hinausführt. Hierzu wird der
Vektor THEAD durchgeprüft. Weiterhin muß die Schrittweite reduziert werden, wenn im Look-ahead-Vermerk im Feld EQUL(NSET,3) für
das Set ein Koordinationspunkt eingetragen ist oder in
TDELA(NSET) eine Sprungstelle für das nächste Integrationsintervall angezeigt wird (siehe hierzu Bd.2 Kap. 2.4.4 "Sprungstellen
bei Delay-Variablen").
Die tatsächliche Schrittweite, mit der integriert wird, wird in
die Variable TSTEP übernommen.

"Durchführen der Integration"
Die Integration wird durchgeführt, indem das Unterprogramm INTEG
aufgerufen wird. INTEG wählt aufgrund der Benutzerangaben im Datensatz INTI das Integrationsverfahren aus und verzweigt zu dem
Unterprogramm, das die Integration nach dem gewünschten Verfahren
ausführt.
Das Unterprogramm INTEG erwartet den Ausgangszustand in den Variablen SVLAST und DVLAST zur Zeit T und die Schrittweite TSTEP.
Es wird der neue Zustand SV und DV zurückgeliefert.
Alle Verfahren in GPSS-FORTRAN Version 3 führen neben der numerischen Integration eine Fehlerabschätzung durch. Der relative Fehler wird in der Variablen RERR angegeben und an EQUAT zurückgeliefert.

104

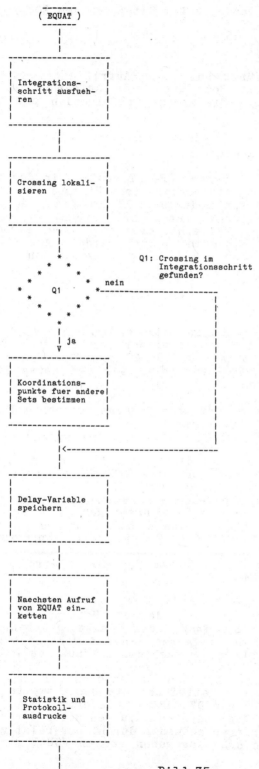

Bild 35
Die Aufgaben des Unterprogrammes EQUAT

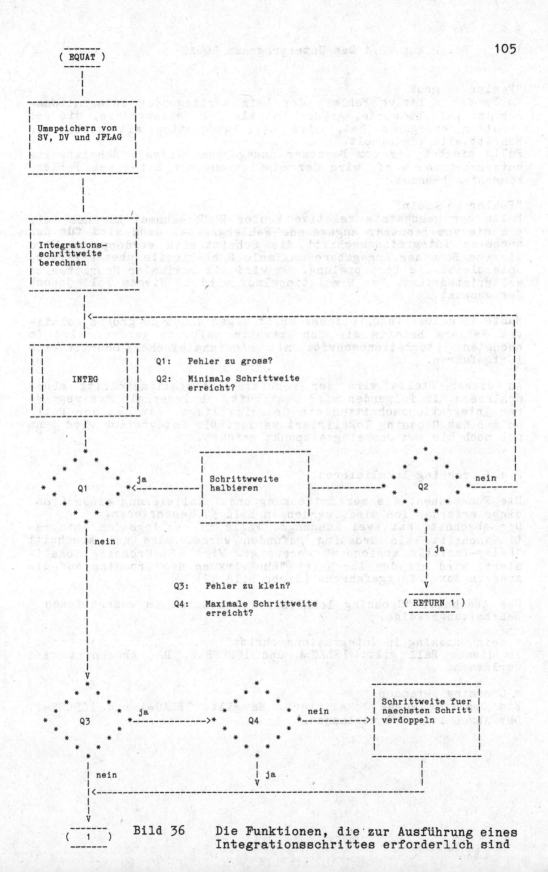

Bild 36   Die Funktionen, die zur Ausführung eines
         Integrationsschrittes erforderlich sind

"Fehler zu groß"
Falls der relative Fehler, der beim vorliegenden Integrations-
schritt gemacht wurde, größer ist als die Fehlergrenze, die der
Benutzer angegeben hat, wird die Integration mit halbierter
Schrittweite wiederholt.
Falls hierbei die vom Benutzer angegebene minimale Schrittweite
unterschritten wird, wird der Simulationslauf mit einem Fehler-
kommentar beendet.

"Fehler zu klein"
Falls der geschätzte relative Fehler RERR zehnmal kleiner ist,
als die vom Benutzer angegebene Fehlergrenze, dann wird für den
nächsten Integrationsschritt die Schrittweite verdoppelt. Wird
die vom Benutzer angegebene maximale Schrittweite überschritten,
unterbleibt die Verdoppelung. Es wird mit maximaler Schrittweite
weiterintegriert. Der Simulationslauf wird in diesem Fall jedoch
fortgesetzt.

Mußte im selben Integrationsschritt wegen eines zu großen relativen Fehlers bereits die Schrittweite halbiert werden, wird im
nächsten Integrationsschritt mit eineinhalbfacher Schrittweite
fortgefahren.

An dieser Stelle wird der reguläre Integrationsschritt abgeschlossen. Im folgenden wird überprüft, ob innerhalb des regulären Integrationsschrittes ein Crossing liegt. Ist das der Fall,
so muß das Crossing lokalisiert werden. Die Integration wird dann
nur noch bis zum Crossingzeitpunkt geführt.

2.4.2 Crossing lokalisieren

Die Funktionen, die zur Entdeckung und Lokalisierung eines Crossings erforderlich sind, werden in Bild 37 beschrieben.
Der Abschnitt hat zwei Ausgänge. Falls im vorliegenden Integrationsschritt kein Crossing gefunden wurde, wird zum Abschnitt
"Delay-Variable speichern" verzweigt. Wird ein Crossing lokalisiert, wird mit dem Abschnitt "Rückwirkung des Crossing auf die
anderen Sets" fortgefahren. (Siehe Bild 35)

Der Abschnitt "Crossing lokalisieren" besitzt im wesentlichen 4
Bearbeitungszweige.

* Kein Crossing im Integrationsschritt"
In diesem Fall gilt: IFLAG=0 und ICROSS=0. Der Abschnitt wird
verlassen.

* Crossing gefunden
Ein Crossing wurde lokalisiert. Es gilt: IFLAG=1 und ICROSS=1.
Der Abschnitt wird verlassen.

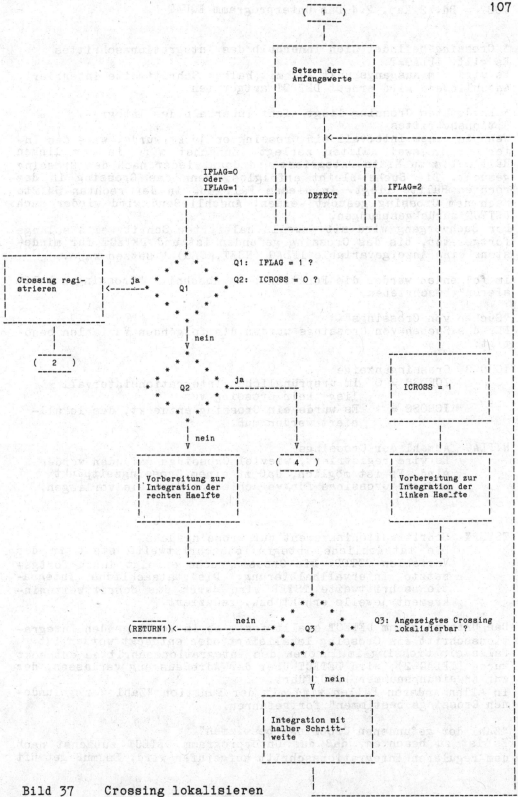

Bild 37   Crossing lokalisieren

* Crossing befindet sich innerhalb des Integrationsschrittes
Es gilt: IFLAG=2.
Es wird vom Ausgangspunkt aus mit halber Schrittweite integriert.
Anschließend wird erneut DETECT aufgerufen.

* Entdecktes Crossing liegt nicht innerhalb des Integrationsschrittes
Wenn in einem Intervall ein Crossing entdeckt wurde, wird das Intervall in zwei Hälften zerlegt. Zunächst wird in der linken
Hälfte bis zu Mitte integriert und dann wieder nach dem Crossing
gesucht. Die Suche bleibt erfolglos, wenn das Crossing in der
rechten Hälfte liegt. In diesem Fall muß in der rechten Hälfte
nach dem Crossing gesucht werden. Anschließend wird wieder nach
DETECT zurückgesprungen.
Der Suchvorgang wird mit jeweils halbierter Schrittweite solange
fortgesetzt, bis das Crossing gefunden ist und DETECT für mindestens eine Anzeigevariable IFLAG (NSET,NCRO)=1 setzen kann.

Im folgenden werden die Funktionen in Abschnitt "Crossing lokalisieren" beschrieben.

"Suchen von Crossings"
Für das Suchen von Crossings werden die folgenden Variablen benötigt:

ICROSS   Crossinganzeige
         ICROSS = 0   Im ursprünglichen Integrationsintervall
                      liegt kein Crossing vor
         ICROSS = 1   Es wurde ein Crossing entdeckt, das lokali-
                      siert werden muß.

NIFLAG   Anzahl der Crossings
         Es wird registriert, wieviel Crossings gefunden worden
         sind. Es ist möglich, daß zu einem Crossingzeitpunkt
         mehrere Crossings für verschiedene Variable vorliegen.

TSTEPX   Schrittweiteninkrement zur Crossingsuche
         Die tatsächliche Integrationsschrittweite steht in der
         Variablen TSTEP. Die Crossingsuche erfolgt durch fortge-
         setzte Intervallhalbierung. Die tatsächliche Integra-
         tionsschrittweite TSTEP wird durch das Schrittweitenin-
         krement jeweils erhöht bzw. reduziert.

Das Unterprogramm DETECT stellt fest, ob im vorliegenden Integrationsschritt ein Crossing lokalisiert oder entdeckt worden ist.
Falls ein Crossing im Inneren des Integrationsschrittes entdeckt
wurde (IFLAG=2), wird DETECT über den Adreßausgang verlassen, der
zur Anweisungsnummer 1000 führt.
In allen anderen Fällen wird mit der Funktion "Zahl der gefundenen Crossings bestimmen" fortgefahren.

"Zahl der gefundenen Crossings bestimmen"
Es ist zu beachten, daß das Unterprogramm DETECT zunächst nach
dem regulären Integrationsschritt aufgerufen wird. Es muß geprüft

werden, ob in diesem Integrationsschritt ein Crossing vorliegt.
Gibt es kein Crossing, dann gilt:

ICROSS = 0
IFLAG(NSET,NCRO) = 0   Für alle NCRO

In diesem Fall wird zum Abschnitt "Delay-Variable speichern" gesprungen.
Wird ein Crossing lokalisiert, dann gilt für mindestens eine Anzeigevariable:

IFLAG(NSET,NCRO) = 1

Es wird zur Funktion "Crossing gefunden" verzweigt.

"Vorbereitung zur Integration in der rechten Hälfte"
Weiterhin wird DETECT aufgerufen, wenn im regulären Integrationsschritt ein Crossing entdeckt wurde (ICROSS=1) und anschließend
mit halbierter Schrittweite integriert wurde. Es wird dann durch
DETECT geprüft, ob in dem halbierten Intervall das bereits im
regulären Integrationsschritt entdeckte Crossing wiedergefunden
werden kann. Ist das nicht der Fall, muß in der rechten Hälfte
mit halbierter Schrittweite integriert werden.

"Angezeigtes Crossing nicht lokalisierbar"
Es besteht die Möglichkeit, daß ein Crossing nicht gefunden werden kann, weil der Toleranzbereich zu klein ist. In diesem Fall
reicht das kleinstmögliche Schrittweiteninkrement TSTEPX=EPS
nicht aus, um das Crossing zu lokalisieren. Der Simulationslauf
wird abgebrochen und das Unterprogramm EQUAT über den Fehlerausgang verlassen.

"Integration mit angepaßter Schrittweite"
Es wird mit neuer Schrittweite vom linken Rand aus integriert.
Die Zustandsvariablen, von denen die Integration ausgeht, stehen
wie erforderlich in SVLAST, DVLAST und T.

2.4.3 Die restlichen Funktionen in EQUAT

Wenn in einem Set ein Crossing entdeckt worden ist, besteht die
Möglichkeit, daß dadurch eine Bedingung für ein Ereignis wahr geworden sein könnte, das die anderen Sets beeinflußt. Es muß daher
sichergestellt sein, daß alle Sets zum Crossingzeitpunkt die
genauen Werte für die Zustandsvariablen besitzen. Das bedeutet,
daß jedes Set bis zum Crossingzeitpunkt integriert werden muß.
Ein Crossingzeitpunkt ist damit neben den Aktivierungszeitpunkten
der zeitdiskreten Zustandsübergänge Koordinationspunkt für alle
Sets. Das heißt, an diesem Punkt kommen die Sets, die mit eigener
Schrittweite unabhängig voneinander integriert wurden, zusammen.

Sets, die bereits über den Koordinationszeitpunkt hinaus integriert worden sind, müssen bis zum Koordinationspunkt zurückgeholt werden. Das geschieht, indem sie vom zurückliegenden Zustand
SVLAST und DVLAST aus noch einmal bis zum Koordinationspunkt
integriert werden. Hierzu wird das Set zunächst durch den Unter-

programmaufruf NCHAIN aus der Equationliste ausgekettet, integriert und dann mit dem neuen Integrationszeitpunkt durch das Unterprogramm TCHAIN wieder in die Equationliste an der richtigen
Stelle eingekettet.
Falls ein Set, das den Crossing-Punkt bereits überschritten hat,
selbst ein Crossing besitzt, wird die dazugehörige Anzeigevariable IFLAG wieder gelöscht.

Sets, die mit der Integration noch nicht bis zum Koordinationszeitpunkt vorgedrungen sind, erhalten einen Eintrag im Look-ahead
Vermerk. Bei der Bestimmung der Integrationsschrittweite in der
Funktion "Berechnung des Integrationszeitpunktes" sorgt EQUAT dafür, daß das entsprechende Set genau bis zu dem Zeitpunkt integriert wird, der im Look-ahead-Vermerk angegeben wird.

Auf die soeben beschriebene Weise müssen alle Sets behandelt werden.

Im Abschnitt "Delay-Variable speichern" wird geprüft, ob eine der
vorliegenden Variablen eine Delay-Variable ist. In diesem Fall
wird SV bzw. DV archiviert.

Ein Set, das durch den Aufruf des Unterprogrammes EQUAT einen Zustandsübergang ausführen soll, wird vor Aufruf von EQUAT im Unterprogramm FLOWC aus der Equationliste durch das Unterprogramm
NCHAIN ausgekettet. Nach Ausführung des Integrationsschrittes muß
das Set mit seinem neuen Integrationszeitpunkt wieder an der
richtigen Stelle in der Equationliste eingekettet werden. Das geschieht durch den Aufruf des Unterprogramms TCHAIN.

Im Fehlerfall wird in EQUAT zur Anweisungsnummer 9999 gesprungen.
Hierdurch wird der Simulationslauf abgebrochen.

Hinweis:

* In allen Unterprogrammen führt die Anweisungsnummer 9999 zum
Fehlerausgang, der den Abbruch des Simulationslaufes bewirkt. Das
gilt auch für Unterprogramme, die in der Aufrufhierarchie ganz
unten stehen. In diesem Fall wird der Fehlerfall von Unterprogramm zu Unterprogramm nach oben weitergereicht, bis er im Unterprogramm FLOWC ankommt. Das Unterprogramm FLOWC wird daraufhin
durch den normalen Ausgang verlassen, der zurück in den Rahmen
führt. Hier wird mit der Anweisung fortgefahren, die auf die
Anweisung CALL FLOWC folgt. Hierbei handelt es sich um Endabrechnung für den Simulationslauf.

Nach Abschluß des Integrationsschrittes wird die Statistik auf
den neuen Stand gebracht und der Protokollausdruck vorgenommen.

2.4.4 Sprungstellen bei Delay-Variablen

In GPSS-FORTRAN Version 3 ist es zulässig, daß Delay-Variable
Sprungstellen aufweisen (siehe Bd.2 Kap. 2.2.6 "Delays"). Es wird
ohne Zutun des Benutzers dafür gesorgt, daß bei einem Sprung zur
Zeit T die beiden Werte für die Delay-Variable vor und nach dem

Sprung archiviert werden.
Aufgrund einer Sprungstelle in einer Delay-Variablen zu einer
früheren Zeit kann es zu einem Sprung im zeitlichen Verlauf der
Zustandsvariablen zu einer späteren Zeit kommen. Dieser Sprung
wird in der Regel im Inneren eines Integrationsschrittes liegen.
Auf diese Weise kann der Integrationsfehler unzulässig groß werden.

Beispiel:

* Sei SV(1,1) eine Delay-Variable mit Delay 8.0. Für SV(1,1) soll
die folgende Differentialgleichung gelten:

CALL DELAY(1,1,8.,SVD,*9999)
DV(1,1) = A * SV(1,1)+SVD/10.

Es soll angenommen werden, daß die Delay-Variable SV zur Zeit
T=50.0 eine Sprungstelle hatte.
Das hat zur Folge, daß der Differentialquotient DV in der Diffe-
rentialgleichung zur Zeit T = 50.0 + 8.0 = 58.0 ebenfalls eine
Sprungstelle aufweisen wird.

Es muß daher dafür gesorgt werden, daß eine Sprungstelle einer
Delay-Variablen zu einer früheren Zeit nicht zu einer Sprungstelle eines Differentialquotienten DV innerhalb eines gerade bearbeiteten Integrationsschrittes führt.

Vor jedem Integrationsschritt wird geprüft, ob im nächsten Integrationsschritt die Sprungstelle einer Delay-Variablen zu liegen
kommt. Wird eine derartige Sprungstelle erkannt, so wird die Variable TDELA gesetzt, die dafür sorgt, daß die Integration nur
bis zu dieser Sprungstelle geführt wird.

Beispiel:

* In der oben angeführten Differentialgleichung wird eine Sprungstelle zur Zeit T=58. aufgrund eines Sprungs der Delay-Variablen
zur Zeit T=50. auftreten. Falls der gerade bearbeitete Integrationsschritt von 56. bis 64. führen würde, läge die Sprungstelle
im Inneren des Integrationsintervalles.
Der Integrationsschritt müßte daher reduziert werden und dürfte
nur von 56. bis 58. führen.

Die Variable TDELA(NSET) zeigt an, ob in einem Integrationsschritt eine Sprungstelle aufgrund der früheren Sprungstelle
einer Delay-Variablen aufgetreten ist. Es gilt:

TDELA(NSET)= 0 Im nächsten Integrationsschritt liegt keine
              Sprungstelle vor.

TDELA(NSET)=TD Die Sprungstelle im Inneren des nächsten Integra-
              tionsschrittes wird bei TD liegen. Der nächste
              Integrationsschritt endet daher beim Zeitpunkt
              T=TD.

Hinweis:

* Die Variable TDELA wird im Unterprogramm DELAY gesetzt. Im Unterprogramm DELAY kann durch Inspektion der archivierten Werte für die Delay-Variablen festgestellt werden, ob ein Sprung im einer Delay-Variablen im Inneren des nächsten Integrationsschrittes zu erwarten ist.

Ein Integrationsschritt, der an einer Sprungstelle seinen Anfang nimmt, benötigt auf jeden Fall den neuen Wert des Differentialquotienten nach dem Sprung. Erfolgt der Sprung mit Hilfe eines Ereignisses auf die übliche Weise, so muß im Ereignis nach der Modifikation der Variablen das Unterprogramm BEGIN aufgerufen werden. BEGIN ruft seinerseits STATE auf, das die Differentialquotienten am Anfang des Integrationsschrittes zur Zeit T berechnet.

Falls die Diskontinuität im Funktionsverlauf einer Zustandsvariablen nicht durch ein Ereignis bewirkt wird, sondern durch den Sprung einer Delay-Variablen, so muß der Aufruf des Unterprogrammes STATE nachträglich durchgeführt werden. Im Unterprogramm EQUAT wird daher nach jedem Integrationsschritt geprüft, ob der Integrationsschritt aufgrund eines Sprungs in einer Delay-Variablen reduziert worden ist. Dieser Sachverhalt ist an der Variablen TDELA(NSET) erkenntlich. Es gilt dann:

$$TDELA(NSET) = EQUL(NSET,1)$$

In diesem Fall ist der Aufruf des Unterprogrammes STATE zur Bestimmung der Differentialquotienten erforderlich. Nach dem Aufruf von STATE kann TDELA wieder auf Null zurückgesetzt werden.

Ein Sprung, der sich aufgrund eines Sprungs einer Delay-Variablen ergibt, kann zu einem Crossing führen (siehe Bild 32). Daher ist nach dem Aufruf von STATE eine Crossingsuche erforderlich, die von EQUAT selbsttätig veranlaßt wird. Hierzu dient der Abschnitt "Crossing registrieren". Weiterhin muß im Falle einer Diskontinuität der zweite Wert im Verlauf einer Delay-Variablen gespeichert werden.

2.5 Das Ein- und Ausketten mit Hilfe der Unterprogramme TCHAIN und NCHAIN

Wenn eine Aktivität zu einer bestimmten Zeit ausgeführt werden soll, so wird der Zeitpunkt der Ausführung in die entsprechende Liste eingetragen. Anschließend muß die neu aufgenommene Aktivität in die Verkettung aufgenommen werden.
Dieses Vorgehen gilt für alle Aktivitäten, das heißt für das Anmelden von Ereignissen, das Starten von Sources, das Aktivieren von Transactions, das Sammeln statistischer Daten, das Aufrufen des Monitors und das Durchführen eines Integrationsschrittes.

In Bild 6 sind die Datenbereiche für ein Beispiel mit Ereignissen angegeben. Hiervon ausgehend soll als Beispiel das Ereignis NE=4 für die Zeit T=15.0 angemeldet und eingekettet werden.
Das Anmelden des Ereignisses NE=4 zur Zeit T=15.0 geschieht durch den folgenden Unterprogrammaufruf:

CALL ANNOUN(4,15.,*9999)

Im Unterprogramm ANNOUN wird zunächst für das Ereignis NE=4 die Bearbeitungszeit in die Ereignisliste eingetragen. Das geschieht durch die Anweisung

EVENTL(4) = 15.

```
                 ---------------------------------
     THEAD   |        8.        |              |
                 ---------------------------------  . . .


                 ---------------------------------
     LHEAD   |        2.        |              |
                 ---------------------------------  . . .


                      EVENTL              CHAINV
                  -----------------   -----------------
  Ereignis 1  |        10.       |  |        3        |
                  |---------------|   |---------------|
  Ereignis 2  |         8.       |  |        1        |
                  |---------------|   |---------------|
  Ereignis 3  |        12.       |  |        5        |
                  |---------------|   |---------------|
  Ereignis 4  |        15.       |  |                 |
                  |---------------|   |---------------|
  Ereignis 5  |        16.       |  |       -1        |
                  -----------------   -----------------
```

Bild 38   Das Eintragen der Ereigniszeit T=15. für
           Ereignis NE=4

Die Ereignisliste EVENTL hat danach eine Form, die in Bild 38 dargestellt ist. Die Bearbeitungszeit für das Ereignis ist bereits eingetragen. Es fehlt noch das Einketten.

Um das Einketten im vorliegenden Beispiel durchführen zu können, muß die bisherige Kette aufgebrochen werden. Das neue Ereignis NE=4 erhält seinen Platz zwischen Ereignis NE=3 und Ereignis NE=5.
Die Ereignisliste EVENTL und das Zeigerfeld CHAINV haben nach dem Einketten eine Form, die in Bild 39 gezeigt wird.

Das Einketten übernimmt das Unterprogramm TCHAIN.

```
THEAD      -----------------------------------
           |      8.      |      3      |
           -----------------------------------


LHEAD      -----------------------------------
           |      2.      |             |
           -----------------------------------
```

```
                   EVENTL               CHAINV
               ----------------     ----------------
Ereignis 1    |      10.       |   |       3        |
              |----------------|   |----------------|
Ereignis 2    |      8.        |   |       1        |
              |----------------|   |----------------|
Ereignis 3    |      12.       |   |       4        |
              |----------------|   |----------------|
Ereignis 4    |      15.       |   |       5        |
              |----------------|   |----------------|
Ereignis 5    |      16.       |   |      -1        |
               ----------------     ----------------
```

Bild 39   Einketten des Ereignisses NE=4 für die Zeit 15

Unterprogrammaufruf:

CALL TCHAIN(LIST,LINE,EXIT1)

Parameterliste:

LIST = Nummer der Liste
        = 1: Ereignisliste
        = 2: Sourceliste
        = 3: Aktivierungsliste
        = 4: Konfidenzliste
        = 5: Monitorliste
        = 6: Equationliste
LINE = Einzukettende Zeile
EXIT1 = Fehlerausgang

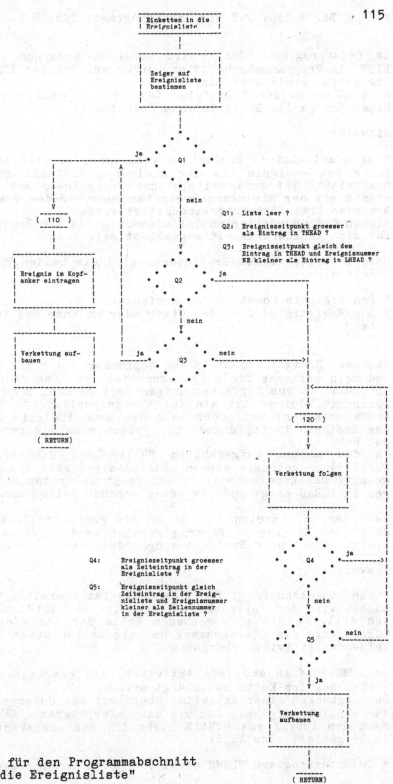

Bild 40
Der Ablaufplan für den Programmabschnitt
"Einketten in die Ereignisliste"

Im Unterprogramm TCHAIN wird zunächst aufgrund des Parameters LIST ein Programmabschnitt angesprungen, der das Einketten in die angegebene Liste übernimmt.
Bild 40 zeigt den Ablaufplan für den Programmabschnitt, der das Einketten in die Ereignisliste durchführt.

Hinweis:

* Wenn zeitgleiche Ereignisse vorliegen, so wird in GPSS-FORTRAN immer das Ereignis mit der kleineren Ereignisnummer NE zuerst bearbeitet. Bei zwei zeitgleichen Ereignissen muß daher das Ereignis mit der kleineren Ereignisnummer vor dem Ereignis mit der größeren Ereignisnummer eingekettet werden.
Dieses Ordnungskriterium ist eindeutig, da ein Ereignis immer nur für eine Ausführungszeit angemeldet sein kann.

Beim Einketten eines Ereignisses sind die beiden Fälle zu unterscheiden:

* Das Ereignis kommt in den Kopfanker
* Das Ereignis wird in der Mitte oder am Ende der Kette eingehängt

Das neue Ereignis kommt in den Kopfanker, wenn die Liste leer ist und kein weiteres Ereignis angemeldet ist. Das neue Ereignis muß ebenfalls in den Kopfanker aufgenommen werden, wenn der Ereigniszeitpunkt kleiner ist als der Ereigniszeitpunkt, der bisher die Kette angeführt hat, oder wenn das neue Ereignis zeitgleich mit dem Ereignis im Kopfanker ist, jedoch eine kleinere Ereignisnummer hat.
In den soeben aufgezählten Fällen muß die Ereigniszeit in THEAD(1) eingetragen werden. Anschließend wird die Kette neu aufgebaut. Das neue Ereignis steht jetzt an erster Stelle. Der Zeiger in LHEAD zeigt auf die entsprechende Zeilennummer.

Wenn das neue Ereignis nicht an die erste Stelle kommt, muß der Kette vom Eintrag zu Eintrag gefolgt werden. Jedes Mal wird geprüft, ob das neue Ereignis eingeordnet werden kann.

Hinweise:

* Das Einketten folgt für jede Aktivität demselben Verfahren. Zunächst wird der Zeitpunkt, zu dem eine Aktivität ausgeführt werden soll, in die entsprechende Zeile der Liste eingetragen. An TCHAIN wird die Listennummer und die Zeilennummer der neu einzukettenden Aktivität übergeben.

In GPSS-FORTRAN muß jede Aktivität, die bearbeitet werden soll, vorher aus der Kette ausgehängt sein.
Das Aushängen einer Aktivität übernimmt das Unterprogramm NCHAIN, das ähnlich aufgebaut ist wie das Unterprogramm TCHAIN.
Nach dem Aufruf von NCHAIN steht für die ausgekettete Aktivität im Zeigerfeld eine Null.

* Im Unterprogramm FLOWC steht vor jedem Unterprogrammaufruf, der

einen Zustandsübergang durchführt und damit eine Aktivität bearbeitet, ein Aufruf des Unterprogramms NCHAIN.

* Das Ausketten erfolgt für alle Aktivitäten im Unterprogramm
FLOWC. Das Einketten wird in den Unterprogrammen durchgeführt,
die eine neue Aktivität anmelden. Das sind die folgenden Unterprogramme:

ANNOUN   (Anmelden von Ereignissen)
START   (Starten von Sources)
DBLOCK   (Zeitabhängiges Deblockieren von Transactions)
ADVANC   (Zeitabhängiges Deaktivieren von Transactions)
WORK   (Zeitabhängiges Deaktivieren von Transactions
          in Facilities)
CONF   (Sammeln statistischer Information für Bins)
MONITR   (Aufrufen des Monitors)
EQUAT   (Integrieren eines Sets)
BEGIN   (Bestimmen des Differentialquotienten)

* Die Unterprogramme CONF, MONITR, BEGIN und EQUAT bestimmen den
Zeitpunkt für eine Aktivierung selbst. Deshalb können diese Unterprogramme den Zeitpunkt ihres nächsten Aufrufes selbst in die
entsprechenden Listen der Ablaufkontrolle eintragen und die Verkettung durch den Aufruf von TCHAIN veranlassen.

* Die Unterprogramme EVENT und ACTIV führen jeweils einen Zustandsübergang aus ohne bereits selbst den nächsten zeitabhängigen Zustandsübergang anzugeben. Die neuen, zeitabhängigen Zustandsübergänge werden für Ereignisse von ANNOUN, für Sources von
START und für Transactions von DBLOCK, ADVANC und WORK festgelegt. Das Einketten einer neuen Aktivität erfolgt daher in den
zuletzt genannten Unterprogrammen selbst.

2.6 Integrationsverfahren

Der Simulator GPSS-FORTRAN Version 3 erlaubt es dem Benutzer, zur Lösung von Differentialgleichungssystemen unterschiedliche Integrationsverfahren einzusetzen. Die folgenden drei Verfahren werden von GPSS-FORTRAN Version 3 angeboten:

* Runge-Kutta-Fehlberg Verfahren
* Implizites Runge-Kutta Verfahren vom Gauss-Typ
* Extrapolationsverfahren nach Bulirsch-Stoer

Der Benutzer hat weiterhin die Möglichkeit, eigens Integrationsverfahren einzusetzen.
Die Auswahl des gewünschten Integrationsverfahrens wird bei der Eingabe im INTI-Datensatz festgelegt.

Hinweise:

* Der mit Hilfe des INTI-Datensatzes eingelesene Wert für das Integrationsverfahren wird vom Unterprogramm INPUT in die Integrationsmatrix INTMA in das Feld INTMA(NSET,1) übertragen. Dieses Feld steht während des Simulationslaufes zur Verfügung. Das bedeutet, daß der Benutzer ein zeitabhängiges oder bedingtes Ereignis definieren kann, das während des Simulationslaufes abhängig von der Zeit oder abhängig von einer frei programmierbaren Bedingung das Integrationsverfahren wechselt. Das geschieht, indem im Event der Wert des Elementes INTMA(NSET,1) neu besetzt wird.

* Für jedes Set kann ein eigenes Integrationsverfahren angegeben werden.

* Der Aufbau des Simulators GPSS-FORTRAN erlaubt zur Integration nur Einschrittverfahren. Mehrschrittverfahren sind nicht möglich.

2.6.1 Das Unterprogramm INTEG

Das Unterprogramm EQUAT beauftragt mit der Durchführung eines Integrationsschrittes das Unterprogramm INTEG. INTEG integriert vom Zeitpunkt T an in die Zukunft. Es bestimmt aufgrund der Werte SVLAST und DVLAST zur Zeit T die neuen Werte SV und DV zur Zeit T+TSTEP.

Unterprogrammaufruf:

        CALL INTEG(NSET,TSTEP,RERR, IERR,*9999)

Parameterliste:

NSET   Nummer des Set
        Es muß angegeben werden, welches Set integriert werden soll.

TSTEP   Integrationsschrittweite
        Die Integrationsschrittweite wird im Unterprogramm EQUAT

bestimmt und an INTEG übergeben.

RERR   Relativer Integrationsfehler
         Alle Verfahren, die vom Simulator GPSS-FORTRAN Version 3
         zur Integration eingesetzt werden, verfügen über die Mög-
         lichkeit der Fehlerabschätzung. Es wird der relative Feh-
         ler zurückgegeben, der für einen individuellen Integra-
         tionsschritt berechnet worden ist.
         Der relative Integrationsfehler wird im Unterprogramm
         EQUAT zur Schrittweitenbestimmung benutzt.

IERR   Indikator für Fehlerbestimmung
         Es besteht die Möglichkeit, die Fehlerabschätzung auszu-
         schalten.
         IERR=0   Fehlerbestimmung ein
         IERR=1   Fehlerbestimmung aus

*9999   Fehlerausgang
         Tritt bei der Integration ein Fehler auf, so wird das Un-
         terprogramm INTEG über den Fehlerausgang verlassen, der
         zurück zur Endabrechnung führt.

Hinweise:

* Alle Integrationsverfahren in GPSS-FORTRAN Version 3 sind so
programmiert, daß zwischen der Durchführung des Integrationsschrittes und der Fehlerabschätzung unterschieden wird.
Durch Setzen des Indikators für die Fehlerbestimmung IERR ist es
möglich, eine Fehlerabschätzung zu überspringen.

* Die Fehlerabschätzung ist beispielsweise bei der Suche nach
Crossings nicht erforderlich. Wenn INTEG vom Unterprogramm EQUAT
zur Crossingsuche aufgerufen wird, gilt daher IERR=1.

Das Unterprogramm INTEG führt den Integrationsschritt nicht
selbst durch. Es bestimmt zunächst nur die Methode, die zur Integration eingesetzt werden soll und ruft dann seinerseits ein
Unterprogramm auf, das dann die Integration durchführt.

Besonderes Augenmerk muß auf die Zeitführung gelegt werden.
Es ist in GPSS-FORTRAN Version 3 möglich, zeitvariante Differentialgleichungen zu formulieren. Das bedeutet, daß in der Differentialgleichung die Variable T erscheint.

Beispiel:

*   DV(1,1) = SIN(A*T) * SV(1,1)

Da während eines Integrationsschrittes aufgrund der erforderlichen Zwischenschritte T modifiziert wird, ist es erforderlich T
zu retten. Das geschieht im Unterprogramm INTEG. Es gilt:
TIME = T
Nach Abschluß des Integrationsschrittes kann die Simulationsuhr
wieder auf den Ausgangszustand zurückgeschaltet werden. Es gilt:

T = TIME

Weiterhin ist darauf zu achten, daß die Bestimmung der Zustandsvariablen SV korrekt vorgenommen wird, wenn alle Variablen SV unmittelbar als Funktion von T auftreten und nicht über Differentialgleichungen definiert sind. In diesem Fall ist die Anzahl der
DV in der Integrationsmatrix im Feld INTMA(NSET,4)=0.

Beispiel:

* Es soll das folgende Gleichungssystem ausgewertet werden:

SV(1,1) = A * C * SIN(OMEGA*T)
SV(1,2) = SV(1,1) + D

Im vorliegenden Fall wird der Simulator GPSS-FORTRAN Version 3
zur Auswertung eines einfachen Gleichungssystems ohne Differentialgleichungen mißbraucht. Es muß jedoch sichergestellt sein,
daß der Simulator auch in derartigen Situationen fehlerfrei
arbeitet.

2.6.2 Unterprogramme für die Integrationsverfahren

Die von GPSS-FORTRAN Version 3 angebotenen Verfahren sollen an
dieser Stelle nicht beschrieben werden. Man findet Information
darüber in jedem Lehrbuch über numerische Integration (z.B. in
R.D. Grigorieff, Numerik gewöhnlicher Differentialgleichungen,
Teubner Verlag, 1972).

Die Verfahren werden durch die folgenden Unterprogramme realisiert:

Verfahren	Unterprogramm
Runge-Kutta-Fehlberg	RKF
Implizites Runge-Kutta vom Gauss-Typ	RKIMP
Extrapolationsverfahren nach Bulirsch-Stör	EXTPOL

Beim Einsatz der Integrationsverfahren sind einige Hinweise zu
beachten.

Hinweise:

* Die Verfahren zur Fehlerabschätzung liefern immer nur den abso-
luten Fehler ERR. Der relative Fehler RERR muß nachträglich bestimmt werden. Es gilt:

RERR = ERR / SV

Falls SV=0, dann ist die Bestimmung des relativen Fehlers nicht
möglich. Es wird dann RERR=INTMA(NSET,7) gesetzt, wobei in IN-
TMA(NSET,7) der zulässige Fehler geführt wird.
Das bedeutet, daß für SV=0 die automatische Schrittweitenanpas-

sung in EQUAT ausgeschaltet ist.

* Da alle Integrationsverfahren Zwischenschritte machen, ist unbedingt darauf zu achten, daß innerhalb eines Integrationsschrittes keine Unstetigkeitsstelle liegt.
Im Normalfall tritt innerhalb eines Integrationsschrittes keine Unstetigkeitsstelle auf. Ausnahmen sind z.B. in den folgenden Fällen möglich:

1) Es werden Variable, die in Differentialgleichungen vorkommen, nicht in einem Ereignis geändert. Ein derartiges Vorgehen muß auf jeden Fall unterbleiben. Variable, die in einer Differentialgleichung vorkommen, dürfen nur durch Ereignisse gesetzt werden. Da ein Integrationsschritt immer nur bis zu einem Ereignis führt, ist sichergestellt, daß eine Unstetigkeitsstelle nur zu Beginn eines Integrationsschrittes auftreten kann.

2) Weiterhin kann eine Unstetigkeitsstelle durch die unzureichende Vorbesetzung einer Delay-Variablen entstehen (siehe hierzu Bd.3 Kap. 8.6.3 "Die Vorbesetzung der Delay-Variablen").

3) Die korrekte Reihenfolge der Gleichungen wird nicht eingehalten (siehe hierzu Bd.3 Kap. 8.1 "Variable und ihre graphische Darstellung").

In allen Fällen führt eine Unstetigkeitsstelle innerhalb eines Integrationsschrittes zu einem großen relativen Fehler, der eine fortgesetzte Halbierung der Schrittweite erzwingt. In der Regel wird der Simulationslauf abgebrochen, da die minimale Schrittweite unterschritten wird.

3 Warteschlangenmodelle

Warteschlangenmodelle sind eine Teilmenge der zeitdiskreten Modelle. Sie bestehen aus Aufträgen und Stationen. Die Aufträge als mobile Modellkomponenten wandern zwischen den Stationen hin und her, belegen die Stationen oder bauen vor den Stationen Warteschlangen auf.
Der Lebensweg eines Auftrages wird durch die Reihenfolge der Stationen festgelegt, die ein Auftrag zu durchlaufen hat.

Hinweise:

* In Anlehnung an die Simulationssprache GPSS werden die Aufträge im folgenden als Transactions bezeichnet.

* Um deutlich hervorzuheben, daß GPSS-FORTRAN zahlreiche Konzepte aus der Simulationssprache GPSS übernommen hat, werden so weit wie möglich entsprechende Begriffe aus GPSS ohne Übersetzung ins Deutsche übernommen.

Als Beispiel für ein Warteschlangenmodell kann ein Supermarkt herange zogen werden.

Der Supermarkt bestehe aus Verkaufsständen und Kassen als Stationen. Die Kunden sind die Transactions.
Jeder Kunde besitzt eine Liste, die angibt, in welcher Reihenfolge die verschiedenen Stationen angelaufen werden müssen und welche Aktivitäten dort durchzuführen sind.
Bild 41 zeigt den Supermarkt mit einigen Stationen und zwei Lauflisten von Kunden.
Zum Warteschlangenmodell gehören weiterhin der Eingang, durch den die Kunden das Modell betreten und der Ausgang, durch den sie ihn wieder verlassen.

Ein Kunde befindet sich im Zustand aktiv, wenn er sich von Station zu Station bewegt. Er kann in seinem Lauf aus zwei Gründen aufgehalten werden:

* Der Kunde stößt auf eine zeitverbrauchende Aktivität. Er muß z.B. warten, bis sein Bedienvorgang an einem Verkaufsstand beendet ist. Nach dem Ende der zeitverbrauchenden Aktivität kann er wieder den Zustand aktiv einnehmen und seinen Lauf fortsetzen.

* Der Kunde stößt auf eine Bedingung, die nicht erfüllt ist und die ihn zwingt, sich in eine Warteschlange einzureihen und dort solange zu warten, bis die Bedingung sich so geändert hat, daß weitere Aktivitäten folgen können. Derartige Bedingungen können beispielsweise sein:

Der Verkaufsstand oder die Kasse ist belegt.

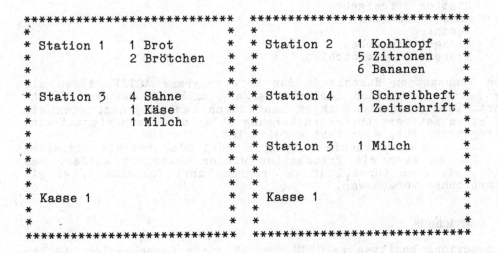

Bild 41   Der Supermarkt als Warteschlangenmodell

Ein Gang ist durch einen Einkaufswagen gesperrt.

Ein Produkt ist ausverkauft und muß aus dem Lager geholt
werden.

Warteschlangenmodelle sind zeitdiskrete Modelle, die mit Hilfe
von Ereignissen bearbeitet werden könnten. Jede mögliche Aktivität entspräche einem eigenen Ereignis, das im Unterprogramm EVENT
zu definieren wäre und dessen Zeitpunkt in der Ereignisliste
EVENTL angemeldet werden müßte.

In GPSS-FORTRAN wird einem anderen Vorgehen der Vorzug gegeben.
Es werden im Unterprogramm ACTIV die Programmstücke in der Reihenfolge ausgeführt, in der sie von der Transaction durchlaufen
werden müssen. Die Reihenfolge der erforderlichen Aktivitäten
findet sich in der Reihenfolge der Programmstücke wieder.
Das Unterprogramm ACTIV hätte für den Kunden 1 aus Bild 41 die
folgende Form:

1	Transaction erzeugen
2	Station 1 belegen
3	Brot und Brötchen kaufen
4	Station 1 freigeben
5	Station 3 belegen
6	Sahne, Käse, Milch kaufen
7	Station 3 freigeben
8	Kasse 1 belegen
9	Bezahlen
10	Kasse 1 freigeben
11	Transaction vernichten

Eine Transaction durchläuft das Unterprogramm ACTIV, indem sie
der Reihe nach einen Zustandsübergang nach dem anderen durchführt. Sie unterbricht ihren Lauf durch das Programm, wenn sie
auf einen zeitverbrauchenden Vorgang stößt oder wenn sie auf eine
Bedingung trifft, die nicht erfüllt ist.
Ist der zeitverbrauchende Vorgang beendet oder ist die Bedingung
erfüllt, so kann die Transaction wieder aktiviert werden. Das
heißt, sie kann ihren Lauf im Programm dort fortsetzen, wo sie
unterbrochen worden war.

3.1 Transactions

Transactions besitzen in GPSS-FORTRAN einen Datenbereich, in dem
die Werte für die Variablen, die Transactions charakterisieren,
gespeichert werden. Weiterhin gibt es Datenbereiche und Unterprogramme, die die Verwaltung und Bearbeitung von Transactions übernehmen.

3.1.1 Datenbereiche für Transactions

Die Variablen, die eine Transaction kennzeichnen, werden in einer
Zeile der Transaction-Matrix (TX-Matrix) zusammengefaßt. Da für
jede Transaction eine Zeile benötigt wird, entspricht die Zeilenzahl der TX-Matrix der Zahl der Transactions, die zur selben Zeit
ins Modell aufgenommen werden können.
Jede Transaction verfügt über "TX2" Parameter. Von diesen sind 8
von GPSS-F fest vergeben. Über die restlichen kann der Benutzer
frei verfügen.

Die TX-Matrix ist wie folgt definiert:
DIMENSION TX("TX1","TX2")

LTX ist im folgenden eine Variable, die die Zeilennummer in der
TR- Matrix angibt.
Die einzelnen Elemente haben die folgende Bedeutung:

TX(LTX,1)   Transactionnummer
                   Jede Transaction, die das Modell betritt, erhält
                   eine fortlaufende Nummer. Sie wird im Unterprogramm
                   GENERA vergeben. Ist TX(LTX,1) nicht besetzt, nimmt
                   GPSS-FORTRAN an, daß diese Zeile der TX-Matrix frei
                   ist.

TX(LTX,2)   Duplikatsnummer
                   Gegebenenfalls ist es notwendig, eine Zahl von Tran-
                   sactions als zusammengehörig zu kennzeichnen. Diese
                   Transactions bilden eine sogenannte Family. Um die
                   Mitglieder einer Family, die alle dieselbe Transac-
                   tionnummer tragen, voneinander unterscheiden zu kön-
                   nen, erhält jedes Mitglied eine Nummer. Diese wird
                   als Duplikatsnummer bezeichnet und hier eingetragen.

TX(LTX,3)   Familiennummer
                   Alle Mitglieder einer Familie haben dieselbe Fami-
                   liennummer.

TX(LTX,4)   Priorität
                   Dieser Parameter gibt die Priorität der Transaction
                   an. Je größer die eingetragene Zahl ist, desto höher
                   ist die Priorität.

TX(LTX,5)   Zieladresse bei Verdrängung
                   Dieser Parameter enthält die Anweisungsnummer, bei
                   der die Transaction bei der Wiederbelegung nach der
                   Verdrängung fortfahren muß.

TX(LTX,6)   Restzeit bei Verdrängung
                   Falls eine Transaction von einer Station, die sie
                   belegt hat, verdrängt worden ist, wird hier die Zeit
                   eingetragen, die sie bei Wiederbelegung dieser Sta-
                   tion noch dort verbringen muß.

TX(LTX,7)   Rückkehrvermerk bei Verdrängung von Multifacilities

Es ist möglich, daß eine Transaction in einer Multi-facility nur von einem bestimmten Service-Element bedient werden kann. Erfolgt Verdrängung, so wird in diesem Feld vermerkt, zu welchem Service-Element die Transaction bei der Wiederbelegung zurückkehren muß.

TX(LTX,8)   Blockierungszeitpunkt
In diesem Feld steht der Zeitpunkt, zu dem eine Transaction an einer Station blockiert worden ist. Der Blockierungszeitpunkt wird gelegentlich von der Policy benötigt, wenn entschieden werden muß, in welcher Reihenfolge die Transactions wieder akti-viert werden sollen.

TX(LTX,9)   Freie Parameter
Diese Felder stehen dem Benutzer zur Verfügung. Hier können die privaten Parameter der jeweiligen Trans-action abgelegt werden. Der Datenbereich reicht von TX(LTX,9) bis TX(LTX,"TX2").

Hinweise:

* Die Anzahl der Parameter für eine Transaction und die Anzahl der Transactions, die zur gleichen Zeit im Modell sein können, werden durch die Dimensionsparameter "TX1" und "TX2" beschrieben. Sie können vom Benutzer modifiziert werden. (Siehe Anhang A4 "Di-mensionsparameter")

* Der Aufbau aller Datenbereiche wird im Anhang A3 "Datenbe-reiche" beschrieben. Dort findet man unter anderem auch die Transaction-Matrix.

Transactions, die zu einer Familie gehören, besitzen eine Fami-liennummer (Familienname) und innerhalb der Familie eine Dupli-katsnummer (eindeutiger Vorname).

Zur Beschreibung der Familien dient die Family-Matrix FAM.

Die FAM-Matrix ist wie folgt definiert:

INTEGER FAM
DIMENSION FAM("FAM",2)

Die einzelnen Elemente haben die folgende Bedeutung:

FAM(LFAM,1)   Anzahl der Mitglieder
Es wird angegeben, wieviele Transactions zur Zeit einer Familie angehören.

FAM(LFAM,2)   Nummer des zuletzt erzeugten Duplikats
Die Duplikatsnummern werden fortlaufend hochgezählt. Bei der Erzeugung eines neuen Familienmitgliedes muß die Nummer des zuletzt erzeugten Duplikats bekannt sein.

Die Familiennummer ist identisch mit der Nummer der Zeile LFAM,
die eine Family in der FAM-Matrix besetzt.
Die Anzahl der Familien, die zulässig sein soll, kann vom Benutzer durch den Dimensionsparameter "FAM" eingestellt werden.
(Siehe Anhang A4 "Dimensionsparameter")

3.1.2 Transactionszustände

Eine Transaction kann sich in verschiedenen Zuständen befinden.
Wenn sie von einer Station zur anderen läuft, so soll sie "aktiv"
heißen.

Weiterhin ist es möglich, daß eine Transaction auf einen zeitverbrauchenden Vorgang stößt und darauf wartet, zu einem festen
Zeitpunkt T wieder aktiviert zu werden. In diesem Fall wird sie
in den Zustand "termingebunden" überführt.

Eine Transaction kann in der Bearbeitung unterbrochen werden,
weil bestimmte Bedingungen nicht erfüllt sind, die für die Wei-
terbehandlung erforderlich wären. Eine solche Transaction wird in
den Zustand "blockiert" versetzt, aus dem sie erst wieder befreit
werden kann, wenn sich die Bedingung entsprechend geändert hat.

Beispiel:

Eine Transaction läuft auf eine Bedienstation, die gerade belegt
ist. Die Bedingung, die der Transaction die Weiterbearbeitung ermöglichen würde, heißt in diesem Fall: Die Facility ist frei. Die
Transaction wird daher in den Zustand blockiert versetzt, solange
die Bedienstation belegt ist. Man kann sich anschaulich vorstellen, daß alle vor einer Station wartenden Transactions eine Warteschlange bilden.

Eine Übersicht über die möglichen Transactionzustände und Zustandsübergänge gibt die nachfolgende Zusammenstellung (siehe
Bild 42):

* aktiv
Eine Transaction befindet sich auf ihrem Weg von Station zu Sta-
tion. In GPSS-FORTRAN gilt eine Transaction als aktiv, wenn die
Variablen LTX und LFAM mit den Werten besetzt sind, die für diese
Transaction zutreffen.
Vom Zustand aktiv aus sind alle anderen Zustände erreichbar. Eine
Transaction geht vom Zustand aktiv in den Zustand termingebunden
über, wenn zum gegenwärtigen Zeitpunkt der Aktivierung von der
Transaction alle Systemveränderungen durchgeführt wurden und wei-
terhin der Zeitpunkt für die nächste Aktivierung bereits bekannt
ist.
Den Zustandsübergang Blockierung führt eine Transaction durch,
wenn sie auf Grund des Modellzustandes nicht mit der Weiterbearbeitung fortfahren kann und warten muß.

* termingebunden
Für eine Transaction steht der Zeitpunkt der nächsten Aktivierung
fest. In GPSS-FORTRAN haben alle Transactions, die sich in diesem
Zustand befinden, in dem Element ACTIVL(LTX,1) der Aktivierungsliste eine positive ganze Zahl als Eintrag (siehe Kap. 3.1.4).
Eine Transaction wird zum angegebenen Zeitpunkt in den Zustand
aktiv übergeben. Dieser Zustandsübergang heißt Aktivierung.

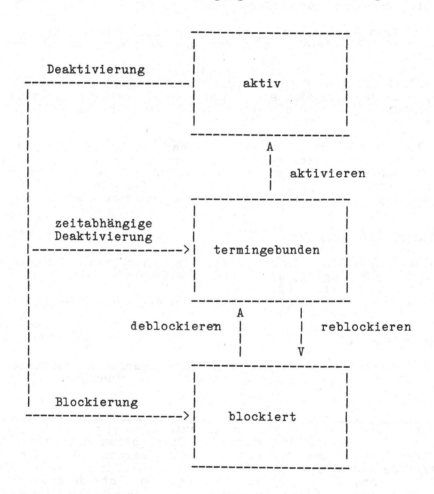

Bild 42   Transactionzustände und Zustandsübergänge

* blockiert
Eine Transaction ist blockiert, wenn der Modellzustand eine Weiterbearbeitung nicht erlaubt. Alle blockierten Transactions haben
in dem Element ACTIVL(LTX,1) der Aktivierungsliste eine negative
ganze Zahl -K als Eintrag. Dieser Eintrag heißt Blockiervermerk.
Der Blockiervermerk gibt die Nummer der Station an, vor der die

Transaction blockiert ist. Hat sich die Wartebedingung so geän-
dert, daß die Transaction weiterlaufen kann, so wird sie in den
Zustand termingebunden überführt. Dieser Zustandsübergang heißt
Deblockierung. Aus dem Zustand termingebunden gelangt die Tran-
saction dann zur gleichen Zeit in den Zustand aktiv.
Unter Umständen ist es erforderlich, eine deblockierte Transac-
tion wieder in den Zustand blockiert zurückzuführen. Es sind
Fälle möglich, in denen sich anschließend herausstellt, daß die
Deblockierung zu Unrecht erfolgte. Dieser Zustandsübergang heißt
Reblockierung.

Hinweis:

* Für Transactions gilt die allgemeine Vorgehensweise, derzufolge
eine bedingte Aktivierung zunächst in eine zeitabhängige Aktivierung umgewandelt wird. Die zeitabhängige Aktivierung wird dann
durch die Ablaufkontrolle mit Hilfe des Unterprogrammes FLOWC
durchgeführt.

3.1.3 Stationen

Stationen sind diejenigen Komponenten in einem Warteschlangenmodell, die Transactions bearbeiten und vor denen Transactions
Warteschlangen aufbauen.
In GPSS-FORTRAN Version 3 gibt es 12 verschiedene Stationstypen.
Jeder Stationstyp ist durch eine Zahl gekennzeichnet. Stationen
desselben Stationstyps tragen unterschiedliche Typnummern. Die
Anzahl der möglichen Stationstypen ist durch den Simulator festgelegt. Die Anzahl der Stationen eines bestimmten Typs, die verfügbar sein sollen, kann der Benutzer selbst festlegen (siehe Anhang A4 "Dimensionsparameter").
Es folgt eine Übersicht über die von GPSS-F angebotenen Stationstypen.

* Facility
  Stationstyp NT = 1
Eine Facility ist eine Bedienstation, die genau einen Auftrag
bearbeiten kann. Trifft eine Transaction auf eine Facility, die
bereits belegt ist, so ordnet sie sich in die Warteschlange vor
dieser Station ein.

* Multifacility
  Stationstyp NT = 2
Eine Multifacility besteht aus mehreren einfachen Bedienstatio-
nen, die parallel angeordnet sind und auf eine gemeinsame Warteschlange zugreifen.

* Pool
  Stationstyp NT = 3
Ein Pool ist ein nichtadressierbarer Speicher. Eine Transaction,
die eine vorgebbare Anzahl Speichereinheiten belegen will, wird
in die Warteschlange gestellt, wenn die Speicherplätze, die noch
frei sind, nicht ausreichen. Die Anzahl der Speicherplätze, die
noch frei sind und die für eine Belegung infrage kommen, ist die
Differenz aus Poolkapazität und aktuellem Belegungsstand.

Über die Speicherbelegung im einzelnen wird nicht Buch geführt.
Es ist nicht möglich, individuelle Speicherplätze gezielt anzu-
sprechen.

* Storage
  Stationstyp NT = 4
Storages sind adressierbare Speicher. Über jeden einzelnen Spei-
cherplatz kann Information registriert werden. Insbesondere kann
festgehalten werden, ob der Speicherplatz frei oder belegt ist.
Storages eignen sich zur Untersuchung von Systemen, für die die
Speicherbelegungsstrategie von Bedeutung ist.

* Gate
  Stationstyp NT = 5
Gates sind der allgemeine Stationstyp. Eine Transaction kann ein
Gate passieren, wenn eine vom Benutzer frei programmierbare logische Bedingung den Wahrheitswert .TRUE. hat. Ist der Wahrheitswert der Bedingung .FALSE., so wird die Transaction in die Warteschlange gestellt.

* Gather-Station
  Stationstyp NT = 6
Gather-Stationen sammeln Transactions in der Warteschlange, bis
eine vom Benutzer angebbare Anzahl zusammengekommen ist. In diesem Fall laufen alle aufgesammelten Transactions gemeinsam weiter.

* Gather-Station für Families
  Stationstyp NT = 7
Es ist möglich, Transactions gesondert nach Familienzusammengehö-
rigkeit zu sammeln. Erst wenn die Transactions einer Familie eine
angebbare Anzahl erreicht haben, wird den Familienangehörigen die
Weiterbearbeitung erlaubt.

* User Chain und Trigger-Station
  Stationstyp NT = 8 und NT = 9
User Chains und Trigger Stationen treten immer gemeinsam auf. Sie
dienen der Transactionkoordination in zwei getrennten Bearbeitungszweigen. Transactions sammeln sich vor der User-Chain, bis
eine Transaction auf eine Trigger-Station läuft und aus der User
Chain eine angebbare Zahl von Transactions aus der Warteschlange
aushängt und zur Weiterbearbeitung schickt.

* User Chain und Trigger-Station für Families
  Stationstyp NT = 10 und NT = 11
Die Transactions werden nach Familienzusammengehörigkeit getrennt
gezählt.

* Match-Stationen
  Stationstyp NT = 12
Match-Stationen dienen zur Bearbeitung gleichzeitiger Aktivierungen. Mit Hilfe der Match-Stationen ist es möglich, für Transactions, die genau zur gleichen Zeit bearbeitet werden sollen, eine
vom Benutzer gewünschte Reihenfolge festzulegen.

Für alle Stationstypen bietet GPSS-F Unterprogramme an, die die Zustandsübergänge vornehmen.

Beispiel:

* Für die Facility stehen unter anderem die Unterprogramme SEIZE, WORK und CLEAR zur Verfügung.
Wenn das Unterprogramm SEIZE aufgerufen wird, so wird geprüft, ob die Facility frei ist. Ist das der Fall, so kann mit der Bearbeitung fortgefahren werden. Das bedeutet, daß das nächste Unterprogramm aufgerufen werden kann. Ist die Facility belegt, so wird die Transaction in die Warteschlange eingeordnet.
Das Unterprogramm WORK behandelt die Zeitverzögerung, die aufgrund der Bedienung einer Transaction erforderlich ist.
Das Unterprogramm CLEAR gibt die Facility frei. Falls Transactions in der Warteschlange stehen, wird anschließend die erste herausgenommen. Diese Transaction wird als nächste aktiviert; sie ruft erneut das Unterprogramm SEIZE auf, um die Facility zu belegen.

Die Werte, die für die Bearbeitung einer Transaction in einer Facility erforderlich sind, werden in der Parameterliste der Unterprogrammaufrufe übergeben.

Die Reihenfolge der Unterprogrammaufrufe für die Bearbeitung einer Transaction in einer Facility hätte demnach die folgende Form:

```
C
C      Bearbeitung einer Transaction in einer Facility
C      =================================================
ID     CALL SEIZE(NFA,ID,*9000)
       CALL WORK(NFA,WT,IEX,IDN,*9000,*9999)
IDN    CALL CLEAR(NFA,EXIT1,*9999)
```

Im Folgenden werden die Variablen beschrieben, die in den Parameterlisten auftreten.

Nummer der Facility NFA
NFA ist die Typnummer der Facility, die belegt werden soll.

Anweisungsnummer ID
ID bezeichnet die Anweisungsnummer des Unterprogrammaufrufes CALL SEIZE. Wenn eine ehemals blockierte Transaction wieder aktiviert werden soll, muß sie mit dem Aufruf des Unterprogrammes SEIZE fortfahren, um die Facility belegen zu können.

Anweisungsnummer IDN
Wenn eine Transaction ihre Bearbeitungszeit in der Facility beendet hat, kann sie den nachfolgenden Zustandsübergang durchführen. Sie wird daher das Unterprogramm mit der Anweisungsnummer IDN (nächste Anweisungsnummer) aufrufen.

Bearbeitungszeit WT
Es wird die Dauer der Bearbeitungszeit angegeben.

Verdrängungssperre IEX
Es wird angegeben, ob eine Transaction während des Bearbeitungsvorganges verdrängt werden darf.

Adreßausgang *9000
Wenn eine Transaction deaktiviert werden muß, weil ihre Weiterbearbeitung nicht möglich ist, muß zur Ablaufkontrolle gesprungen
werden. Die Ablaufkontrolle sucht dann die Transaction heraus,
die als nächste aktiviert werden kann.
Eine Deaktivierung ist im vorliegenden Beispiel möglich, wenn
eine Transaction auf eine belegte Facility trifft und in die
Warteschlange gestellt wird. In diesem Fall wird das Unterprogramm SEIZE über den Adreßausgang *9000 verlassen.
Weiterhin ist eine Deaktivierung möglich, wenn die Transaction
auf einen zeitverbrauchenden Vorgang stößt. Die Transaction kann
erst wieder nach einer Zeit aktiviert werden, die der Bearbei-
tungzeit WT entspricht.

Fehlerausgang *9999
Wenn eine Transaction in einer Facility bearbeitet werden soll
oder wenn sie eine Facility freigeben möchte, die sie garnicht
belegt hat, wird das Unterprogramm WORK bzw. CLEAR über den Fehlerausgang verlassen. Es folgt der Abbruch des Simulationslaufes.

Adreßausgang EXIT1
Es besteht die Möglichkeit, Transactions, die die Facility nach
der Bearbeitung nicht freiwillig aufgegeben haben, sondern die
während der Bearbeitung verdrängt worden sind, gesondert zu behandeln. Liegt ein Verdrängungsvorgang vor, so kann nach dem Unterprogrammaufruf CALL CLEAR eine Anweisung mit einer Anweisungsnummer angesprungen werden, die in EXIT1 übergeben wird.

Die Folge der Unterprogrammaufrufe, die eine Transaction durchläuft, wird im Unterprogramm ACTIV vom Benutzer zusammengestellt.
Am Ende des Unterprogrammes ACTIV findet man auch die beiden
Anweisungsnummern 9000 und 9999, die zur Ablaufkontrolle im Unterprogramm FLOWC bzw. zum Abbruch und zur Endabrechnung führen.

Hinweise:

* Die Folge der Unterprogrammaufrufe repräsentiert den Lauf eines
Auftrages durch das Warteschlangenmodell. Sobald eine Transaction
deaktiviert wird, weil die Transaction entweder in den Zustand
termingebunden oder blockiert überführt werden muß, wird anschließend die Ablaufkontrolle augerufen, die die nächste Transaction heraussucht und aktiviert.

* Wenn eine deaktivierte Transaction nach gegebener Zeit wieder
aktiviert werden kann, kehrt sie in der Regel an die Stelle in
der Unterprogrammfolge zurück, an der sie unterbrochen wurde. Von
dort aus versucht sie wieder, soweit wie möglich voranzukommen.

* Anweisungsnummern, die als Wiederaufsetzpunkt nach einer Deaktivierung infrage kommen, sind von besonderer Bedeutung. Die Anweisungsnummer des Wiederaufsetzpunktes muß für jede deaktivierte Transaction bekannt sein.
Im Beispiel "Bearbeiten einer Transaction in einer Facility" kann CALL SEIZE und CALL CLEAR Wiederaufsetzpunkt sein. Sie müssen daher Anweisungsnummern tragen.
Das Unterprogramm WORK kann nur nach dem Aufruf von SEIZE bei erfolgreicher Belegung als Folgeanweisung aufgerufen werden. Die Anweisung CALL WORK kann selbst nicht Wiederaufsetzpunkt sein und benötigt daher keine Anweisungsnummer.

* Zur Modellerstellung muß der Benutzer die Bearbeitungsreihenfolge für die Transactions festlegen und für die gewünschten Stationen die entsprechenden Unterprogrammaufrufe in ACTIV zusammenstellen.
In der Regel genügt für den Modellaufbau die Zusammenstellung der Unterprogrammfolge und die Besetzung der Parameterlisten. Die Ausführung der erforderlichen Aktivitäten übernehmen die Unterprogramme selbständig.
Eine alphabetische Liste aller verfügbaren Unterprogramme findet man in Bd. 3 Anhang A7 "Unterprogramme".

Jede Station in GPSS-F Version 3 zeichnet sich dadurch aus, daß sich eine Warteschlange vor ihr aufbauen kann. In einer Warteschlange stehen alle Transactions, die sich im Zustand blockiert befinden (siehe Bd.2 Kap. 3.1.2 Transactionzustände und Zustandsübergänge). Sie mußten blockiert werden, weil die Bedingung, die für die betreffende Station zuständig ist, nicht erfüllt ist.

Beispiele:

* Vor einer Facility bauen alle Transactions eine Warteschlange auf, für die die Bedingung "Facility frei" nicht erfüllt ist.

* Vor einem Pool warten alle Transactions, deren Speicherbedarf nicht erfüllt werden kann. Das heißt, daß für diese Transactions die Bedingung "Ausreichend Speicherplatz verfügbar" nicht erfüllt ist.

* Für Transactions, die vor einem Gate in der Warteschlange stehen, ist die Bedingung für die Weiterbearbeitung vom Benutzer frei programmierbar.

In GPSS-F Version 3 werden die Warteschlangen vor den Stationen durch eine verkettete Liste aufgebaut. Zu jeder Station gehört daher ein Kopfanker, in dem sich der Verweis auf die Transaction befindet, die den ersten Platz in der Warteschlange inne hat.

Aus Gründen der leichteren Implementierbarkeit wurden in GPSS-F Version 3 die Kopfanker für die Warteschlangen aller Stationen in dem Vektor BHEAD zusammengefaßt.
Es ergibt sich ein Aufbau, den Bild 43 zeigt.

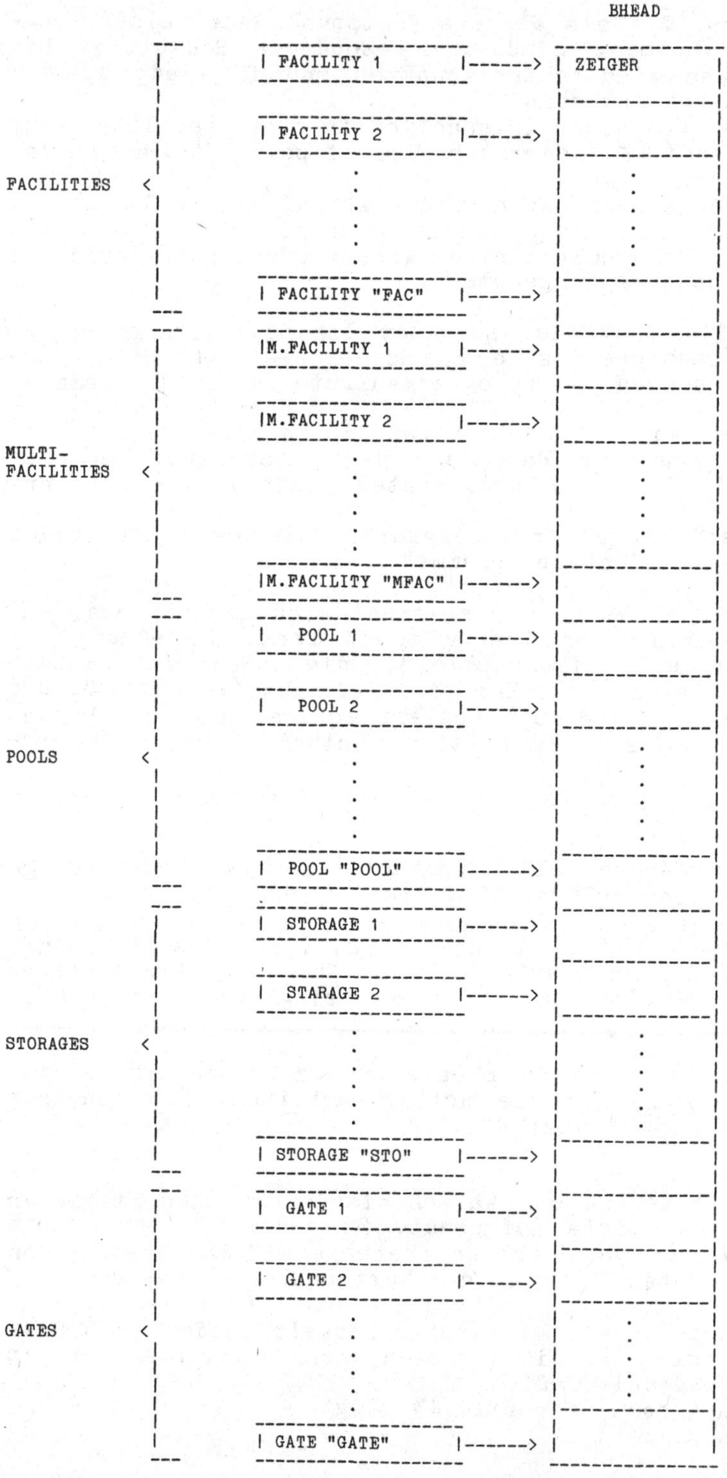

```
                                                        BHEAD

            ---          ------------------------      -----------------
             |          | FACILITY 1        |------> | ZEIGER         |
             |          |-------------------         |----------------|
             |          | FACILITY 2        |------> |                |
             |          |-------------------         |----------------|
             |                  .                            .
 FACILITIES <                   .                            .
             |                  .                            .
             |          |-------------------         |----------------|
             |          | FACILITY "FAC"    |------> |                |
            ---         -------------------          |----------------|
            ---         |-------------------         |----------------|
             |          |M.FACILITY 1       |------> |                |
             |          |-------------------         |----------------|
             |          |M.FACILITY 2       |------> |                |
             |          -------------------          |----------------|
 MULTI-      i                  .                            .
 FACILITIES <                   .                            .
             |                  .                            .
             |          |-------------------         |----------------|
             |          |M.FACILITY "MFAC"  |------> |                |
            ---         -------------------          |----------------|
            ---         -------------------          |----------------|
             |          |   POOL 1          |------> |                |
             |          -------------------          |----------------|
             |          |   POOL 2          |------> |                |
             |          -------------------          |----------------|
 POOLS      <                   .                            .
             |                  .                            .
             |                  .                            .
             |          -------------------          |----------------|
             |          |  POOL "POOL"      |------> |                |
            ---         -------------------          |----------------|
            ---         -------------------          |----------------|
             |          |  STORAGE 1        |------> |                |
             |          -------------------          |----------------|
             |          |  STARAGE 2        |------> |                |
             |          -------------------          |----------------|
 STORAGES   <                   .                            .
             |                  .                            .
             |                  .                            .
             |          -------------------          |----------------|
             |          | STORAGE "STO"     |------> |                |
            ---         -------------------          |----------------|
            ---         -------------------          |----------------|
             |          |  GATE 1           |------> |                |
             |          -------------------          |----------------|
             |          |  GATE 2           |------> |                |
             |          -------------------          |----------------|
 GATES      <                   .                            .
             |                  .                            .
             |                  .                            .
             |          -------------------          |----------------|
             |          | GATE "GATE"       |------> |                |
            ---         -------------------          -----------------
```

Bild 43   Der Aufbau des Vektors BHEAD

Neben der Nummer für den Stationstyp und der Typnummer gibt es noch die Stationsnummer K. Die Stationsnummer K zählt die Stationen ohne Ansehen ihrer Typzugehörigkeit durch.
Der Kopfanker einer Warteschlange, die sich vor einer Station aufbaut, befindet sich daher im Vektor BHEAD in dem Element, das der Stationsnummer K entspricht.

Um die Stationsnummer K berechnen zu können, muß bekannt sein, wieviele Stationen jedes Typs vorhanden sind. Die Anzahl der Stationen jedes Typs kann der Benutzer festlegen. Die Angaben für die Vorbesetzung der Standardversion findet man im Anhang A4 "Dimensionsparameter".

Beispiele:

* Die Facility mit der Typnummer NFA=5 hat die Stationsnummer K=5. Das heißt, der Eintrag im Vektor BHEAD(5) verweist auf die erste Transaction, die vor der Facility NFA=5 wartet.

* Der Pool mit der Typnummer NPL=3 hat die Stationsnummer K=15. Da es in der Standardversion 10 Facilities und 2 Multifacilities gibt, beginnen die Pools bei K=13. Der Pool NPL=3 hat daher die Stationsnummer K=12 + NPL=12+3 = 15
Der Kopfanker für die Warteschlange vor dem Pool NPL=3 steht demnach in dem Element BHEAD(15).

Hinweise:

* Die Stationsnummer bleibt dem Benutzer verborgen. Der Benutzer gibt nur den Stationstyp und die Typnummer an. Die Stationsnummer K berechnet der Simulator intern.

* Der Vektor BHEAD umfaßt die Warteschlangen für alle 12 möglichen Typen. In Bild 43 sind nur die ersten 5 Stationstypen aufgeführt.

* Die Stationen, die Families berücksichtigen, führen für jede Family eine eigene Warteschlange. Sie benötigen daher für jede Warteschlange auch einen eigenen Kopf.
Wenn z.B. 200 Families zulässig sein sollen, so besitzt die Gather-Station NG=1 nicht ein, sondern 200 Elemente für Kopfanker in BHEAD.

Die Berechnung der Stationsnummer erfolgt mit Hilfe des Vektors TYPE, der für jeden Stationstyp die Stationsnummer K der ersten Station enthält. Die Stationsnummer K berechnet sich daher wie folgt:

K = TYPE (Stationstyp) + Typnummer - 1

Beispiel:

Für den Pool mit dem Stationstyp 3 und der Typnummer NPL 3 gilt:

K = TYPE(3) + NPL - 1

Diese Anweisung zur Berechnung der Stationsnummer findet sich
z.B. zu Beginn des Unterprogrammes ENTER, das die Belegung des
Pools durchführt.

Die Besetzung des Vektors TYPE entsprechend der Anzahl der Stationen eines jeden Typs übernimmt das Unterprogramm INIT4, das im
Rahmen im Abschnitt "Initialisieren der Datenbereiche" aufgerufen
wird.

3.1.4 Transactionsteuerung

Die Aktivierung der Transactions und der Aufruf der Unterprogramme zur Durchführung der Zustandsübergänge obliegt der Ablaufkontrolle. Das Unterprogramm FLOWC sucht diejenige Transaction
heraus, die als nächste aktiviert werden kann und schickt sie im
Unterprogramm ACTIV zu der Anweisungsnummer, bei der die Transaction ihre Weiterbearbeitung wiederaufnehmen soll.
Zunächst wird gezeigt, in welcher Weise die Ablaufkontrolle
Transactions behandelt, die sich im Zustand termingebunden befinden. Für Transactions im Zustand termingebunden steht der Zeitpunkt der Aktivierung fest.

Beispiel:

* Eine Transaction trifft zur Zeit T auf den Unterprogrammaufruf
CALL WORK, das die Bearbeitungszeit WT eines Auftrages in der Bedienstation berücksichtigt. Zur Zeit T wird die Transaction
deaktiviert und in den Zustand termingebunden überführt, da ihre
Aktivierung zur Zeit T+WT bekannt ist.

Hinweis:

* Wenn eine Transaction aktiviert werden kann, weil eine Bedingung wahr geworden ist, so spricht man von bedingter Aktivierung.
In GPSS-F Version 3 werden bedingte Aktivierungen zunächst in
zeitabhängige Aktivierungen überführt. Diese Tatsache spiegelt
sich im Zustandsübergang Deblockieren wieder, der vom Zustand
blockiert zunächst in den Zustand termingebunden führt (siehe
Bild 42). Als Zeitpunkt der Aktivierung wird hierbei die Zeit angegeben, zu der die Bedingung überprüft und der Wahrheitswert
.TRUE. festgestellt wurde.
Dieses Vorgehen weist den zeitabhängigen Aktivierungen von Transactions eine Schlüsselfunktion zu. Im Grunde gibt es nur zeitabhängige Transactionaktivierungen. Sobald eine bedingte Transactionaktivierung möglich ist, wird sie als zeitabhängige Aktivierung in die Aktivierunsliste eingetragen.

Die für die Transactionaktivierung erforderliche Information findet man in der Aktivierungsliste.

In der Aktivierungsliste besitzt jede Transaction eine Zeile. Die
Zeilennummer LTX, die die Zeile einer Transaction in der Transac-
tion-Matrix beschreibt, beschreibt zugleich auch die dazugehörige
Zeile in der Aktivierungsliste.

Die Aktivierungsliste ist wie folgt definiert:

DIMENSION ACTIVL("TX1",2)

Die einzelnen Elemente haben die folgende Bedeutung:

ACTIVL(LTX,1) Kennzeichnung des Transaction Zustandes
Eine Transaction, die sich im Zustand termingebunden befindet, trägt in diesem Element den Zeitpunkt
ihrer nächsten Aktivierung.
Befindet sich eine Transaction im Zustand
blockiert, so ist der Blockiervermerk identisch mit
der negativen Nummer K der Station, vor der die
Transaction blockiert ist.

ACTIVL(LTX,2) Zieladresse
An dieser Stelle wird die Anweisungsnummer geführt,
bei der nach der Aktivierung einer Transaction mit
der Weiterbearbeitung fortgefahren werden muß.

Transactions, die sich im Zustand termingebunden befinden, führen
den Zeitpunkt ihrer Aktivierung in der Aktivierungsliste im 1.
Feld. Alle Transactions sind der zeitlichen Reihenfolge entsprechend verkettet. Die Zeiger für die Zeitkette finden sich in der
Zeigermatrix CHAINA. Der Kopf der Kette befindet sich in THEAD
und LHEAD.

Die Zeigermatrix CHAINA ist wie folgt dimensioniert:

INTEGER CHAINA
DIMENSION CHAINA("TX1",2)

Die einzelnen Elemente haben die folgende Bedeutung:

CHAINA(LTX,1) Zeiger Zeitkette
Alle Transactions im Zustand termingebunden befinden sich entsprechend ihrer Aktivierungszeit in der
Zeitkette. Der Zeiger deutet auf die Zeile LTX, die
der Nachfolger in der Transactionmatrix einnimmt.

CHAINA(LTX,2) Zeiger Blockkette
Eine Transaction im Zustand blockiert befindet sich
in einer Warteschlange vor einer Station. Die
Transactions innerhalb einer Warteschlange stehen
in der Blockkette. Der Zeiger deutet auf den Nachfolger.

Die zeitabhängigen Transactionaktivierungen stehen mit den anderen Aktivitäten zusammen in THEAD. Das Unterprogramm FLOWC geht
den Vektor THEAD durch und bestimmt die kleinste Zeit. Ist diese
kleinste Zeit eine Transactionaktivierung, so wird im Unterprogramm FLOWC das Unterprogramm ACTIV aufgerufen (siehe Bd.2 Kap.
1.3 "Das Unterprogramm FLOWC"). Im Unterprogramm ACTIV wird über
den Adreßverteiler die Anweisungsnummer angesprungen, die den
Wiederaufsetzpunkt kennzeichnet, und die für jede Transaction in

der Aktivierungsliste registriert wurde.
Eine Transaction gilt als aktiviert, wenn der Zeilenzeiger LTX
auf die Zeile der Transactionmatrix zeigt, die zu der aktivierten
Transaction gehört.
Der Zeilenzeiger LTX deutet zugleich auf die Zeile in der Akti-
vierungs liste ACTIVL und auf die Zeile in der Zeigermatrix
CHAINA.

Das Unterprogramm ACTIV hat daher das folgende, grundsätzliche
Aussehen:

```
SUBROUTINE ACTIV(EXIT1)
C
C      Bestimmen der Zieladresse
C      =========================
       NADDR = IFIX(ACTIVL(LTX,2)+0.5)

C
C      Adressverteiler
C      ===============
       GOTO(1,2,3,4,5),NADDR


C
C      Modell
C      ======
1      Anweisung
       Anweisung
2      Anweisung
3      Anweisung
4      Anweisung
5      Anweisung


C
C      Rücksprung zu Ablaufkontrolle
C      =============================
9000   RETURN

C
C      Adressausgang zur Endabrechnung
C      ===============================
9999   RETURN1
       END
```

Zunächst wird aus der Aktivierungsliste die Zieladresse in die
Variable NADDR übernommen. Anschließend wird mit Hilfe des Computed GOTO die Anweisung angesprungen, die als Wiederaufsetzpunkt
angegeben wurde.
Im Adreßverteiler müssen alle Anweisungsnummern, die als Wiederaufsetzpunkt möglich sind, in aufsteigender Reihenfolge ohne
Lücken aufgeführt werden. Im vorhergehenden Beispiel sind 5 Wie-
deraufsetzpunkte vorgesehen.
Wenn eine Transaction deaktiviert werden mußte, wird im Unterprogramm ACTIV zur Anweisung mit der Anweisungsnummer 9000 verzweigt. Es wird anschließend zum Unterprogramm FLOWC zurückgesprungen, das die nächste, mögliche Aktivität heraussucht und de-

ren Bearbeitung veranlaßt.
Die Aktivierung von Transactions folgt daher uneingeschränkt dem
allgemeinen Vorgehen, das in GPSS-F Version 3 zur Bearbeitung
zeitabhängiger Aktivitäten vorgesehen ist.

Hinweise:

* Der Abschnitt "Bestimmen der Zieladresse" im Unterprogramm AC-
TIV muß noch erweitert werden, um die Erzeugung von Transactions
berücksichtigen zu können. (Siehe Bd.2 Kap. 3.2.1 "Unterprogramme
zur Erzeugung und Vernichtung von Transactions")

* Die Ablaufkontrolle verwaltet die folgenden Listen:

Ereignisliste	EVENTL	(Ereignisse)
Sourceliste	SOURCL	(Sources)
Aktivierungsliste	ACTIVL	(Transactions)
Konfidenzliste	CONFL	(Bins)
Monitorliste	MONITL	(Plots)
Equationliste	EQUL	(Sets)

In Klammern sind die Elemente angegeben, die in jeder Liste verwaltet werden. Zu jeder Liste der Ablaufkontrolle gehört ein Unterprogramm, das für die entsprechenden Elemente die Zustandsübergänge durchführt. In der Parameterliste dieser Unterprogramme
wird die Zeilennummer, die die Elemente in der Liste der Ablaufkontrolle einnehmen, übergeben.

Beispiel:

CALL EVENT(NE,*9999)

Das bedeutet, daß das Event, das durch den Aufruf des Unterprogramms EVENT bearbeitet werden soll, in der Ereignisliste die
Zeile mit der Nummer NE einnimmt.
Von diesem Vorgehen weichen Transactions in zweifacher Hinsicht
geringfügig ab. Zunächst wird die Nummer der Zeile in der Aktivierungsliste für die zu aktivierende Transaction im Unterprogramm ACTIV nicht in der Parameterliste übergeben. Die Zeilennummer LTX steht im Block COMMON/TXS/.
Weiterhin ist bei Transactions die Zeilennummer LTX nicht mit der
Transactionnummer identisch. Bei allen anderen Elementen stimmt
die eigene Nummer mit ihrer Liste der Ablaufkontrolle überein.

Beispiel:

Das Set NSET=2 besetzt in der Equationliste EQUL die zweite
Zeile.
Bei Transactions ist dieses Vorgehen nicht sinnvoll, da Transac-
tions erzeugt und vernichtet werden können. Daher kann eine Zeile
in der Transactionmatrix im Laufe des Simulationslaufes mehrere
Transactions mit unterschiedlichen Transactionnummern aufnehmen.

* Es ist an dieser Stelle unbedingt zu empfehlen, die Beschreibung der Ablaufkontrolle in Bd.2 Kap. 1 noch einmal durchzulesen.

Es wird dann deutlich, wie sich die Behandlung von Warteschlangenmodellen nahtlos in den Simulator GPSS-F Version 3 einpaßt.

* Die Komplexität der Ablaufkontrolle bleibt dem Benutzer in der
Regel verborgen. Er kann sich darauf beschränken, die Folge der
Unterprogramme im Unterprogramm ACTIV festzulegen. Den korrekten
Ablauf überwacht der Simulator. An zahlreichen Beispielen wird in
Bd. 3 Kap. 2 bis Kap. 5 gezeigt, was der Benutzer zu tun hat, um
sein Modell aufzubauen.

Wenn eine Transaction vor einer Station aufgehalten und in die
Warteschlange gestellt wird, weil die Weiterbearbeitung nicht
möglich ist, so wird sie deaktiviert und geht in den Zustand
blockiert über.
Die Warteschlange, die blockierte Transactions vor einer Station
bilden, ist als verzeigerte Liste aufgebaut. Der Kopfanker für
jede Warteschlange wird für jede Station mit der Stationsnummer K
im Element BHEAD(K) geführt. Der Zeiger auf den Nachfolger in der
Warteschlange steht für jede Transaction im Element CHAINA(LTX,
2).

Hinweis:

* Da zur gleichen Zeit Warteschlangen vor verschiedenen Stationen
möglich sind, können verschiedene Zeigerketten durch CHAINA(LTX,
2) laufen. Jede mögliche Zeigerkette nimmt ihren Anfang in einem
zu einer Station gehörigen Kopfanker in BHEAD.

* Eine Transaction kann sich zu einer bestimmten Zeit immer nur
in einer Warteschlange befinden.

Das Einketten in eine Warteschlange übernimmt das Unterprogramm
BLOCK.

Unterprogrammaufruf:
    CALL BLOCK(NT,NS,LFAM,IFTX)

Parameterliste

NT   Stationstyp
      Wenn eine Transaction in die Warteschlange vor einer Station
      eingereiht wird, so muß zunächst die Nummer des Stationstyps
      angegeben werden.

NS   Typnummer
      Es wird angegeben, welche Nummer die Station innerhalb des
      Typs hat.

LFAM Familiennummer
      Für Stationen, die gesonderte Warteschlangen für Families
      haben, muß die Familiennummer der Transaction angegeben wer-
      den, die blockiert werden soll. (Es handelt sich hierbei um
      Gather-Stationen für Families mit NT=7 sowie User Chains und
      Trigger-Stationen mit NT=10 bzw. NT=11)

IFTX Vorgänger
     Es wird die Zeilennummer der Transaction angegeben, die in
     der Warteschlange vor der einzukettenden Transaction steht.

Hinweis:

* Die Stelle in der Warteschlange, in die eine zu blockierende
Transaction eingekettet werden soll, hängt von der Policy ab, die
festlegt, nach welcher Reihenfolge die Warteschlange abgearbeitet
werden soll.
Dementsprechend wird die Zeilennummer IFTX des Vorgängers einer
zu blockierenden Transaction vom Unterprogramm POLICY geliefert,
das immer vor BLOCK aufgerufen werden muß (siehe nachfolgenden
Abschnitt 3.1.6 "Warteschlangenverwaltung und Policy").

Bild 45 zeigt den Ablaufplan für das Unterprogramm BLOCK.
Durch das Bestimmen der Stationsnummer K wird der Kopfanker in
BHEAD festgelegt. Ausgehend vom Kopfanker wird die Warteschlange
durchgegangen, bis die Transaction gefunden worden ist, hinter
der die zu blockierende Transaction eingehängt werden soll. Abschließend werden die Zeiger neu gesetzt.

Hinweise:

* Durch den Aufruf des Unterprogrammes BLOCK ist die bedingte
Deaktivierung abgeschlossen. Die Transaction hängt jetzt der Reihenfolge entsprechend in der Warteschlange, die sich vor der Station aufgebaut hat.

* In der Regel kommt der Benutzer mit dem Unterprogramm BLOCK
nicht in Berührung. Das Unterprogramm BLOCK wird in den Unterprogrammen aufgerufen, in denen eine Blockierung von Transactions
erforderlich ist.

Beispiel:
Im Unterprogramm GATE gibt es den Abschnitt "Blockieren", der
angesprungen wird, wenn die zum Gate gehörige Bedingung den Wahrheitswert .FALSE. hat. in diesem Fall muß die Transaction
blockiert werden. Dort findet man die Anweisungsfolge

CALL POLICY(5,NG,O,IFTX,NP)
CALL BLOCK(5,NG,O,IFTX)

Für eine blockierte Transaction wird im Element ACTIVL(LTX,1) der
Aktivierungsliste angegeben, vor welcher Station die Transaction
blockiert ist. Hierzu wird die negative Stationsnummer -K eingetragen. Es gilt

     ACTIVL(LTX,1) = -K

Bild 45   Der Ablaufplan für das Unterprogramm BLOCK

* Für eine Transaction im Zustand termingebunden steht im Element ACTIV(LTX,1) die Zeit der Aktivierung. Für eine blockierte Transaction enthält dasselbe Element den Blockiervermerk. Es ist demnach auch am Vorzeichen des Elements ACTIVL(LTX,1) ersichtlich, ob sich die Transaction im Zustand termingebunden oder blockiert befindet.

* Im Element ACTIVL(LTX,2) steht für blockierte wie für termingebundene Transactions die Zieladresse, die die Anweisungsnummer der Anweisung enthält, mit der bei der Aktivierung fortgefahren werden soll.

Der Abschnitt "Blockieren" enthält in der Regel die folgenden Anweisungen

```
TX(LTX,8) = T
ACTIVL(LTX,1) = FLOAT(-K)
ACTIVL(LTX,2) = FLOAT(ID)
CALL POLICY(NT,NS,LFAM,IFTX,NP)
CALL BLOCK(NT,NS,LFAM,IFTX)
```

In das 8. Element der Zeile einer Transaction in der Transaction-Matrix wird die Eintrittszeit in die Warteschlange eingetragen. Anschließend wird die Aktivierungsliste mit dem Blockiervermerk -K (negative Stationsnummer) und der Zieladresse ID besetzt. Dann bestimmt die Policy den Ort, an dem die Transaction eingehängt werden soll. Abschließend kann das Unterprogramm BLOCK aufgerufen werden.
Es wird empfohlen, den Abschnitt "Blockieren" im Unterprogramm GATE zu überprüfen.

Eine Transaction aus der Warteschlange kann aktiviert werden, wenn eine Bedingung, die bisher den Wahrheitswert .FALSE. hatte, den Wahrheitswert .TRUE. erhält. Es erfolgt der Zustandsübergang Deblockieren, der zunächst in den Zustand termingebunden führt. Der Zustandsübergang Deblockieren wird vom Unterprogramm DBLOCK übernommen.
Der Zustandsübergang Deblockieren führt vom Zustand blockiert in den Zustand termingebunden. Als Aktivierungszeit wird für eine deblockierte Transaction der aktuelle Stand der Simulationsuhr T angenommen. Das Unterprogramm DBLOCK hat daher im wesentlichen die Aufgabe, eine Transaction in die Zeitkette einzuhängen. Für Transactions, die über den Zustandsübergang Deblockieren in den Zustand termingebunden gelangt sind, gibt es zwei Unterschiede im Vergleich zu Transactions, die ohne Umweg durch eine zeitabhängige Aktivierung direkt aus dem Zustand aktiv in den Zustand termingebunden gelangt sind.
Erstens stehen deblockierte Transactions nicht nur in der Zeitkette sondern auch weiterhin noch in der Blockkette. Zweitens tragen deblockierte Transactions im Feld ACTIVL(LTX,1) nicht den Aktivierungszeitpunkt sondern noch den alten Blockiervermerk -K. Diese Sonderbehandlung von Transactions, die über den Zustandsübergang Deblockieren in den Zustand termingebunden gelangt sind, ist erforderlich, weil es unter Umständen sein kann, daß eine deblockierte Transaction durch den Zustandsübergang Reblockieren aus dem Zustand termingebunden in den Zustand blockiert zurückge-

führt werden muß. Es ist bequem, wenn für diesen Fall die Stationsnummer K, vor der die Transaction in der Warteschlange steht, und die alte Verzeigerung noch zur Verfügung steht. Auf jeden Fall hängt eine deblockierte Transaction in der Zeitkette, die ihren Kopfanker in LHEAD hat und deren kleinste Aktivierungszeit in THEAD steht. Eine deblockierte Transaction wird daher wie jede andere Transaction im Zustand termingebunden von der Ablaufkontrolle im Unterprogramm FLOWC herausgesucht und aktiviert.

Wenn eine Transaction von der Ablaufkontrolle im Unterprogramm FLOWC aufgrund des Eintrages in THEAD herausgesucht worden ist, wird sie vor der Aktivierung durch den Aufruf des Unterprogrammes ACTIV aus der Zeitkette ausgehängt. Das Aushängen aus der Zeitkette übernimmt dem allgemeineren Vorgehen entsprechend das Unterprogramm NCHAIN. Falls eine deblockierte Transaction aktiviert werden soll, wird in NCHAIN zusätzlich auch die noch bestehende Verkettung in der Blockkette gelöst.

Unterprogrammaufruf:

    CALL DBLOCK(NT,NS,LFAM,MAX)

Parameterliste:

NT   Stationstyp
NS   Typnummer
LFAM Familiennummer
MAX   Anzahl der zu deblockierenden Transactions
      Man kann angeben, wieviel blockierte Transactions aktiviert werden sollen. Falls MAX negativ oder Null ist, werden alle Transactions in der Warteschlange unabhängig von der Anzahl aktiviert.

Hinweise:

* Bei bedingten Transactionaktivierungen muß aufgrund einer erfüllten Bedingung das Unterprogramm DBLOCK aufgerufen werden.
Für den allgemeinen Stationstyp Gate bedeutet das, daß der Benutzer selbst die Überprüfung der Bedingung veranlaßt und die erforderliche Aktivität durchführt. In dieser Beziehung folgt auch die bedingte Transactionaktivierung der benutzergesteuerten Bedingungsüberprüfung. Im Unterprogramm TEST muß daher der Benutzer durch die Anweisung

IF(CHECK(NCOND)) CALL DBLOCK(NT,NS,LFAM,MAX)

die Deblockierung der wartenden Transactions vornehmen (siehe Bd.2 Kap. 3.2.3 "Unterprogramme für Gates").

* Es gibt Stationen, wie z.B. die Facilities, die dem Benutzer die Überprüfung der Bedingung abnehmen und die selbst bei Bedarf das Unterprogramm DBLOCK aufrufen.
Unter Umständen ist es erforderlich, eine bereits deblockierte Transaction wieder in den Zustand blockiert zurückzuversetzen. Den Zustandsübergang Reblockieren übernimmt das Unterprogramm RBLOCK.

Im Unterprogramm RBLOCK wird im wesentlichen die Transaction aus der Zeitkette herausgelöst. Weiteres ist nicht erforderlich, da in der Aktivierungsliste in ACTIVL(LTX,1) noch der Blockiervermerk -K steht und die Transaction noch in der Blockkette hängt.

Hinweis:

* Das Reblockieren einer Transaction, die nicht durch den Zustandsübergang Deblockieren in den Zustand termingebunden gelangt sind, ist nicht möglich und auch nicht erforderlich.

Unterprogrammaufruf:

        CALL RBLOCK(NT,NS,LFAM,MAX)

Parameterliste:

NT   Stationstyp
NS   Typnummer
LFAM   Familiennummer
MAX   Anzahl der Transactions, die reblockiert werden sollen.

Das Unterprogramm RBLOCK dient dazu, bei Gleichzeitigkeit von Transactionaktivierungen den korrekten Ablauf sicherzustellen. Weiter hin sorgt es in einigen Fällen für eine Beschleunigung der Ablaufkontrolle. Der Benutzer wird das Unterprogramm RBLOCK in der Regel nicht verwenden.

Beispiele:

* Es ist möglich, daß zur Zeit T eine Transaction aus der Warteschlange herausgenommen wurde, weil sie eine Facility belegen soll. Diese Transaction wird zunächst durch den Aufruf von DBLOCK vom Zustand blockiert in den Zustand termingebunden überführt. Nun kann es sein, daß zu gleichen Zeit T eine andere Transaction von der Ablaufkontrolle gefunden und aktiviert wird. Falls diese neue Transaction auf die Facility läuft, ist es möglich, daß sie aufgrund der Policy in der Warteschlange an der vordersten Stelle steht und damit zur Belegung der Facility in Frage kommt. Die bereits herausgesuchte Transaction, die noch nicht aktiviert worden ist und sich noch im Zustand termingebunden befindet, muß daher reblockiert werden und der neuen Transaction den Vortritt lassen.

* Wenn eine Bedingung erfüllt ist, die zu einem Gate gehört, so werden alle Transactions, die vor dem Gate in der Warteschlange stehen, deblockiert. In der Regel können dann alle ehemals blockierten Transactions mit der Bearbeitung fortfahren. Es ist jedoch der Fall denkbar, daß die erste aktivierte Transaction einen Zustandsübergang durchführt, der den Wahrheitswert der Bedingung von .TRUE. auf .FALSE. setzt. Damit ist allen weiteren Transactions, die bereits deblockiert sind, das Passieren des Gates unmöglich geworden. Sie werden dann durch RBLOCK wieder in die Warteschlange zurückgestellt.

3.1.5 Die Unterprogramme DBLOCK und RBLOCK

Die Unterprogramme BLOCK und RBLOCK werden vom Benutzer in der
Regel nicht aufgerufen. Sie gehören der Ablaufkontrolle an, die
von sich aus dafür sorgt, daß alle Zustandsübergänge in der richtigen Reihenfolge bearbeitet werden. Das Unterprogramm DBLOCK
wird bei manchen Stationen wie z.B. bei Gates vom Benutzer aufgerufen. Es ist jedoch ausreichend, wenn der Benutzer die Funktion
und die Parameterliste kennt.

Im folgenden soll eine kurze Beschreibung des Aufbaus der Unterprogramme zur Durchführung von Zustandsänderungen gegeben werden.

BLOCK ist sehr einfach und erfordert keine gesonderte Beschreibung.
Im Gegensatz dazu sind DBLOCK und RBLOCK sehr komplex. Das hat
seinen Grund in der Tatsache, daß beide Unterprogramme jeweils
zur gleichen Zeit T mehrmals aufgerufen werden können. Es muß daher bei jedem Aufruf geprüft werden, ob eine Transaction durch
einen vorhergehenden Aufruf bereits in den neuen Zustand überführt worden ist.
Weiterhin kommt hinzu, daß durch den Parameter MAX jeweils eine
angebbare Anzahl von Transactions deblockiert werden kann.
Den Ablaufplan für das Unterprogramm DBLOCK zeigt das Bild 46.

Als erstes wird geprüft, ob die Warteschlange besetzt ist. Wenn
sich keine Transaction im Zustand blockiert befindet, kann auch
keine Transaction deblockiert werden.
Die Abfrage Q2 prüft, ob die Transaction, die deblockiert werden
soll, in der Zeitkette an den Anfangs gestellt werden muß. In
diesem Fall erfolgt das Einketten durch Eintrag des Zeigers in
den Kopfanker LHEAD. Falls nur eine Transaction deblockiert werden soll, ist die Funktion von DBLOCK abgeschlossen.
Wenn mehrere Transactions deblockiert werden sollen, wird der
Blockkette weiter gefolgt. Für jede Transaction wird geprüft, ob
sie bereits durch einen vorherigen Aufruf von DBLOCK deblockiert
worden ist.
Für eine Transaction, die noch nicht in der Zeitkette hängt, wird
die Position in der Zeitkette festgelegt.

Falls eine Transaction nicht am Anfang der Zeitkette steht, wird
ebenfalls die Zeitkette durchlaufen, um die Position zu bestimmen.
Ist die Position festgelegt, wird der Zeiger auf die deblockierte
Transaction beim Vorgänger eingetragen. Der Zeiger auf den Nachfolger wird nur dann in die deblockierte Transaction eingetragen,
wenn keine weiteren Transactions mehr deblockiert werden sollen.
Falls die vorgebebene Zahl von Transactions, die deblockiert werden sollen, noch nicht erreicht ist, wird der Blockkette bis zum
Ende gefolgt, um weitere Transactions zu finden, die noch nicht
deblockiert sind und deshalb noch nicht in der Zeitkette stehen.

Auf diese Weise werden alle Transactions herausgesucht und an der
gewünschten Stelle in der Zeitkette eingehängt.

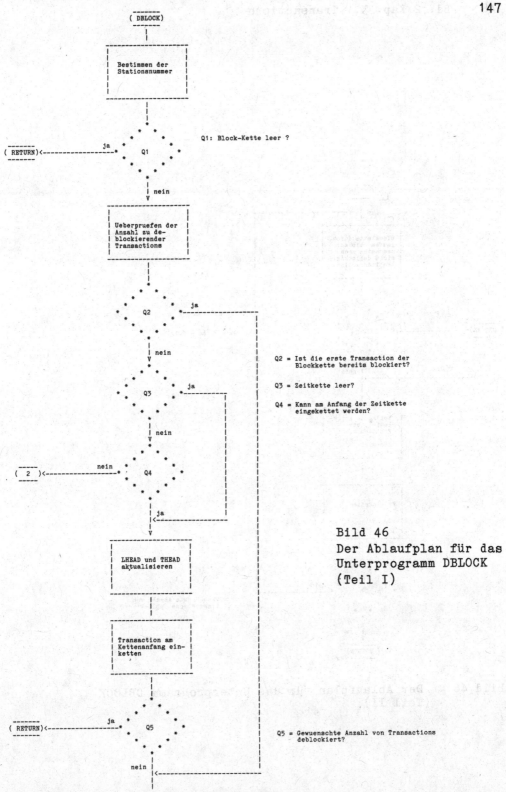

Bild 46
Der Ablaufplan für das
Unterprogramm DBLOCK
(Teil I)

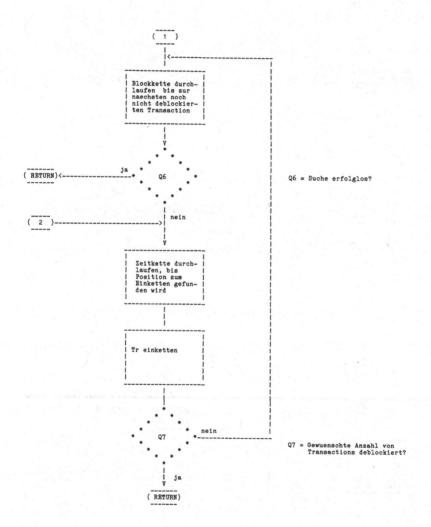

Bild 46   Der Ablaufplan für das Unterprogramm DBLOCK
         (Teil II)

* Eine Transaction, die durch einen Aufruf von DBLOCK in den Zustand termingebunden gekommen ist, hängt in der Zeitkette und in
der Blockkette. Das heißt, daß für eine derartige Transaction in
der Regel gilt:

CHAINA(LTX,1) = CHAINA(LTX,2)

In diesem Fall weisen beide Zeiger auf denselben Nachfolger. Alle
Transactions, die deblockiert worden sind, stehen in der Zeitkette. Der Aktivierungszeitpunkt ist für alle Transactions gleich
dem Stand der Simulationsuhr T. Es ist daher für die Zeitkette
eine weiteres Ordnungskriterium erforderlich, das angibt, in welcher Reihenfolge Transactions bei gleicher Aktivierungszeit T in
der Zeitkette stehen sollen:

1) Transactions, die über eine zeitabhängige Deaktivierung in den
   Zustand termingebunden gelangt sind, haben Vorrang.

2) Transactions, die in der Blockkette einer Station mit kleiner
   Stationsnummer K hängen, stehen vor Transactions, die sich in
   der Blockkette einer Station mit großem K hängen.

3) Innerhalb einer Station stehen die Transactions in der Zeitkette in derselben Reihenfolge, in der sie auch in der Blockkette stehen. Das führt dazu, daß sie in einer Reihenfolge
   aktiviert werden, die der Position in der Warteschlange entspricht.

Das Unterprogramm RBLOCK führt eine Transaction vom Zustand termingebunden zurück in den Zustand blockiert. Das Bild 47 zeigt
den Ablaufplan für RBLOCK.
In gleicher Weise wie in DBLOCK wird auch in RBLOCK geprüft, ob
die erste Transaction, die reblockiert werden soll, am Anfang der
Zeitkette steht. Ist das der Fall, so wird der Blockkette solange
gefolgt, bis die angegebene Anzahl von Transactions aus der Zeitkette ausgehängt worden ist. Wenn die erste Transaction, die reblockiert werden soll, nicht an erster Stelle steht, wird der
Zeitkette solange gefolgt, bis die Position bestimmt ist. Dann
erfolgt wieder das Ausketten der Transaction aus der Zeitkette.

3.1.6 Warteschlangenverwaltung und Policy

In GPSS-FORTRAN Version 3 stehen alle Transactions in einer Reihenfolge in der Warteschlange, die der Policy entspricht. Die Position einer Transaction in der Warteschlange wird bei Eintritt
der Transaction in die Warteschlange bestimmt. Der Position entsprechend wird die Transaction in die Blockkette eingehängt.
Für jede Station ist gesondert angebbar, nach welcher Policy die
Warteschlange, die sich vor ihr aufgebaut hat, bearbeitet werden
soll. Macht der Benutzer keine Angaben, so wird jede Warteschlange mit der Policy PFIFO bearbeitet. Die Policy ordnet zunächst nach Prioritäten (Ordnungskriterium 1. Stufe). Haben mehrere Transactions gleiche Priorität, so wird diejenige Transaction in der Warteschlange an eine vordere Stelle gesetzt,

150

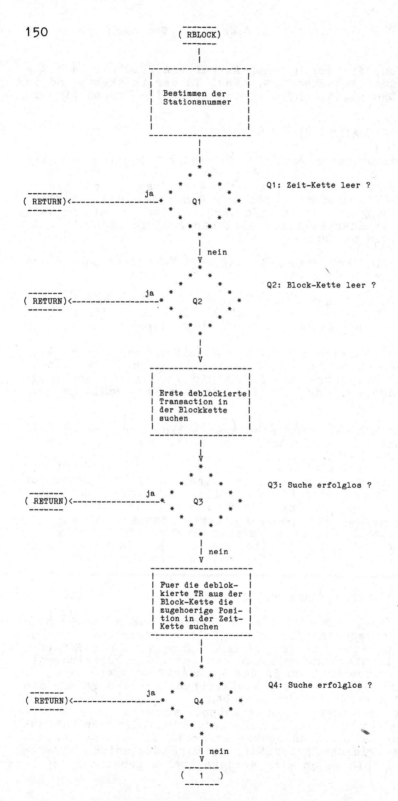

Bild 47   Der Ablaufplan für das Unterprogramm RBLOCK
         (Teil I)

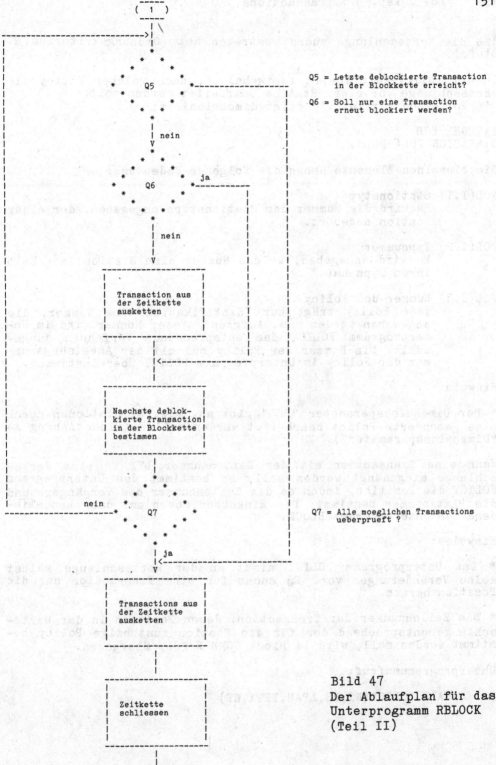

Q5 = Letzte deblockierte Transaction
     in der Blockkette erreicht?

Q6 = Soll nur eine Transaction
     erneut blockiert werden?

Q7 = Alle moeglichen Transactions
     ueberprueft ?

Bild 47
Der Ablaufplan für das
Unterprogramm RBLOCK
(Teil II)

die die Warteschlange zuerst betreten hat (Ordnungskriterium 2. Stufe).

In der Policy-Matrix wird festgehalten, nach welcher Policy die Warteschlange vor einer Station bearbeitet werden soll.
Die Policy-Matrix ist wie folgt dimensioniert:

```
INTEGER POL
DIMENSION POL("POL",3)
```

Die einzelnen Elemente haben die folgende Bedeutung:

POL(I,1) Stationstyp
Es wird die Nummer des Stationstyps angegeben, der einer Station angehört.

POL(I,2) Typnummer
Es wird angegeben, welche Nummer eine Station innerhalb ihres Typs hat.

POL(I,3) Nummer der Policy
Jede Policy trägt zur Identifikation eine Nummer, die angegeben werden muß. Aufgrund dieser Nummer wird im Unterprogramm POLICY das entsprechende Verfahren ausgewählt. Die Nummer der Policy muß mit der Anweisungsnummer der Policy im Unterprogramm POLICY übereinstimmen.

Hinweis:

* Der Dimensionsparameter "POL" gibt an, wieviel Stationen durch eine gesonderte Policy bearbeitet werden sollen (siehe Anhang A4 "Dimensionsparameter").

Wenn eine Transaction mit der Zeilennummer LTX in eine Warteschlange eingehängt werden soll, so bestimmt das Unterprogramm POLICY die Position, indem es die Zeilennummer des Vorgängers und die Platznummer bestimmt. Das Einketten übernimmt dann anschließend das Unterprogramm BLOCK.

Hinweise:

* Das Unterprogramm POLICY nimmt an der Warteschlange selbst keine Veränderungen vor. Es sucht für eine Transaction nur die Position heraus.

* Die Zeilennummer der Transaction, deren Position in der Warteschlange entsprechend der für die Station zuständige Policy bestimmt werden soll, wird im Block COMMON/POL/ übergeben.

Unterprogrammaufruf:

```
CALL POLICY(NT,NS,LFAM,IFTX,NP)
```

Parameterliste:

NT   Stationstyp
NS   Typnummer
LFAM   Familiennummer
IFTX   Zeilennummer der vorhergehenden Transaction
NP   Platznummer

Bild 48 zeigt den Ablaufplan für das Unterprogramm POLICY.
Zunächst wird in der Policy-Matrix POL für die Station mit der
Kennzeichnung NT und NS die Policy-Nummer ausgesucht.
Die Policy-Nummer muß mit der Anweisungsnummer identisch sein,
die das Unterprogramm trägt, das die Positionsbestimmung durchführt. Mit Hilfe einr Computed GOTO-Anweisung kann daher aufgrund
der Policynummer das entsprechende Unterprogramm angesprungen
werden.

Der Simulator GPSS-FORTRAN bietet zwei fertige Policies an. Es
handelt sich um PFIFO und FIFO. Diesen beiden Policies sid die
Nummern 1 und 2 bereits fest zugeteilt.
Falls der Benutzer eine eigene Policy einsetzen möchte, so muß er
diese Policy selbst programmieren und als Unterprogramm in den
Simulator einbringen. Hierzu muß er seiner eigenen Policy eine
Nummer zuordnen und dann sein Unterprogramm unter der Anweisungsnummer, die der Policynummer entspricht, im Unterprogramm POLICY
aufrufen.
In POLICY sind 3 weitere Unterprogramme für zusätzliche Policies
bereits vorgesehen. Sie gehören als Dummy-Routinen zu den Benut-
zerprogrammen (siehe Anhang A6 "Benutzerprogramme").

Die Angabe der Policy, die für eine bestimmte Station gewünscht
wird, erfolgt im Rahmen in Abschnitt 4 "Setzen Policy-, Strate-
gie- und Plan-Matrix".

Beispiel:
Das Gate mit der Nummer NG=3 soll nach der benutzereigenen Policy
mit dem Namen FIFOP bearbeitet werden. Die Policy FIFOP soll die
Policynummer 3 erhalten. Die Policy FIFOP ordnet zunächst nach
FIFO ein. Wenn zwei Transactions zur gleichen Zeit die Warte-
schlange betreten, wird nach Prioritäten ausgewählt. Es gilt:

NT = 5
NS = 3

Im Rahmen muß zunächst die Policy-Matrix vom Benutzer besetzt
werden.

```
C
C       Setzen Policy-, Strategie- und Plan-Matrix
C       ==========================================
        POL(1,1) = 5
        POL(1,2) = 3
        POL(1,3) = 3
```

154

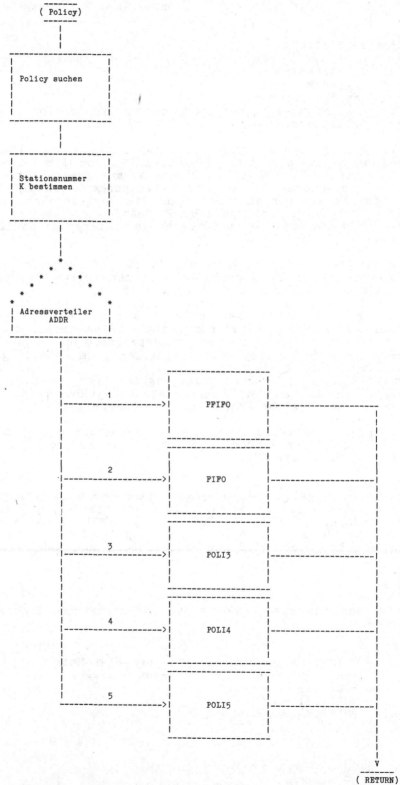

Bild 48
Der Ablaufplan für das Unterprogramm POLICY

Im Unterprogramm POLICY muß mit der Anweisungsnummer 3 anstelle des Aufrufs CALL POLI3 der folgende Aufruf stehen:

3   CALL FIFOP(K,IFTX,NP)

Das Unterprogramm FIFOP ist vom Benutzer zu schreiben.

Hinweise:

* Es ist empfehlenswert, wenn sich der Benutzer bei der Programmierung eigener Unterprogramme für Policies an den Vorbildern PFIFO und FIFO orientiert.

* Es ist daran zu denken, daß die Zeilennummer LTX der Transactions, deren Position bestimmt werden soll, im Block COMMON/TXS/ übergeben wird (siehe Unterprogramm PFIFO bzw. FIFO).

* Wenn der Benutzer keine Angaben über die Policy macht, wird die Policy PFIFO eingesetzt.

Für die beiden Policies PFIFO und FIFO bietet GPSS-FORTRAN Version 3 fertige Unterprogramme an. Es wird kurz das Unterprogramm PFIFO beschrieben. Das Unterprogramm FIFO ist analog aufgebaut.

Funktion:
Das Unterprogramm PFIFO wählt aus den Transactions, die vor einer Station eine Warteschlange bilden, diejenige aus, die sich durch die höchste Priorität auszeichnet. Werden mehrere Transactions mit gleicher Priorität gefunden, so erfolgt die weitere Auswahl nach der Policy FIFO.
Gibt es mehr Transactions, die zur gleichen Zeit in die Warteschlange eingetreten sind, so entscheidet als nächstes die Transactionnummer und dann die Duplikatsnummer.

Unterprogrammaufruf:

    CALL PFIFO(K,IFTX,NP)

Parameterliste:

K   Stationsnummer
        Im Unterprogramm POLICY wird aus der Nummer für den Stationstyp und der Typnummer die Stationsnummer K berechnet. Das Unterprogramm PFIFO bestimmt die Position, die eine Transaction in einer Warteschlange vor der Station K einnimmt.

IFTX   Zeilennummer des Vorgängers
        Es wird die Zeilennummer der Transaction zurückgegeben, die vor derjenigen Transaction steht, die neu in die Warteschlange aufgenommen werden soll.

NP   Nummer des Platzes
        Es wird für die neue Transaction die Position in der Warteschlange angegeben. NP=1 bedeutet, daß die neue Transaction in der Warteschlange an erster Stelle steht.

Die statische Prioritätenvergabe weist den Transactions bei ihrer
Entstehung eine Priorität zu, die sie in der Regel bis zu ihrem
Ende behält.
Die dynamische Prioritätenvergabe ermöglicht es, den Transactions, die bereits in einer Warteschlange stehen, neue Prioritäten zuzuweisen. Es sind daher in der Warteschlange Überholvor-
gänge möglich.

In GPSS-FORTRAN Version 3 ist die dynamische Vergabe von Prioritäten mit Hilfe des Unterprogrammes DYNVAL möglich.

Funktion:
Alle Transactions, die vor einer Station eine Warteschlange aufbauen, werden herausgesucht und mit einer neuen Priorität versehen. Die neue Priorität wird mit Hilfe der Funktion DYNPR berechnet, die vom Benutzer angegeben werden muß. Anschließend wird die
Verkettung der neuen Reihenfolge entsprechend aufgebaut.

Unterprogrammaufruf:

        CALL DYNVAL(NT,NS,LFAM,ICOUNT)

NT   Stationstyp
NS   Typnummer
LFAM   Familiennummer für Stationen mit NT=7, 10 oder 11

ICOUNT Anzahl der Prioritätsneubestimmungen
        Der Zähler ICOUNT gibt an, wieviele Transactions eine neue
        Priorität erhalten haben.

Das Unterprogramm DYNVAL ist vom Benutzer aufzurufen. Das kann in
bestimmten Zeitabständen geschehen oder aufgrund von Bedingungen.
Das Unterprogramm DYNVAL kann auch im Unterprogramm ACTIV von
einer Transaction aufgerufen werden.

Beispiel:

* Wenn eine Transaction eine Bedienstation verläßt, ruft sie das
Unterprogramm DYNVAL auf. es wird dann vor der Neubelegung der
Bedienstation die Prioritätenordnung neu festgelegt.

Hinweis:

* Bei der Modellerstellung darf der Verwaltungsaufwand, der bei
dynamischer Prioritätenvergabe im realen Modell anfällt, nicht
vernachlässigt werden. Er ist in der Regel abhängig von der Anzahl der Prioritätsbestimmungen. Aus diesem Grund wird in DYNVAL
der Parameter ICOUNT angegeben.

Die Festlegung der Prioritätenordnung erfolgt durch die Funktion
DYNPR, die vom Unterprogramm DYNVAL aus aufgerufen wird. Die
Funktion DYNPR ist vom Benutzer seinen Anforderungen entsprechend
zu programmieren. Ein Beispiel findet man in Bd.3 Kap. 3.3 "Das
Modell Auftragsverwaltung".

3.2 Unterprogramme zur Behandlung von Transactions

Für Warteschlangenmodelle gibt es eine begrenzte Anzahl von Aktivitäten, die zur Beschreibung und Darstellung der Zustandsübergänge im Modell ausreichen. Sie lassen sich in 5 Gruppen zusammenfassen:

* Erzeugung und Vernichtung von Transactions
* Steuerung von Transactions
* Bearbeitung von Transactions in den Stationen
* Sammlung und Darstellung statistischer Ergebnisse
* Erzeugung von Zufallszahlen

Im Folgenden wird zunächst die Erzeugung und Vernichtung der Transactions durch die beiden Unterprogramme GENERA und TERMIN beschrieben. Anschließend wird ein Überblick über die Unterprogramme ADVANC und TRANSF gegeben, die die Steuerung der Transaction durch das Modell darstellen.
Zur Bearbeitung von Transactions in den Stationen gibt es im Simulator GPSS-FORTRAN Version 3 zahlreiche Unterprogramme. Als wichtigste und allgemeine Station wird das Gate herausgegriffen und in seiner Funktion beschrieben. Auf die restlichen Unterprogramme wird im nachfolgenden Kapitel Bd.2 Kap. 4 "Stationen in Warteschlangenmodellen" eingegangen.

3.2.1 Unterprogramme zur Erzeugung und Vernichtung von Transactions

Im Simulator GPSS-FORTRAN Version 3 wird eine Transaction erzeugt, indem ihr in der Transactionmatrix und damit auch in den zugeordneten Matrizen ACTIVL und CHAINA eine Zeile zugeteilt wird. Bei der Erzeugung werden der Transaction wichtige Parameter mitgegeben, die in die Transaction-Matrix eingetragen werden. Hierzu gehören die Transactionnummer und die Priorität.
Die Erzeugung einer Transaction erfolgt durch eine Source mit Hilfe des Unterprogrammes GENERA.

Funktion:
Das Unterprogramm GENERA erzeugt eine Transaction und besetzt wichtige private Parameter. Gleichzeitig wird der Zeitpunkt für die nächste Aktivierung der Source festgelegt.

Unterprogrammaufruf:

    CALL GENERA(ET,PR,*9999)

Parameterliste:

ET   Ankunftsabstände
      Diese Variable legt den nächsten Zeitpunkt für die Erzeugung einer Transaction fest. Wenn die Simulationsuhr beim Aufruf des Unterprogrammes GENERA auf T steht, erfolgt der nächste Sourcestart zur Zeit T + ET.

PR   Priorität der erzeugten Transactions

Die Priorität einer Transaction wird bei der Generierung festgelegt und in TX(LTX,4) eingetragen.

*9999 Fehlerausgang bei Listenüberlauf oder fehlerhaftem Listeneintrag
Über diesen Ausgang wird GENERA verlassen wenn die Source nicht gefunden werden kann, die auf Grund des aktivierten Ereignisses eine Transaction erzeugen soll. Weiterhin wird dieser Ausgang benötigt, wenn keine Transaction erzeugt werden kann, weil die Transaction-Matrix bereits voll besetzt ist.
Es ist ratsam, in beiden Fällen den Simulationslauf abzubrechen. Es wird zur Endabrechnung gesprungen, um einen ordnungsgemäßen Abschluß zu ermöglichen.

Hinweis:

* Nachdem eine Transaction durch das Unterprogramm GENERA erzeugt worden ist, bleibt sie im Zustand aktiv. Das heißt, daß sie mit dem Aufruf der Anweisung fortfährt, die im Unterprogramm ACTIV auf den Unterprogrammaufruf CALL GENERA folgt.

Die Transactions werden von Stationen erzeugt, die Sources heißen. Jede Source besitzt in der Sourceliste eine Zeile. Zur Sourceliste gehört noch der Zeigervektor CHAINS, der die zeitliche Reihenfolge in Form einer Kette realisiert.
Die Sourceliste ist wie folgt dimensioniert:

DIMENSION SOURCL("SRC",3)

Die Elemente haben die folgende Bedeutung:

SOURCL(LSL,1) Generierungszeitpunkt
Für jede Source wird festgehalten, zu welcher Zeit die nächste Transaction erzeugt werden soll.

SOURCL(LSL,2) Zieladresse
Die Zieladresse enthält die Anweisungsnummer für das Unterprogramm GENERA, das die Transaction für die Source erzeugt.

SOURCL(LSL,3) Zahl der von der Source noch zu erzeugenden Transaction
Für jede Source kann angegeben werden, wieviel Transactions erzeugt werden sollen. Bei jeder Generierung einer Transaction wird in GENERA die Anweisung
SOURCL(LSL,3)=SOURCL(LSL,3)-1
durchlaufen. Daher steht in diesem Element die Anzahl der Transactions, die noch erzeugt werden soll.

Hinweise:

* Die Anzahl der Sources, die zur Verfügung stehen soll, ist durch "SRC" festgelegt (siehe Anhang A4 "Dimensionsparameter").

* Die Variable LSL (line source list) bezeichnet die Zeile, die
eine Source in der Sourceliste einnimmt. Die Zeilennummer und die
Nummer der Source sind identisch.

Für jede Source steht aufgrund des Eintrags fest, in welcher Zeit
eine Transaction generiert werden muß. Die zeitliche Reihenfolge
der Sourceaktivierungen wird in dem Vektor CHAINS festgehalten.
Der Kopfanker befindet sich im Vektor LHEAD. Die Zeit für die
Source mit der kleinsten Zeit wird in THEAD geführt. Damit unter-
liegt die Aktivierung der Sources der Überwachung der Ablaufkontrolle, die dann eingreift, wenn FLOWC aufgrund der Eintragung
in THEAD feststellt, daß als nächste Aktivität eine Transaction
generiert werden soll.
Der Zeiger zeigt in diesem Fall auf die Zeile LSL der Source, die
die Generierung durchführen muß.
Wenn eine Transaction erzeugt werden soll, wird im Unterprogramm
FLOWC das Unterprogramm ACTIV aufgerufen. In ACTIV wird aufgrund
der Anweisungsnummer, die sich in SOURCL (LSL,2) befindet, zum
Unterprogramm GENERA verzweigt, das dann die Transaction erzeugt,
aktiviert und auf den Weg durch das Modell schickt.

Hinweis:

* Im Unterprogramm ACTIV wird zu Beginn die Zieladresse bestimmt,
die dann an den Adreßverteiler übergeben wird. Soll eine Transaction generiert werden, so steht die Anweisungsnummer des entsprechenden Unterprogrammaufrufs von GENERA in der Sourceliste. Handelt es sich dagegen um die Aktivierung einer bereits generierten
Transaction, so befindet sich die Zieladresse für den Wiederaufsetzpunkt in der Aktivierungsliste. Der Abschnitt "Bestimmen der
Zieladresse" hat daher die folgende Form:

```
C
C       Bestimmen der Zieladresse
C       =========================
        IF(LSL.GT.0) NADDR = IFIX(SOURCL(LSL,2)+0.5)
        IF(LTX.GT.0) NADDR = IFIX(ACTIVL(LTX,2)+0.5)
```

Die beschriebene Vorgehensweise sorgt dafür, daß die Ablaufkon-
trolle zur gegebenen Zeit feststellt, daß eine Source eine Transaction erzeugen muß. Daraufhin wird in FLOWC das Unterprogramm
ACTIV aufgerufen und die Transaction erzeugt.
Die zeitliche Angabe für die erste Aktivierung der Source muß der
Benutzer durchführen, indem er das Unterprogramm START aufruft.
Von diesem Zeitpunkt an wird für jede Source der Zeitpunkt der
nächsten Transactiongenerierung selbständig bestimmt. Das geschieht im Unterprogramm GENERA, wo nach der Erzeugung einer
Transaction der Zeitpunkt für die nächste Transactionerzeugung in
die Sourceliste eingetragen wird. Das geschieht mit Hilfe des An-
kunftsabstandes ET, der in der Parameterliste von GENERA übergeben wird.

Wenn zur Zeit T eine Transaction erzeugt wird, so wird die Erzeugung der nächsten Transaction zur Zeit T+ET vorgenommen. Das geschieht im Unteprogramm GENERA durch die Anweisung

SOURCL(LSL,1) = T+ET

Das Unterprogramm START startet eine Source, indem der Zeitpunkt der ersten Transactionerzeugung in die Sourceliste eingetragen wird. Das Unterprogramm START kann weiterhin eine Source stillegen oder den Zeitpunkt für eine bereits eingetragene Transactionerzeugung ändern.

Funktion:
Anmelden, Ändern oder Stillegen einer Source

Unterprogrammaufruf:

CALL START(NSC,TSC,IDG,*9999)

NSC   Nummer der Source
       Für jede Source muß getrennt der Startzeitpunkt angegeben werden.

TSC   Startzeit
       Es wird angegeben, zu welcher Zeit die nächste Erzeugung einer Transaction erfolgen soll. Ist noch keine Erzeugung vorgesehen, so handelt es sich um einen Start. Im anderen Fall liegt eine Änderung vor. Weiterhin ist das Stillegen einer Source möglich.
       TSC.LT.O   Stillegen einer Source
       TSC.GE.O   Starten oder Ändern

IDG   Anweisungsnummer des Aufrufs von GENERA
       Es muß für jede Source angegeben werden, welche Anweisungsnummer das Unterprogramm GENERA hat, das die Erzeugung der Transaction für die Source mit der Nummer NSC übernimmt.

*9999 Fehlerausgang
       Das Unterprogramm START wird über den Fehlerausgang verlassen, wenn eine Source gestartet werden soll, die es nicht gibt.

Hinweise:

* Das Unterprogramm START wird im Rahmen im Abschnitt 5 "Source Start" aufgerufen.

* Die Anzahl der Transactions, die von einer Source erzeugt werden sollen, muß vom Benutzer im Rahmen im Abschnitt 4 "Setzen Sourceliste" angegeben werden. Das geschieht, indem in das Element SOURCL(NSC,3) die Anzahl eingetragen wird.

Beispiel:

* Wenn die Source NSC=3 eine Transactionzahl von 100 erzeugen soll, lautet die entsprechende Anweisung im Rahmen:

SOURCL(3,3)=100.

Wenn für eine Source keine Angaben gemacht werden, so arbeitet der Simulator mit der Vorbesetzung, die im Unterprogramm PRESET mit 1.E+10 angegeben wird.

* Es ist möglich, daß ein Unterprogrammaufruf von GENERA Transactions für verschiedene Sources erzeugt (siehe hierzu Bd.3 Kap. 8.2.4 Übung 3 und Übung 4).

Der Einsatz der Unterprogramme GENERA und START wird in Bd.2 Kap. 3.3 "Beispiel" ausführlich demonstriert.

In gleicher Weise wie Transactions durch einen Unterprogrammaufruf erzeugt werden, so werden sie auch wieder durch einen Unterprogrammaufruf vernichtet. Das Unterprogramm, das die Vernichtung einer Transaction durchführt, heißt TERMIN.

Funktion:
Das Unterprogramm vernichtet eine Transaction. Das geschieht, indem die Zeile, die die zu vernichtende Transaction in der Transactionmatrix und in den dazugehörigen Matrizen ACTIVL und CHAINA besetzt, gelöscht wird. Eine Transaction aus dem Modell nehmen heißt ihre Datenbereiche löschen und zur Neubesetzung zur Verfügung stellen.

Unterprogrammaufruf:

CALL TERMIN(*9000)

Parameterliste:

*9000 Ausgang zur Ablaufkontrolle
   Nach der Vernichtung einer Transaction muß auf jeden Fall im Unterprogramm ACTIV zur Anweisung mit der Anweisungsnummer 9000 gesprungen werden. Es wird zum aufrufenden Unterprogramm FLOWC zurückgekehrt, das anschließend den nächsten Zustandsübergang heraussucht.

Hinweise:

* Eine Transaction gibt die Zeile, die sie während ihrer Lebenszeit in der Transactionmatrix besetzt hatte, bei ihrer Vernichtung wieder frei. Die freie Zeile kann durch eine neue Transaction besetzt werden. Aus diesem Grund stehen die Transactions in der Regel ohne Ordnung in der Transactionmatrix. Das Unterprogramm GENERA weist einer neuen Transaction die erste freie Zeile zu, die es in der Transactionmatrix findet.

* Da eine freie Zeile in der Transactionmatrix anschließend an eine neue Transaction wieder vergeben werden kann, muß die Transactionmatrix nur so lang sein, daß sie die maximale Anzahl von Transactions, die zugleich im Modell sind, aufnehmen kann.

3.2.2 Die zeitliche Verzögerung von Transactions

Allgemeine zeitliche Verzögerungen, die Transactions erleiden, werden durch das Unterprogramm ADVANC berücksichtigt.

Funktion:
Eine Transaction, die auf ihrem Weg durch das Modell im Unterprogramm ACTIV auf den Aufruf des Unterprogrammes ADVANC trifft, wird deaktiviert und in den Zustand termingebunden überführt. Nach einer Zeitverzögerung von AT Zeiteinheiten wird sie wieder aktiviert. Sie setzt ihren Weg mit einer Anweisung fort, deren Anweisungsnummer in der Parameterliste übergeben wird. In der Regel wird das die nächstfolgende Anweisung sein.

Unterprogrammaufruf:

       CALL ADVANC(AT,IDN,*9000)

Parameterliste:

AT   Zeitverzögerung
       Es wird angegeben, wieviel Zeiteinheiten eine Transaction
       verzögert werden soll.

IDN   Zieladresse
       Die Zieladresse bezeichnet die Anweisungsnummer der Anwei-
       sung, mit der die Transaction nach der Verzögerung fortfah-
       ren soll.

*9000 Ausgang zur Ablaufkontrolle
       Das Unterprogramm ADVANC deaktiviert eine Transaction. Im
       Anschluß muß zur Ablaufkontrolle zurückgekehrt werden, da-
       mit eine neue Aktivierung herausgesucht werden kann.

Mit den bisherigen Unterprogrammen läßt sich bereits ein kleines Modell zusammenstellen:
Im Abstand von 5 Zeiteinheiten (ZE) sollen Transactions erzeugt werden. Sie werden anschließend 8 ZE verzögert und dann vernichtet.
Das Modell im Unterprogramm ACTIV hat die folgende Form:

```
C
C        Adreßverteiler
C        ===============
         GOTO(1,2),NADDR
C
C        Modell
C        ======
1        CALL GENERA(5.,1.,*9999)
         CALL ADVANC(8.,2,*9000)
2        CALL TERMIN(*9000)
C
C        Rücksprung zur Ablaufkontrolle
C        ==============================
9000     RETURN
```

```
C
C       Adreßausgang zur Endabrechnung
C       ================================
9999    RETURN1
        END
```

Nach der Erzeugung läuft die Transaction auf den Unterprogrammaufruf CALL ADVANC. Hier wird sie 8. ZE verzögert. Nach der Ver-
zögerungszeit wird sie wieder aktiviert. Der neue Wiederaufsetzpunkt ist das Unterprogramm TERMIN mit der Anweisungsnummer 2,
das die Transaction vernichtet.

Das Unterprogramm GENERA und das Unterprogramm TERMIN müssen
Zieladressen tragen. Die Zieladresse 1 ist erforderlich, damit
zum Zeitpunkt der Generierung das Unterprogramm GENERA aufgerufen
werden kann.
Die erzeugte Transaction läuft als nächstes zum Unterprogramm AD-
VANC. Das Unterprogramm kann nur von einer Transaction aufgerufen
werden, die gerade erzeugt worden ist. ADVANC benötigt daher
keine Anweisungsnummer. Nach Beendigung der Verzögerung soll die
Transaction vernichtet werden. Es muß daher das Unterprogramm
TERMIN über eine Anweisungsnummer erreichbar sein.

Im Unterprogramm ADVANC und im Unterprogramm TERMIN wird eine
Transaction deaktiviert. Das bedeutet, daß nach ADVANC und TERMIN
auf jeden Fall die Ablaufkontrolle aufgerufen werden muß. Daher
werden die Unterprogramme ADVANC und TERMIN über den Adreßausgang
*9000 verlassen.

Auch für komplexe Modelle läuft der Modellaufbau im Simulator
GPSS-FOR TRAN Version 3 nach dem soeben beschriebenen Verfahren
ab. Es ist die Aufgabe des Benutzers, die Unterprogrammaufrufe
für die Aktivitäten, die eine Transaction während ihrer Lebenszeit durchläuft, der Reihe nach in ACTIV festzulegen. Anweisungen, die als Wiederaufsetzpunkt infrage kommen, erhalten Anweisungsnummern.
Die korrekte Bearbeitung der einzelnen Zustandsübergänge in der
richtigen Reihenfolge übernimmt die Ablaufkontrolle.

An einem weiteren kleinen Beispiel soll das Vorgehen weiter
erläutert werden:
Eine Transaction soll nach der ersten Zeitverzögerung noch eine
zweite Zeitverzögerung von 5 ZE erleiden.
In diesem Fall ist dem ersten Aufruf von ADVANC ein zweiter Aufruf von ADVANC hinzuzufügen. Das Modell im Unterprogramm ACTIV
hat jetzt die folgende Form:

```
C
C       Adreßverteiler
C       ==============
        GOTO(1,2,3) NADDR
C
C       Modell
C       ======
1       CALL GENERA(5.,1.,*9999)
```

```
        CALL ADVANC(8.,2,*9000)
2       CALL ADVANC(5.,3,*9000)
3       CALL TERMIN(*9000)
```

Man sieht, daß der Adreßverteiler jetzt drei Anweisungsnummern enthält.

Hinweis:

* Auf jeden Fall ist für beide Modelle die Source durch den Aufruf

```
        CALL START(1,0.,1,*9999)
```

im Rahmen zu starten.

3.2.3 Unterprogramme für Gates

Gates sind Stationen, die durch einen logischen Ausdruck gekennzeichnet sind. Hat der logische Ausdruck den Wahrheitswert .TRUE., so können die Transactions das Gate ungestört passieren. Hat dieser logische Ausdruck den Wahrheitswert .FALSE., dann werden die Transactions aufgehalten und in eine Warteschlange eingereiht, die sich vor dem Gate aufbaut.

Wenn sich durch den Ablauf der Zustand des Modells so ändert, daß der Wahrheitswert des logischen Ausdrucks von .FALSE. auf .TRUE. springt, so werden die Transactions in einer Reihenfolge, die von der Policy vorgegeben wird, die Warteschlange und das Gate verlassen und mit der Weiterbearbeitung fortfahren.
Der logische Ausdruck, der zu einem Gate gehört, ist vom Benutzer programmierbar. Er kann jede im Modell vorkommende Variable enthalten.

Eine Transaction, die auf ihrem Lauf durch das Modell auf ein Gate trifft, ruft das hierzu gehörige Unterprogramm GATE auf.

Funktion:
Die Transaction prüft zunächst die logische Bedingung. Hat die Bedingung den Wahrheitswert .TRUE., dann verläßt die Transaction das Unterprogramm sofort wieder und fährt mit der Bearbeitung der Anweisung fort, die auf den Aufruf CALL GATE folgt.
Wenn der logische Ausdruck jedoch den Wert .FALSE. hat, wird die Transaction blockiert und in die Warteschlange vor dem Gate eingeordnet. Anschließend muß die Ablaufkontrolle aufgerufen werden, die eine neue Aktivierung heraussucht.

Unterprogrammaufruf:

```
        CALL GATE(NG,NCOND,IGLOBL,IBLOCK,ID,*9000)
```

Parameterliste:

NG   Nummer des Gates
        Die Gates sind zur Identifikation durchnumeriert.

NCOND   Nummer der Bedingung
        Die Bedingung, auf deren Wahrheitswert das Gate reagiert,
        steht in der logischen Funktion CHECK unter der Anwei-
        sungsnummer, die der Nummer NCOND entspricht.

IGLOBL Parameterkennzeichnung
        Der Parameter IGLOBL gibt Auskunft darüber, ob der logi-
        sche Ausdruck nur globale Parameter enthält. Für diesen
        Fall wird die Wartebedingung nur von der ersten Transac-
        tion geprüft.
        IGLOBL = 0 Der logische Ausdruck enthält private Para-
                   meter
        IGLOBL = 1 Der logische Ausdruck enthält nur globale
                   Parameter

IBLOCK Blockierparameter
        Wenn eine Transaction das erste Mal auf ein Gate läuft,
        kann sie sofort blockiert werden. Sie wartet dann zusammen
        mit den anderen blockierten Transactions auf die Überprü-
        fung der Blockierbedingung. Es ist jedoch auch möglich,
        daß die Transaction bei ihrer Ankunft die Möglichkeit er-
        hält, den logischen Ausdruck sofort zu überprüfen und
        festzustellen, cb sie blockiert werden muß oder nicht.
        IBLOCK = 0 Die Transaction überprüft bei der Ankunft die
                   Wartebedingung
        IBLOCK = 1 Die Transaction wird bei der Ankunft sofort
                   blockiert

ID   Anweisungsnummer des Unterprogrammaufrufes
        Blockierte Transactions können aufgrund der vom Benutzer
        gesteuerten Bedingungsüberprüfung erneut auf das Gate ge-
        schickt werden. Sie rufen daher das Unterprogramm GATE
        noch einmal auf, um die Bedingung erneut zu überprüfen.
        Das Unterprogramm GATE muß aus diesem Grund als möglicher
        Wiederaufsetzpunkt eine Anweisungsnummer tragen.

*9000   Ausgang zur Ablaufkontrolle
        Wenn die Transaction blockiert werden muß, dann muß als
        nächstes die Ablaufkontrolle aufgerufen werden. Das Unter-
        programm GATE wird in diesem Fall über den Ausgang verlas-
        sen, der zur Ablaufkontrolle zurückführt.

Zu jedem Gate gehört eine Bedingung, die vom Benutzer in der
logischen Funktion CHECK festzulegen ist. Jedes Mal, wenn im Modell eine Variable ihren Wert ändert, die in dieser Bedingung erscheint, hat der Benutzer die Überprüfung der Bedingung durch das
Setzen des Testindikators TTEST=T zu veranlassen.
Daraufhin wird nach Bearbeitung aller Aktivitäten, die zur Zeit T
durchgeführt werden müssen, das Unterprogramm TEST aufgerufen.
Der Aufruf von TEST erfolgt von der Ablaufkontrolle aus. Im Unterprogramm TEST hat der Benutzer anzugeben, welche Aktivität
durchgeführt werden soll, falls die Überprüfung der Bedingung ergeben hat, daß der Wahrheitswert auf .TRUE. gesprungen ist.
Bei Gates wird die erforderliche Aktivität das Deblockieren aller
Transactions sein, die sich vor dem Gate in einer Warteschlange
aufgestaut haben.

Beispiel:

* Eine Bedingungsüberprüfung im Unterprogramm TEST könnte die folgende Form haben:

    IF(CHECK(NCOND)) CALL DBLOCK(5,NT,0,0)

Durch die Anweisung

    CALL DBLOCK(5,NT,0,0)

werden alle Transactions, die vor dem Gate mit der Nummer NT in der Warteschlange stehen, deblockiert. Sie werden dann in der Reihenfolge, die der Policy entspricht, erneut auf das Gate geschickt, um die Bedingung zu überprüfen.

Hinweise:

* Das Verfahren, die Transactions erneut zur Bedingungsüberprüfung auf das Gate zu schicken, ist erforderlich, weil eine aktive Transaction, nachdem sie das Gate passiert hat, auf ihren weiteren Weg den Modellzustand so ändern kann, daß die Bedingung für die nachfolgenden Transactions falsch geworden ist.

* Die Überprüfung der Bedingungen im Falle von Gates folgt dem allgemeinen Verfahren, das in Bd.2 Kap. 1.2.2 "Bedingte Zustandsübergänge" beschrieben wurde. Die Überprüfung der Bedingungen für zeitkontinuierliche Modelle wird in Bd.2 Kap. 2.3.4 dargestellt.

Ein einfaches Beispiel gibt Bd.3 Kap. 2.1 "Modell Brauerei I".

Besondere Aufmerksamkeit wendet der Simulator GPSS-FORTRAN Version 3 dem Sachverhalt der globalen Parameter zu.
Eine Variable in der Bedingung heißt globaler Parameter, wenn er nicht eine individuelle Eigenschaft der wartenden Transaction beschreibt.

Enthält eine Bedingung nur globale Parameter, so hat sie für jede Transaction dasselbe Aussehen. Zur Überprüfung der Bedingung genügt die erste Transaction. Wenn die erste Transaction festgestellt hat, daß die Bedingung den Wahrheitswert .FALSE. hat, ist eine Überprüfung der Bedingung durch die restlichen Transactions nicht mehr erforderlich.
Hängt die Bedingung dagegen von einer Variablen ab, die eine Eigenschaft einer Transaction beschreibt, so muß die Bedingung von jeder Transaction überprüft werden.

Beispiel:

* Lastkraftwagen liefern Güter in einem Lager ab. Die Anzahl der Speicherplätze, die im Lager für einen Transport benötigt werden, ist für jede Anlieferung verschieden.
Transporte, die im Lager keinen Platz mehr finden, bauen vor dem Lager eine Warteschlange auf. Jedesmal, wenn im Lager Speicherplatz frei wird, wird geprüft, ob der freie Speicherbereich ausreicht, um einen Transport entladen zu können.

Im Modell wäre der Speicher ein Gate, das auf die folgende Bedingung reagiert: Es ist ausreichend Speicherplatz verfügbar.
Das bedeutet:
(Speicherkapazität - Bestand) .GT. Anforderung

Sobald ein Speicherbereich freigegeben wird, ändert sich eine Variable "Bestand". Es muß daher die Überprüfung der Bedingung veranlaßt werden. In der Bedingung kommt die Variable "Anforderung" vor, die eine Eigenschaft der Transaction beschreibt.

Jede Transaction hat einen unterschiedlichen Speicherplatzbedarf. Das heißt, daß die Bedingung des Gates nicht nur globale Parameter enthält. Die Parameterkennzeichnung IGLOBL in der Parameterliste des Unterprogrammes GATE hat in diesem Fall den folgenden Wert:

IGLOBL = 0

Daraufhin wird im Unterprogramm GATE für jede Transaction in der Warteschlange geprüft, ob die Speicherbelegung möglich ist. Es wäre ja möglich, daß die erste Transaction in der Warteschlange eine sehr große Speicherplatzanforderung hat, die nicht befriedigt werden kann, während eine nachfolgende Transaction einen Bedarf aufweist, der aus dem zur Zeit freien Bestand erfüllt werden könnte.

Eine weitere Besonderheit betrifft den Blockierparameter IBLOCK.

In der Regel erfolgt die Überprüfung der Bedingung durch den Benutzer. Alle Transactions, die auf das Gate treffen, werden blockiert und warten, bis der Benutzer durch Setzen des Testindikators TTEST=T die Bedingungsüberprüfung veranlaßt.
Von diesem Vorgehen kann abgewichen werden, falls der Blockierparameter IBLOCK den folgenden Wert hat:
IBLOCK = 0

Eine Transaction, die neu auf ein Gate trifft, kann dann sofort die Bedingung für sich überprüfen. Die restlichen, bereits wartenden Transactions werden hiervon nicht betroffen.

3.2.4 Umleitung von Transactions

Um in einem Warteschlangenmodell die Steuerung der Transactions durch das Modell zu organisieren, reicht es aus, wenn die beiden Mechanismen "Umleiten aufgrund einer Bedingung" und "Warten aufgrund einer Bedingung" zur Verfügung stehen. "Warten aufgrund von Bedingungen" bedeutet, daß Transactions an beliebigen Stellen im Modell solange aufgehalten werden, bis sich der Modellzustand in einer bestimmten, festgelegten Weise geändert hat. Hierzu bietet der Simulator GPSS-FORTRAN die Gates an.
Von "Umleiten aufgrund einer Bedingung" spricht man, wenn in Abhängigkeit vom Modellzustand eine Transaction zu verschiedenen Stationen geschickt werden kann.
Bei der Umleitung muß man unterscheiden zwischen Umleitung aufgrund des Modellzustandes und Umleitung aufgrund des Zufalls.

Beispiele:

* Wenn eine Warteschlange vor einer Bedienstation länger ist als 10, werden weitere Aufträge nicht mehr angenommen. Die Umleitung erfolgt hier in deterministischer Weise aufgrund des Modellzustandes. Jeder neue ankommende Auftrag kann die Warteschlangenlänge abfragen; er muß sich dann dem Kriterium entsprechend entscheiden.

* Auf einem Förderband werden von 1000 Einheiten von der Prüfstelle im Mittel 8 Einheiten als fehlerhaft aussortiert und in die Reparaturwerkstätte geschickt.
Die Umleitung erfolgt zufällig. Mit einer Wahrscheinlichkeit von 0.008 wird ein Produkt ausgewählt und zu einer besonderen Station weitergeleitet.

Für die Umleitung aufgrund des Modellzustandes ist kein Unterprogramm erforderlich. Die logische IF-Anweisung in Fortran leistet bereits das Gewünschte. Die logische IF-Anweisung hat die folgende Form:

    IF(LOGEXP)a

LOGEXP ist ein logischer Ausdruck, der den Modellzustand beschreibt. Ist der Wert von LOGEXP = .TRUE., so wird die Anweisung a ausgeführt. Anderenfalls wird mit der Bearbeitung der Programmzeile fortgefahren, die auf die IF-Anweisung folgt.
Die Anweisung a kann eine GOTO-Anweisung sein. Es wird hierdurch die Umleitung zu der Station vorgenommen, die für LOGEXP = .TRUE. die Transaction weiterbearbeiten soll.
Für Umleitungen aufgrund des Zufalls bietet der Simulator GPSS-FORTRAN Version 3 das Unterprogramm TRANSF an.

Funktion:
Aus den Transactions, die auf den Unterprogrammaufruf CALL TRANSF laufen, wird zufallsverteilt ein bestimmter Anteil aussortiert und zur angegebenen Anweisungsnummer im Modell geschickt. Die restlichen Transactions fahren mit der Bearbeitung bei der Anweisung fort, die auf den Unterprogrammaufruf folgt.

Unterprogrammaufruf:

    CALL TRANSF(RATIO,MARKE1,IRNUM)

Parameterliste:

RATIO Wahrscheinlichkeit für das Aussortieren
       Dieser Parameter gibt die Wahrscheinlichkeit an, mit der eine Transaction aussortiert und zu der Anweisungsnummer MARKE1 geschickt wird. RATIO muß zwischen 0. und 1. liegen.

MARKE1 Adreßausgang für aussortierte Transactions
       Transactions, die aussortiert worden sind, setzen ihre Bearbeitung bei der Anweisungsnummer MARKE1 fort.

IRNUM   Nummer des Zufallszahlengenerators
        IRNUM ist die Nummer des Zufallszahlengenerators, der ent-
        scheidet, ob eine gerade vorliegende Transaction aussor-
        tiert werden soll oder nicht.

Hinweis:

* Im Simulator GPSS-FORTRAN gibt es 30 unabhängige Zufallszahlengeneratoren. Es gilt daher:
        IRNUM.LE.30

3.2.5 Kombinierte Modelle

Kombinierte Modelle beinhalten zeitkontinuierliche und zeitdiskrete Komponenten. Die Kopplung der beiden Komponenten gelingt
über Bedingungen, die sowohl zeitdiskrete wie zeitkontinuierliche
Variable enthalten.

Beispiele:

* Eine Transaction wird vor einem Gate solange aufgehalten, bis
eine zeitkontinuierliche Variable einen bestimmten Wert erreicht
hat.

* Wenn im Warteschlangenmodell eine bestimmte, vorgegebene Situation eingetreten ist, erfolgt ein bedingtes Ereignis, das die
Differentialgleichungen modifiziert.

Die zeitdiskreten und zeitkontinuierlichen Teilkomponenten laufen
zunächst parallel und ungestört nebeneinander her. Eine Kommunikation findet statt, wenn eine Bedingung erfüllt ist. Es erfolgt
dann ein Eingriff, der entweder ein bedingtes Ereignis oder das
Deblockieren von Transactions beinhaltet.

Das Zusammenwirken von zeitdiskreten Ereignissen und zeitkontinuierlichen Modellkomponenten wurde bereits in Bd.2 Kap. 2.3 "Bedingte Zustandsübergänge" ausführlich dargestellt. Als zusätzliche Möglichkeit kommt hinzu, daß auch zeitdiskrete Variable aus
dem Warteschlangenmodell in den Bedingungen erscheinen können.
Weiterhin ist es möglich, daß die Bedingungen für Gates auf den
Zustand zeitkontinuierlicher Variablen reagieren.

Die ausführliche Beschreibung anspruchsvoller Modelle findet man
in Bd.3 Kap. 2.4 "Modell Brauerei III" und in Bd.3 Kap.6 "Das Modell Tankerflotte".

Besondere Vorkehrungen sind erforderlich, wenn in einem kombinierten Modell, das einen Warteschlangenanteil enthält, private
Parameter einer Transaction in einer Bedingung erscheinen. Ein
derartiger Fall ist in Bd.3 Kap. 2.4.10 "Übungen" für die Übung 3
ausführlich beschrieben.

3.3 Beispielmodell

An einem sehr einfachen Beispiel soll die Vorgehensweise bei der
Simulation von Warteschlangenmodellen dargestellt werden. Es han-
delt sich um das Modell Brauerei I, das in Bd.3 Kap. 2.1 "Modell
Brauerei I" ausführlicher beschrieben wird.

3.3.1 Die Modellbeschreibung

Das Modell Brauerei besteht aus einer Pumpstation und Fässern,
die an der Pumpstation wieder aufgefüllt werden sollen. Die Pumpstation kann jeweils nur ein Faß bedienen.
Vom Zeitpunkt T=0. an wird in Abständen von 10. ZE ein Faß ange-
liefert. Ist die Pumpstation frei, so kann das Faß sofort gefüllt
werden. Die Bearbeitungszeit beträgt genau 11. ZE. Ist die Pumpstation belegt, so muß sich der Auftrag in eine Warteschlange
einreihen.

Der Modellablauf läßt sich durch das nachfolgende Diagramm darstellen.

```
---------------------------------------------------
| ERZEUGEN EINES FASSES IN ABSTAENDEN |
| VON 10 MINUTEN                       |
---------------------------------------------------
                     |
---------------------------------------------------
| BELEGEN DER PUMPSTATION BZW.         |
| EINREIHEN IN DIE WARTESCHLANGE       |
---------------------------------------------------
                     |
---------------------------------------------------
|          BEARBEITEN DES FASSES       |
|                                      |
---------------------------------------------------
                     |
---------------------------------------------------
|        FREIGEBEN DER PUMPSTATION     |
|                                      |
---------------------------------------------------
                     |
---------------------------------------------------
|        VERNICHTEN DES FASSES         |
|                                      |
---------------------------------------------------
```

Die Programmstücke, die die Modellübergänge vornehmen, sind in
GPSS-FORTRAN zu Unterprogrammen zusammengefaßt. Das Simulationsprogramm besteht demnach im wesentlichen aus einer Folge von Unterprogrammaufrufen. Um der Ablaufkontrolle die Möglichkeit zu
geben, diese Unterprogrammaufrufe zu erreichen, sind sie mit
einer Anweisungsnummer versehen. Die Anweisungsnummer dient hierbei als Zieladresse, die angibt, an welcher Stelle im Simula-

tionsprogramm zu einem bestimmten Zeitpunkt mit der Weiterbearbeitung fortgefahren werden soll.
Die für das Modell Brauerei erforderlichen Unterprogramme haben
die folgende Funktion:

* GENERA
Zum Aktivierungszeitpunkt wird eine Source veranlaßt, eine Transaction zu erzeugen. Eine Transaction gilt als erzeugt, wenn für
sie ein Datenbereich angelegt ist, der die wesentlichen Parameter
wie z.B. die Transactionnummer enthält. Eine Transaction wird
ausschließlich durch ihren Datenbereich repräsentiert; der Datenbereich "ist" die Transaction.
Gleichzeitig wird der Zeitpunkt für die nächste Erzeugung einer
Transaction festgelegt. Das geschieht, indem in der Source-Liste
ein neuer Aktivierungszeitpunkt eingetragen wird, der die Zeitdifferenz zwischen dem gegenwärtigen Aktivierungszeitpunkt und
dem Zeitpunkt der neuen Transactionerzeugung berücksichtigt. Der
neue Aktivierungszeitpunkt ergibt sich aus der folgenden Beziehung:

Neuer Aktivierungs- Zeitpunkt	=	Stand der Simulations- Uhr	+	Zeitdifferenz ET bis zur neuen TX-Erzeugung

Das Unterprogramm GENERA modifiziert die Datenbereiche für Sources und Transactions.

* GATE
Das Unterprogramm GATE übernimmt die Verwaltung der Pumpstation.
Hierzu wird die Anzeigevariable IPUMP benötigt. Es gilt:

IPUMP = 0   Pumpe frei
IPUMP = 1   Pumpe belegt

Zum Unterprogramm GATE gehört ein logischer Ausdruck mit der Nummer NCOND=1, der angibt, ob die Pumpe frei ist oder nicht.
Ist die Pumpe frei, so kann sie belegt werden. Ist die Pumpe bereits besetzt, so werden die ankommenden Transactions in den Zustand blockiert versetzt.

* ADVANC
Es wird die Bearbeitung der Transaction simuliert, indem die
Transaction in den Zustand termingebunden überführt wird. Das bedeutet, daß die Transaction ihren Weg durch das Modell solange
unterbrechen muß, bis sie zu dem neuen Termin, der das Ende der
Bearbeitung kennzeichnet, mit einer weiteren Aktivität fortfahren
kann.
Hierzu wird von ADVANC in die Aktivierungsliste der neue Aktivierungszeitpunkt und die Zieladresse IDN eingetragen. Der neue Aktivierungszeitpunkt gibt hierbei an, daß zu dieser Zeit ein neuer
Modellübergang erforderlich ist. Der neue Aktivierungszeitpunkt
ergibt sich aus der folgenden Beziehung:

Neuer Aktivierungs-Zeitpunkt	=	Stand der Simulations-Uhr	+	Bearbeitungs-zeit AT der Transaction

Nach der Bearbeitung soll die Transaction mit der Anweisung fort-fahren, die das Freigeben der Pumpstation darstellt. Das ge-schieht durch die Anweisungen

```
3       IPUMP = 0
        TTEST = T
```

Anschließend wird der Testindikator TTEST=T gesetzt, der die Überprüfung der Bedingung im Unterprogramm TEST veranlaßt.

* TERMIN

Es wird eine Transaction aus dem Modell entfernt, indem der für sie angelegte Datenbereich gelöscht wird.

Das Modell im Unterprogramm ACTIV hat damit folgendes Aussehen:

```
        GOTO(1,2,3), NADDR
C
1       CALL GENERA(10.0,1.,*9999)
C
2       CALL GATE(1,1,1,0,2,*9000)
        IPUMP = 1
C
        CALL ADVANC(11.0,3,*9000)
C
3       IPUMP = 0
        TTEST = T
C
        CALL TERMIN(*9000)
C
9000    RETURN
C
9999    RETURN1
        END
```

Eine ausführliche Beschreibung der Parameterlisten findet man in Bd.3 Kap. 2.1.2 "Die Implementierung im Unterprogramm ACTIV".

Die Anweisungen im Unterprogramm ACTIV müssen ergänzt werden durch den Start der Source zum Zeitpunkt 0. im Rahmen. Die Anwei-sung CALL START(1,0.,1,*7000) sorgt dafür, daß die Source mit der Nummer NSC=1 zur Zeit T=0. die erste Transaction generiert, indem der Unterprogrammaufruf CALL GENERA mit der Anweisungsnummer 1 angesprungen wird. Von da an meldet das Unterprogramm GENERA jede nachfolgende Transactiongenerierung selbständig an.

Eine Transaction, die vom Unterprogramm GENERA erzeugt worden ist, läuft als nächstes zum Aufruf des Unterprogrammes GATE. In GATE wird die Bedingung mit der Nummer NCOND=1 überprüft. Diese Bedingung zeigt im vorliegenden Fall an, ob die Pumpstation frei ist oder nicht. Falls die Pumpstation frei ist, so kann die

Transaction weiterlaufen und die nächste Anweisung bearbeiten. Es
handelt sich um die Anweisung IPUMP = 1.
Diese Anweisung sorgt dafür, daß die Pumpstation geschlossen
wird.

Läuft eine Transaction auf das Unterprogramm GATE während sich
bereits eine andere Transaction in der Pumpstation befindet, so
wird die neu ankommende Transaction blockiert. Das bedeutet, daß
sie im Unterprogramm GATE in die Warteschlange eingeordnet wird.
Da in diesem Fall die Deaktivierung einer Transaction vorgenommen
wurde, muß als nächstes die Ablaufkontrolle aufgerufen werden,
die die nächste Transaction, die zur Bearbeitung ansteht, heraussucht und aktiviert. Daher wird das Unterprogramm GATE über den
Adreßausgang *9000 verlassen. Auf diese Weise wird nach FLOWC zurückgekehrt, von wo aus ACTIV aufgerufen worden war.

Eine Transaction, die die Pumpstation belegt hat, trifft auf ihrem Lauf durch das Modell als nächstes auf den Unterprogrammaufruf CALL ADVANC(11.0,3,*9000).
Hier wird sie auf jeden Fall deaktiviert und in den Zustand termingebunden überführt. Als neuer Aktivierungszeitpunkt wird im
Unterprogramm ADVANC die Zeit T+11.0 in die Aktivierungsliste
eingetragen. Gleichzeitig wird als Wiederaufsetzpunkt und Fort-
setzungsadresse die Anweisungsnummer 3 in die Aktivierungsliste
eingetragen.
Nachdem eine Transaction in ADVANC deaktiviert wurde, muß auf jeden Fall nach FLOWC zurückgekehrt werden.
Wenn die Transaction ihre Bearbeitungszeit hinter sich gebracht
hat, wird die Transaction zur gegebenen Zeit von FLOWC gefunden,
aktiviert und zur Anweisung mit der Anweisungsnummer 3 geschickt.
Sie gibt jetzt die Bedienstation frei und veranlaßt die Prüfung
der Bedingung.

Abschließend erreicht sie in ihrem Lauf durch das Modell den Unterprogrammaufruf CALL TERMIN(*9000).
Hierdurch wird sie aus dem Modell entfernt. Anschließend geht es
auf jeden Fall zurück nach FLOWC.

* Hinweis:

Der Adreßausgang *9999 im Unterprogramm GENERA ist ein Fehlerausgang, der zum Abbruch des Simulationslaufes führt. Er wird eingeschlagen wenn eine Transaction erzeugt werden soll, für die in
der TX-Matrix keine freie Zeile gefunden werden kann.

3.3.2 Der zeitliche Ablauf

Im folgenden wird im Einzelschrittverfahren gezeigt, auf welche
Weise die Ablaufkontrolle im Unterprogramm FLOWC die korrekte
Bearbeitung der Zustandsübergänge durchführt.

Vor Beginn der Simulation sind alle Datenbereiche leer. Sie haben dann die folgende Form:

	EVENTS	SOURCES	TX
THEAD	0.	0.	0.
LHEAD	-1	-1	-1

	T
THEAD	0.
	IPUMP
LHEAD	0

	BHEAD
	-1
	-1
	-1

SOURCL

-1.	0.	0.
-1.	0.	0.
-1.	0.	0.

CHAINS

0
0
0

TX

0.	0.	0.
0.	0.	0.
0.	0.	0.

ACTIVL

-1.	0.
-1.	0.
-1.	0.

CHAINA

0	0
0	0
0	0

Hinweise:

* Die Datenbereiche für THEAD, LHEAD, BHEAD und TX sind nur im Ausschnitt gezeigt. Es ist empfehlenswert, sich das vollständige Aussehen von THEAD, LHEAD, BHEAD und TX zu vergegenwärtigen.

* Der Eintrag von -1 in LHEAD deutet an, daß die Kette leer ist und keine zeitabhängige Aktivität zur Bearbeitung ansteht.

* Die Einträge ACTIVL(LTX,1)=-1 und SOURCL(NSC,1)=-1 sind erforderlich, da 0. als Aktivierungszeit zulässig ist.

* Da keine blockierten Transactions vorhanden sind, sind alle Warteschlangen vor den Stationen leer.
Es gilt daher BHEAD(K) = -1

Durch den Aufruf des Unterprogramms START im Rahmen wird für die Source NSC=1 für die Zeit T=0. die Erzeugung einer Transaction in Auftrag gegeben.

START: SOURCE-START 1 WIRD ANGEMELDET FUER T=0.0

Die Datenbereiche haben jetzt die folgende Form:

	EVENTS	SOURCES	TX	T	BHEAD
THEAD	0.	0.	0.	0.	-1
				IPUMP	-1
LHEAD	-1	1	-1	0	-1

SOURCL

0.	1.	50.
-1.	0.	0.
-1.	0.	0.

CHAINS

-1
0
0

TX

0.	0.	0.
0.	0.	0.
0.	0.	0.

ACTIVL

-1.	0.
-1.	0.
-1.	0.

CHAINA

0	0
0	0'
0	0

Die Source mit der Nummer NSC nimmt in der Source-Liste SOURCL die 1. Zeile ein. Hier steht vermerkt, daß zur Zeit T=0. im Unterprogramm ACTIV die Anweisungsnummer 1 angesprungen werden soll. Die Gesamtzahl der zu erzeugenden Transactions sei 50.

In LHEAD zeigt der Pointer auf die erste Zeile in der Source-
Liste. Als nächstes wird im Rahmen das Unterprogramm FLOWC aufgerufen. Damit beginnt der eigentliche Simulationslauf.
Das Unterprogramm FLOWC findet als erste zu bearbeitende Aktivität den Start der Source NSC=1. Es wird das Unterprogramm GENERA
aufgerufen, das eine Transaction erzeugt. Gleichzeitig wird der
neue Source-Start für die Zeit T=10. angemeldet.
Die gerade erzeugte Transaction läuft weiter zum Unterprogramm
GATE. Da die Pumpstation frei ist, wird GATE passiert, die Pump-
station belegt und ADVANC aufgerufen.
Im Unterprogramm ADVANC wird die Transaction in den Zustand ter-
mingebunden überführt. Der neue Aktivierungszeitpunkt ist T=11.
Die Zieladresse ist die Anweisungsnummer 3.
Anschließend wird zur Ablaufkontrolle zurückgekehrt.

```
GENERA: T=0.0 TR 1., 0.   WIRD ERZEUGT VON SOURCE 1
                          NAECHSTER SOURCE START BEI T = 10.0
GATE  : T=0.0 TR 1., 0.   VERLAESST DAS GATE 1
ADVANC: T=0.0 TR 1., 0.   WIRD BEDIENT BIS T = 11.0000
```

Nach der Deaktivierung der Transaction im Unterprogramm ADVANC
haben die Datenbereiche die folgende Form:

	EVENTS	SOURCES	TX		T		BHEAD
THEAD	0	10.	11.		0.		-1
							-1
				IPUMP			-1
LHEAD	-1	1	1		1		-1

SOURCL			CHAINS
10.	1.	49.	-1
-1.	0.	0.	0
-1.	0.	0.	0

	TX			ACTIVL		CHAINA	
1	0.	0.	11.	3.		−1	0
0.	0.	0.	0.	0.		0	0
0.	0.	0.	0.	0.		0	0

Das Unterprogramm FLOWC erkennt aufgrund der Einträge in THEAD,
da als Aktivität mit dem kleinsten Aktivierungszeitpunkt ein
Source-Start zur Zeit T=10. ansteht. Der Zeiger in LHEAD verweist
auf die Source NSC=1 in der Source-List. Der Source-List ist zu
entnehmen, daß die Erzeugung der Transaction vom Unterprogramm
GENERA mit der Anweisungsnummer 1 durchzuführen ist.
Nach Erzeugung der Transaction mit LTX=2 wird der nachfolgende
Source- Start angemeldet.

Die erzeugte Transaction läuft als nächstes auf das Unterprogramm
GATE. Da die Pumpstation bereits belegt ist, muß die Transaction
blockiert werden. Sie wird in die Warteschlange eingehängt. Das
erkennt man am Eintrag in BHEAD, der jetzt auf die blockierte
Transaction mit LTX=2 zeigt.

```
GENERA : T=10.0000 TR 2., 0. WIRD ERZEUGT VON SOURCE 1
                            NAECHSTER SOURCE START BEI T=20.0
GATE   : T=10.0000 TR 2., 0. WIRD BLOCKIERT AN GATE 1
```

Hinweis:

* Am Anfang des Simulationslaufes ist die Nummer der Transaction
in TX(LTX,1) noch mit der Zeilennummer LTX identisch. Das ändert
sich jedoch, nachdem die erste Transaction vernichtet worden ist
und damit eine vorne stehende Zeile frei geworden ist.

Nachdem die Transaction mit LTX=2 in den Zustand blockiert überführt worden ist, haben die Datenbereiche die folgende Form:

	EVENTS	SOURCES	TX		T		BHEAD
THEAD	0	20.	11.		10.		2
				IPUMP			−1
LHEAD	−1	1	1		1		−1

```
        SOURCL                    CHAINS
   --------------------          ---------
   | 20.| 1. | 48. |            | -1 |
   |-----|-----|-----|          |-----|
   | -1.| 0. | 0. |            |  0 |
   |-----|-----|-----|          |-----|
   | -1.| 0. | 0. |            |  0 |
   --------------------          ---------


        TX                  ACTIVL            CHAINA
   ---------------        ------------      ------------
   | 1. | 0. | 0. |      | 11.| 3. |       | -1 | 0 |
   |-----|-----|-----|   |-----|-----|      |-----|-----|
   | 2. | 0. | 0. |      | -23.| 2. |       | 0 | -1 |
   |-----|-----|-----|   |-----|-----|      |-----|-----|
   | 0. | 0. | 0. |      | 0. | 0. |       | 0 | 0 |
   ---------------        ------------      ------------
```

Man sieht zunächst, daß die Datenbereiche für die Transaction mit LTX=1 unberührt geblieben sind.

Die Transaction mit LTX=2 hängt in der Block-Kette. Als Blockiervermerk trägt sie im Feld ACTIVL (2,1) den Eintrag -23. Das entspricht der zugehörigen Stationsnummer -K für das Gate mit der Nummer NG=1.

Nach der Deaktivierung der blockierten Transaction im Unterprogramm GATE wird das Unterprogramm GATE über den Adreßausgang verlassen. Es wird dadurch zur Ablaufkontrolle zurückgekehrt.

Die Ablaufkontrolle findet als nächsten Aktivierungszeitpunkt die Zeit 11. Es ist eine Transactionaktivierung fällig. Es wird zunächst die Simulationszeit auf T=11. gesetzt. Dann wird in LHEAD festgestellt, daß die Transaction mit LTX=1 aktiviert werden soll. Dem Feld ACTIVL(1,2) entnimmt man, daß die Zieladresse 3 ist.

Die Transaction mit LTX=1 wird demzufolge nach ihrer Aktivierung die Pumpstation freigeben, den Testindikator setzen und dann das Unterprogramm TERMIN aufrufen, das dann die Tansaction vernichtet.

Anschließend wird zur Ablaufkontrolle zurückgekehrt.

TERMIN: T = 11.0000 TR 1.,0. WIRD VERNICHTET

Die Datenbereiche haben vor dem Aufruf von FLOWC die folgende
Form:

	EVENTS	SOURCES	TX		T		BHEAD
THEAD	0	20.	0		11.		2
					IPUMP		-1
LHEAD	-1	1	-1		0.		-1

	SOURCL			CHAINS
	20.	1.	48.	-1
	-1.	0.	0.	-0
	-1.	0.	0.	-0

TX			ACTIVL		CHAINA	
0.	0.	0.	0.	0.	0.	0.
2.	0.	0.	-23.	2.	0	-1
0.	0.	0.	0.	0.	0	0

Die Transaction mit LTX=1 hat die Pumpstation frei gegeben. Man
erkennt den Wert der Variablen IPUMP=0. Die bisher blockierte
Transaction mit LTX=2 kann daher deblockiert werden. Sie muß ihren Lauf durch das Modell bei der Anweisung mit der Anweisungsnummer 2 fortsetzen.

3.3.3 Die blockierten Transactions

Das Gate NG=1 reagiert auf die Bedingung mit der Nummer NCOND=1.
Diese Bedingung ist in der logischen Funktion CHECK niedergelegt.
Sie hat für das Modell Brauerei I die folgende Form:

1   CHECK = IPUMP.EQ.O

Die Überprüfung der Bedingung und das Deblockieren einer Transaction erfolgt im Unterprogramm TEST. Das Unterprogramm TEST hat
die folgende Fom:

    IF(CKECK(1)) CALL DBLOCK(5,1,0,1)

Das Unterprogramm TEST wird von der Ablaufkontrolle in FLOWC jedes Mal aufgerufen, wenn der Testindikator TTEST=T gesetzt wurde.

Im vorliegenden Fall hat die Transaction mit LTX=1 die Pumpsta-
tion freigegeben, indem sie IPUMP=O gesetzt hat. Es wurde eine
Variable modifiziert, die in einer Bedingung vorkommt. Daher hat
die Transaction anschließend sofort die Überprüfung der Bedingung
veranlaßt, indem sie TTEST=T setzt.
Die Transaction setzt zunächst ihren Weg durch das Modell ungestört fort. Sie läuft auf das Unterprogramm TERMIN, das die
Transaction vernichtet. Aufgrund dieser Deaktivierung wird nach
FLOWC zurückgekehrt.
In FLOWC wird festgestellt, daß der Testindikator TTEST=T gesetzt
wurde. Daraufhin wird in FLOWC das Unterprogramm TEST aufgerufen.

TEST überprüft die Bedingung NCOND=1 durch Aufruf der logischen
Funktion CHECK. Da die Pumpstation frei ist, ist IPUMP=O und die
Bedingung damit erfüllt. Es kann daher eine Transaction aus der
Warteschlange deblockiert werden.
Das Deblockieren übernimmt das Unterprogramm DBLOCK.

Wie in Bild 42 ersichtlich, führt der Zustandsübergang Deblockieren zunächst nur in den Zustand termingebunden. Das heißt, daß
die deblockierte Transaction in die Zeitkette eingehängt wird.
Aktivierungszeit ist der aktuelle Stand der Simulationsuhr T.

DBLOCK: T = 11.0000 TR 2.,0, WIRD DEBLOCKIERT

Hinweis:

* Für eine Transaction, die aus dem Zustand blockiert in den Zustand termingebunden überführt worden ist, bleibt die Verkettung
in der Block-Kette erhalten.

Nach Aufruf des Unterprogrammes DBLOCK haben die Datenbereiche
die folgende Form:

	EVENTS	SOURCES	TX
THEAD	0	20.	11.
LHEAD	-1	1	2

	T
THEAD	11.
	IPUMP
LHEAD	0

	BHEAD
THEAD	2
	-1
LHEAD	-1

SOURCL

20.	1.	48.
-1.	0.	0.
-1.	0.	0.

CHAINS

-1
0
0

TX

0.	0.	0.
2.	0.	0.
0.	0.	0.

ACTIVL

0.	0.
-23.	2.
0.	0.

CHAINA

0	0
-1	-1
0.	0.

Man sieht, daß die Transaction mit LTX=2 zusätzlich in der Zeitkette hängt. Der Kopfanker enthält als Aktivierungszeitpunkt die
Zeit 11. LHEAD zeigt auf LTX=2.

Nach dem Aufruf von TEST wird nach FLOWC zurückgekehrt. Hier wird
als nächste Aktivität die Transactionarchivierung zur Zeit T=11.
gefunden. Die Transaction wird aktiviert. Gleichzeitig wird die
Transaction durch den Aufruf des Unterprogrammes NCHAIN in FLOWC
aus der Zeitkette und aus der Blockkette herausgelöst.

Hinweis:

* Eine aktive Transaction hat ihre Position in der Zeitkette und

in der Blockkette verloren. Es ist nicht mehr bekannt, an welcher
Stelle der Kette die Transaction stand.

Nach dem Aufruf des Unterprogrammes NCHAIN in FLOWC haben die Datenbereiche die folgende Form:

	EVENTS	SOURCES	TX		T		BHEAD
THEAD	0.	20.	0.		11.		-1
					IPUMP		-1
LHEAD	-1	1	-1		0		-1

SOURCL

20.	1.	48.
0.	0.	0.
0.	0.	0.

CHAINS

-1
0
0

$\overline{TX}$

0.	0.	0.
2.	0.	0.

ACTIVL

0.	0.
-23.	2.
0.	0.

CHAINA

0.	0.
0	0
0	0

Im Unterprogramm FLOWC wird nach dem Ausketten der Transaction
das Unterprogramm ACTIV aufgerufen. Die Transaction fährt im Modell bei der Anweisung mit der Nummer 2 fort. Es handelt sich im
vorliegenden Fall um den Aufruf von GATE.
Da die Pumpstation frei ist und damit die Bedingung NCOND=1 den
Wahrheitswert .TRUE. besitzt, kann die Transaction das Gate passieren und mit den Folgeanweisungen fortfahren. Die Transaction
wird die Pumpstation schließen und dann das Unterprogramm ADVANC

aufrufen; hier wird sie deblockiert und in den Zustand terminge-
bunden überführt.
Als nächstes würde zu FLOWC zurückgekehrt. Hier würde der Start
der Source zur Zeit T=20. veranlaßt.
Auf die beschriebene Art und Weise erfolgt die Bearbeitung aller
Zustandsübergänge in der korrekten Reihenfolge.

Hinweis:

* Es wird sehr empfohlen, die nächsten Zustandsübergänge selbst
durchzuführen. Dieses Vorgehen führt genau dieselben Schritte
durch wie der Simulator. Es handelt sich demnach um eine Simulation "mit der Hand".

4 Stationen in Warteschlangenmodellen

Die allgemeine Station in einem Warteschlangenmodell ist das
Gate. Mit Hilfe von Gates sind alle Warteschlangenmodelle darstellbar.
Für häufige, immer wiederkehrende Situationen bietet GPSS-FORTRAN
Version 3 besondere Stationen an, die dem Benutzer den Modellaufbau wesentlich erleichtern. In diesen Fällen ist der logische
Ausdruck, der zu einer Station gehört, bereits vom Simulator
festgelegt. Weiterhin ist es für den Benutzer nicht erforderlich,
sich um die Überprüfung der logischen Bedingung zu kümmern. Auch
diese Aufgabe übernimmt der Simulator.

Beispiel:

* Eine Gather-Station sammelt Transactions in einer Warteschlange
bis eine angebbare Anzahl von Transactions zusammengekommen ist.
In diesem Fall dürfen alle bisher blockierten Transactions der
Reihe nach weiterlaufen (siehe Bd.2 Kap. 4.4 "Koordination in
Bearbeitungszweigen"). Die logische, für Gather-Stationen fest
vorgegebene logische Bedingung lautet:

LOGEXP = NTX.EQ.GATHT(NGATH)

NTX   Anzahl der Transactions, die gestaut werden sollen.

GATHT(NG) Anzahl der Transactions, die vor der Gather-Station mit
           der Nummer NGATH bereits eingetroffen sind.

Wenn die Bedingung den Wahrheitswert .TRUE. hat, werden alle bisher blockierten Transactions deaktiviert und dürfen mit ihrer
Bearbeitung fortfahren.
Eine Gather-Station wird durch das Unterprogramm GATHR1 verwaltet. Wenn eine Transaction auf ihrem Weg auf den Unterprogrammaufruf

        CALL GATHR1(NG,NTX,ID,*9000)

trifft, wird sie zunächst blockiert.
Die Überprüfung der Bedingung übernimmt das Unterprogramm GATHR1.
Nach jedem Blockierausgang wird die Bedingung überprüft. Ist sie
erfüllt, so werden alle blockierten Transactions deblockiert. Sie
fahren dann mit der Anweisung fort, die auf den Aufruf CALL
GATHR1 folgt.

Hinweis:

* Im Unterprogramm GATHR1 ist die Bedingung und ihre Überprüfung
bereits enthalten. Durch den Aufruf des Unterprogrammes GATHR1
werden alle erforderlichen Funktionen ohne Zutun des Benutzers
ausgeführt.
Die im Simulator GPSS-FORTRAN Version 3 angebotenen Stationen

wurden in Bd.2 Kap. 3.1.3 "Stationen" in einer Übersicht bereits vorgestellt. Sie sollen im folgenden ausführlicher beschrieben werden.

4.1 Facilities

Facilities sind Bedienungs- und Bearbeitungsstationen, die von genau einer Transaction über einen bestimmten Zeitabschnitt belegt und anschließend wieder frei gegeben werden können (siehe Bild 49). Ist die Facility belegt, so bauen neu ankommende Transactions vor dieser Station eine Warteschlange auf.

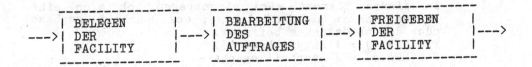

```
           ----------------       ----------------       ----------------
           | BELEGEN      |       | BEARBEITUNG  |       | FREIGEBEN    |
   --->    | DER          |--->   | DES          |--->   | DER          |--->
           | FACILITY     |       | AUFTRAGES    |       | FACILITY     |
           ----------------       ----------------       ----------------
```

Bild 49   Belegung der Facility durch einen Auftrag

Beispiele:

* An der Kasse eines Supermarktes kann jeweils ein Kunde abgefertigt werden. Ist die Kasse von einem Kunden belegt, müssen sich die neu ankommenden Kunden in eine Warteschlange einreihen.

* Der Prozessor einer Rechenanlage kann jeweils einen Prozeß bearbeiten. Alle Prozesse, die sich um den Prozessor bewerben, werden in eine Warteschlange eingereiht. Wird der Prozessor frei, wird aufgrund einer Policy ein neuer Prozeß ausgewählt, der dann den Prozessor belegt. Ist Verdrängung vorgesehen, kann ein neu in die Anlage eingeführter Prozeß den laufenden Prozeß in die Warteschlange zurückverweisen und seine Bearbeitung erzwingen, wenn er aufgrund der Policy bevorrechtigt ist.

Datenbereich:

Es wird die Facility-Matrix benötigt. Sie ist wie folgt definiert:

```
INTEGER FAC
DIMENSION FAC("FAC",3)
```

Die einzelnen Elemente haben die folgende Bedeutung:

FAC(NFA,1) Belegvermerk
          In diesem Feld wird festgehalten, welche Transaction die Facility belegt hat.

          FAC(NFA,1)=0   Die Facility ist frei.

FAC(NFA,1)=LTX Die Transaction, die durch die Zeile

LTX in der Aktivierungsliste gekennzeichnet ist, belegt die Facility.

FAC(NFA,2) Verdrängungsvermerk
Es wird vermerkt, ob ein Verdrängungsvorgang abläuft.
FAC(NFA,2)=0   Es läuft kein Verdrängungsvorgang ab.
Die Facility ist von einer Transaction
belegt, die sich in ihrer normalen Be-
arbeitungsphase befindet.
FAC(NFA,2)= 1 Es läuft ein Verdrängungsvorgang.

FAC(NFA,3) Bearbeitungsphase
In dieses Element wird eingetragen, ob sich eine
Transaction in der Zurüstphase, der Bearbeitungsphase
oder der Abrüstphase befindet.
FAC(NFA,3) = 1 Zurüstphase
FAC(NFA,3) = 2 Bearbeitungsphase
Die Transaction ist unterbrechbar
FAC(NFA,3) =-2 Bearbeitungsphase
Die Transaction ist nicht
unterbrechbar.
FAC(NFA,3) = 3 Abrüstphase

Hinweis:

* Wenn für eine Facility die Belegung mit Hilfe von Verdrängung
nicht vorgesehen ist, wird nur das Element FAC(NFA,1) benötigt.

Die Belegung, Bearbeitung und Freigabe der Facilities erfolgt
durch die Unterprogramme SEIZE, WORK und CLEAR.

4.1.1 SEIZE

Funktion:
Wenn eine Transaction das Unterprogramm SEIZE erreicht, wird geprüft, ob die Facility belegt ist oder nicht. Ist sie noch frei,
so wird sie von der laufenden Transaction belegt. Damit ist sie
für weitere Transactions nicht mehr zugänglich. Ist sie bereits
belegt, wird die ankommende Transaction blockiert und in eine
Warteschlange eingereiht, die vor der Facility aufgebaut wird.

Unterprogrammaufruf:

CALL SEIZE (NFA,ID,*9000)

Parameterliste:

NFA   Nummer der Facility (Typnummer)
Die Facilities werden einzeln durchnumeriert.
ID   Anweisungsnummer des Unterprogrammaufrufes
Wird eine Facility frei, so wählt die Ablaufkontrolle aus
den wartenden Transactions die nächste aus und schickt

sie zur Belegung der Facility zum Unterprogrammaufruf
CALL SEIZE, der die Anweisungsnummer ID trägt.

*9000   Adreßausgang bei Blockierung
Wenn eine Transaction auf eine Facility läuft, die bereits belegt ist, muß sie blockiert werden. In diesem
Fall muß als nächstes die Ablaufkontrolle aufgerufen werden; daher ist im Aufruf dieses Unterprogrammes für den
Adreßausgang stets die Anweisungsnummer *9000 einzusetzen.

Hinweis:

* Eine Facility kann mehrere Eingänge haben, d.h. im Modell können an verschiedenen Stellen Unterprogrammaufrufe CALL SEIZE ein-
gebaut werden, die den gleichen Wert NFA in der Parameterliste
führen (siehe 4.1.6 "Belegen einer Facility in parallelen Bearbeitungszweigen").

4.1.2 WORK

Funktion:
Das Unterprogramm WORK simuliert die Bearbeitung der Transaction
in der Facility. Eine Transaction, die den Unterprogrammaufruf
CALL WORK erreicht, wird für eine Zeit, die der Bearbeitungszeit
WT entspricht, stillgelegt. Sie geht in den Zustand termingebunden über. Nach der Bearbeitungszeit fährt die Transaction mit der
nächsten, zu bearbeitenden Anweisung fort.

Unterprogrammaufruf:

        CALL WORK (NFA,WT,IEX,IDN,*9000,*9999)

Parameterliste:

NFA   Nummer der Facility (Typnummer)
       Die Facilities werden einzeln durchnumeriert.

WT   Bearbeitungszeit
       Diese Variable gibt an, wieviele Zeiteinheiten die Be-
       arbeitungsphase umfassen soll. Wenn die Simulationsuhr
       beim Aufruf des Unterprogrammes WORK auf T steht, erfolgt
       die erneute Aktivierung der Transaction zur Zeit T + WT.

IEX   Verdrängungssperre
       Dieser Parameter gibt an, ob die Transaction, die die Fa-
       cility belegt, verdrängt werden darf oder nicht. Damit ist
       die Möglichkeit gegeben, für bestimmte Transactions ohne
       Berücksichtigung der Priorität die Verdrängung zu verbie-
       ten.
       IEX = 0 Die Transaction, die die Facility besetzt, darf
               verdrängt werden, wenn eine Transaction mit hö-
               herer Priorität bedient werden möchte.
       IEX = 1 Die Transaction, die die Facility belegt, darf
               nicht verdrängt werden. Weitere Transactions, die

während der als ununterbrechbar gekennzeichneten
Phase auf die Facility treffen, werden blockiert.

IDN   Anweisungsnummer der Folgeanweisung
Nach dem Ende der Bearbeitungszeit wird von der Transaction mit der Bearbeitung der Anweisung fortgefahren, die
die Anweisungsnummer IDN trägt.

*9000 Adreßausgang zur Ablaufkontrolle
Eine Transaction, die bearbeitet werden soll, wird deaktiviert und in den Zustand termingebunden überführt. Anschließend wird die Transactionsteuerung aufgerufen, die
eine neue Transactionaktivierung veranlaßt.

*9999 Adreßausgang bei fehlerhafter Belegung
Über diesen Ausgang wird das Unterprogramm WORK verlassen,
wenn das Unterprogramm die Bearbeitung einer Transaction
übernehmen soll, die die Facility nicht belegt.

4.1.3 CLEAR

Funktion:
Durch das Unterprogramm CLEAR wird eine Facility freigegeben.

Unterprogrammaufruf:

        CALL CLEAR (NFA,EXIT1,*9999)

Parameterliste:

NFA   Nummer der Facility (Typnummer)
Die Facilities werden einzeln durchnumeriert.

EXIT1 Adreßausgang bei Verdrängung
Die verdrängte Transaction wird im Unterprogramm CLEAR
blockiert. Anschließend muß die Transactionsteuerung aufgerufen werden. Daher muß unmittelbar oder nach einem benutzereigenen Programmstück der Unterprogrammaufruf mit
der Anweisungsnummer *9000 angesprungen werden.

*9999 Adreßausgang bei fehlerhafter Belegung
Über diesen Ausgang wird CLEAR verlassen, wenn die Freigabe der Facility durch eine Transaction erfolgen soll, die
die Facility nicht belegt hat.

Hinweis:

* Die Bearbeitung einer Transaction in einer Facility, wie sie in
Bild 49 dargestellt ist, wird durch die nachstehende Folge von
Unterprogrammaufrufen simuliert:

```
2       CALL SEIZE (NFA,2,*9999)
        CALL WORK (NFA,WT,IEX,3,*9000,*9999)
3       CALL CLEAR (NFA,*9000,*9999)
```

Für die Belegung der Facility ohne Verdrängung wird der Parameter IEX des Unterprogrammes WORK nicht benötigt. Er kann in diesem Fall beliebig besetzt werden.

Bei Verdrängung wird die Bearbeitung der Transaction, die sich im Besitz der Facility befindet, unterbrochen, um einer neu ankommenden Transaction, die aufgrund der Policy bevorrechtigt ist, die Belegung der Facility zu ermöglichen. Die verdrängte Transaction wird mit einem Vermerk ihrer Restbearbeitungszeit in die Warteschlange vor der Facility zurückverwiesen.

4.1.4 PREEMP

Funktion:
Das Unterprogramm PREEMP dient zur bevorrechtigten Belegung von Facilities. Wenn eine Transaction das Unterprogramm PREEMP erreicht, wird geprüft, ob die Facility frei ist oder nicht. Ist sie noch frei, so wird sie von der laufenden Transaction belegt. Damit ist sie für weitere Transactions nicht mehr zugänglich. Ist sie bereits belegt, wird geprüft, ob die neuankommende Transaction aufgrund der Policy gegenüber der Transaction bevorrechtigt ist, die die Facility belegt. Ist das der Fall, so wird die Transaction, die die Facility belegt hat, veranlaßt, die Facility freizugeben.
Die Verdrängung unterbleibt, wenn die Transaction, die die Facility gerade belegt, als ununterbrechbar gekennzeichnet ist.

Unterprogrammaufruf:

    CALL PREEMP (NFA,ID,*9000)

Parameterliste:

NFA   Nummer der Facility (Typnummer)
       Die Facilities werden einzeln durchnumeriert.

ID   Anweisungsnummer des Unterprogrammaufrufes
       Wird die Facility frei, so wählt die Transactionsteuerung
       aus den wartenden Transactions die nächste aus und schickt
       sie zur Belegung der Facility zum Unterprogrammaufruf CALL
       PREEMP, der die Anweisungsnummer ID trägt.

*9000 Adreßausgang bei Blockierung
       Eine Transaction, die auf den Unterprogrammaufruf CALL
       PREEMP trifft, kann aus den folgenden Gründen blockiert
       werden: Die Facility ist besetzt und Verdrängung ist auf-
       grund der Verdrängungssperre nicht möglich; die ankommende
       Transaction ist gegenüber der Transaction, die die Faci-
       lity belegt, nicht bevorrechtigt.

Hinweis:

* Soll für eine Facility Verdrängung ohne Berücksichtigung der Umrüst zeit vorgenommen werden, so ist das Unterprogramm SEIZE durch das Unterprogramm PREEMP zu ersetzen. Weitere Änderungen

ergeben sich nicht. Die Folge der Unterprogrammaufrufe hat damit die nachstehende Form:

```
2       CALL PREEMP (NFA,2,*9000)
        CALL WORK (NFA,WT,IEX,3,*9000,*9999)
3       CALL CLEAR (NFA,*9000,*9999)
```

Mit Hilfe des Parameters IEX im Unterprogramm WORK kann für jede Transaction individuell die Verdrängungssperre gesetzt werden.

* Es ist die Aufgabe des Unterprogrammes PREEMP, die Verdrängung zu veranlassen. Die Freigabe der Facility nimmt die verdrängte Transaction selbst vor.
Das Vorgehen bei Verdrängung hängt davon ab, in welcher Bearbeitungsphase sich die Transaction befindet, die verdrängt werden soll.
Zurüstphase: Es wird das Verdrängungskennzeichen gesetzt, das anzeigt, daß Verdrängung erforderlich ist. Wenn die Transaction die Zurüstphase durchlaufen hat und das Unterprogramm WORK betritt, wird sie erkannt und sofort zu der Anweisung geschickt, die auf den Unterprogrammaufruf CALL WORK folgt. Diese Anweisung ist entweder der Aufruf des Unterprogrammes KNOCKD, wenn die Abrüstzeit berücksichtigt werden muß oder unmittelbar der Aufruf des Unterprogrammes CLEAR, das die Freigabe der Facility vornimmt.
Bearbeitungsphase: Die belegende Transaction wird zum gleichen Zeitpunkt zu der Anweisung geschickt, die auf den Unterprogrammaufruf CALL WORK folgt.
Abrüstphase: Es sind keine besonderen Vorkehrungen erforderlich. Die Transaction verläßt die Facility von sich aus auf normalem Wege.

* Wenn die Zurüstphase und die Abrüstphase nicht berücksichtigt werden, so gilt für eine belegte Facility immer FAC(NFA,3)=2. Diejenigen Anweisungen, die für die Verdrängung einer Transaction zuständig sind, die sich in ihrer Zurüstphase bzw. Abrüstphase befindet, werden dann nicht durchlaufen. Der Aufbau des Simulationsmodells wird hiervon nicht beeinflußt.

4.1.5 Die Umrüstzeit bei Verdrängung

Eine genaue Untersuchung des Bearbeitungsvorganges in einer Bedienstation zeigt, daß gewöhnlich drei Phasen durchlaufen werden:

* Zurüstphase:
  Die Bedienstation wird betriebsbereit gemacht. Gleichzeitig wird für den Auftrag die Bearbeitungsvorbereitung vorgenommen.

* Bearbeitungsphase
  Der Auftrag wird bearbeitet.

* Abrüstphase
  Die Bedienstation wird in den ursprünglichen Zustand überführt. Der Auftrag wird entfernt.

Beispiele:

* Bei der Reparatur eines PKW in einer Werkstatt läßt sich zunächst die Zurüstphase beobachten. Der PKW wird vom Parkplatz auf den Reparaturstand gebracht. Außerdem werden die erforderlichen Werkzeuge bereitgestellt.
Der Reparatur, die als Bearbeitungsphase aufgefaßt wird, folgt die Abrüstphase. Hier wird das Werkzeug aufgeräumt, der Arbeitsplatz gesäubert und der PKW zurück auf den Parkplatz gefahren.

Wenn keine Verdrängung vorgesehen ist, kann man die drei Phasen zur Gesamtbearbeitungszeit zusammenfassen. Es besteht kein Grund, sie gesondert auszuweisen.
Wenn Verdrängung erfolgen soll, ist dagegen für jeden Verdrängungsvorgang die Umrüstzeit zu berücksichtigen. Die Umrüstzeit umfaßt die Abrüstzeit des Auftrages, der die Bedienstation belegt und die Zurüstzeit des Auftrages, der die Verdrängung veranlaßt hat (siehe Bild 50).

* Im Behandlungszimmer eines Arztes wird ein Notfall gemeldet. Der Patient, der gerade untersucht wird, soll das Behandlungszimmer verlassen und in das Wartezimmer zurückkehren. Hierzu muß sich der Patient ankleiden, während der Arzt die benutzten Geräte aufräumt. Die hierfür erforderliche Zeit entspricht der Abrüstzeit.
Bevor der Notfallpatient behandelt werden kann, müssen die dazugehörigen Vorbereitungen getroffen werden, die die Zurüstphase ausmachen.

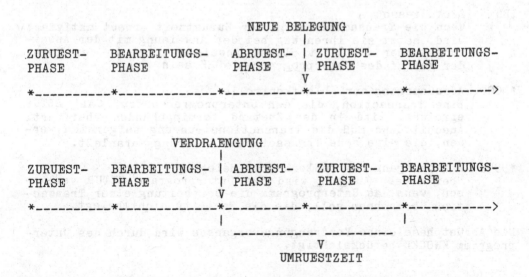

Bild 50   Zeitlicher Ablauf einer Verdrängung bei Berücksichtigung der Umrüstzeit

Durch den beschriebenen Verdrängungsvorgang fällt zusätzlicher
Verwaltungsaufwand in Form der Umrüstzeit an, die sich aus der
Abrüstzeit des ersten Patienten und aus der Zurüstzeit des Not-
fallpatienten zusammensetzt.

In GPSS-F werden die Zurüstzeit und die Abrüstzeit durch die beiden Unterprogramme SETUP bzw. KNOCKD simuliert.
Zunächst wird das Unterprogramm SETUP beschrieben.

Funktion:
Eine Transaction, die den Unterprogrammaufruf CALL SETUP erreicht, wird für eine Zeit, die der Zurüstzeit entspricht, stillgelegt. Sie geht in den Zustand termingebunden über. Zum neuen
Aktivierungszeitpunkt kann sie ihren Weg bei der angegebenen Anweisungsnummer fortsetzen.
Während der Zurüstzeit ist eine Transaction nicht unterbrechbar.

Unterprogrammaufruf:

        CALL SETUP (NFA,ST,IDN,*9000,*9999)

Parameterliste:

NFA   Nummer der Facility (Typnummer)
        Die Facilities werden einzeln durchnumeriert.

ST   Zurüstzeit
        Diese Variable gibt an, wieviele Zeiteinheiten die Zurüst-
        zeit betragen soll.

IDN   Zieladresse
        Wenn die Transaction nach der Zurüstzeit erneut aktiviert
        wird, setzt sie ihren Weg bei der Anweisung mit der Anwei-
        sungsnummer IDN fort. Diese Anweisung wird in der Regel
        der Aufruf des Unterprogrammes WORK sein.

*9000   Adreßausgang zur Ablaufkontrolle
        Eine Transaction, die den Unterprogrammaufruf CALL SETUP
        erreicht, wird in den Zustand termingebunden überführt.
        Anschließend muß die Transactionsteuerung aufgerufen wer-
        den, die eine neue Transactionaktivierung veranlaßt.

*9999   Adreßausgang bei fehlerhafter Belegung
        Über diesen Ausgang wird das Unterprogramm SETUP verlas-
        sen, wenn das Unterprogramm die Bearbeitung einer Transac-
        tion übernehmen soll, die die Facility nicht belegt.

Die Abrüstphase eines Verdrängungsvorganges wird durch das Unterprogramm KNOCKD berücksichtigt.

Funktion:
Eine Transaction, die den Unterprogrammaufruf CALL KNOCKD erreicht, wird für eine Zeit, die der Abrüstzeit entspricht, stillgelegt. Sie geht in den Zustand termingebunden über. Zum neuen
Aktivierungszeitpunkt kann sie ihren Weg bei der angegebenen An-

weisungsnummer fortsetzen.
Während der Abrüstzeit ist eine Transaction nicht unterbrechbar.

Unterprogrammaufruf:

      CALL KNOCKD (NFA,KT,IDN,*9000,*9999)

Parameterliste:

NFA   Nummer der Facility (Typnummer)
      Die Facilities werden einzeln durchnumeriert.

KT   Abrüstzeit
      Diese Variable gibt an, wieviele Zeiteinheiten die Abrüst-
      zeit betragen soll.

IDN   Zieladresse
      Wenn die Transaction nach der Abrüstzeit erneut aktiviert
      wird, setzt sie ihren Weg bei der Anweisung mit der Anwei-
      sungsnummer IDN fort. Diese Anweisung wird in der Regel
      der Aufruf des Unterprogrammes CLEAR sein.

*9000 Adreßausgang zur Ablaufkontrolle
      Eine Transaction, die den Unterprogrammaufruf CALL KNOCKD
      erreicht, wird in den Zustand termingebunden überführt.
      Anschließend muß die Transactionsteuerung aufgerufen wer-
      den, die eine neue Transactionaktivierung veranlaßt.

*9999 Adreßausgang bei fehlerhafter Belegung
      Über diesen Ausgang wird das Unterprogramm KNOCKD verlas-
      sen, wenn das Unterprogramm die Bearbeitung einer Transac-
      tion übernehmen soll, die die Facility nicht belegt.

Hinweise:

* Bei Berücksichtigung der Zurüstzeit und der Abrüstzeit ergibt
sich eine Folge der Unterprogrammaufrufe der nachstehenden Form:

```
2        CALL PREEMP (NFA,2,*9999)
         CALL SETUP (NFA,ST,3,*9000,*9999)
3        CALL WORK (NFA,WT,IEX,4,*9000,*9999)
4        CALL KNOCKD (NFA,KT,5,*9000,*9999)
5        CALL CLEAR (NFA,*9000,*9999)
```

Die Aufrufe für die Unterprogramme SETUP und KNOCKD können in
einfacher Weise in die Folge der Unterprogrammaufrufe eingescho-
ben werden, die die Verdrängung ohne Zurüstzeit und ohne Abrüstzeit simuliert.

* Es ist zu beachten, daß der Unterpro grammaufruf CALL WORK bei
Verwendung des Unterprogrammes SETUP eine Anweisungsnummer tragen
muß.

* Die Unterprogramme SETUP und KNOCKD haben eine Funktion, die
der Funktion von ADVANC ähnlich ist.

Es besteht der folgende Unterschied:
In SETUP und KNOCKD wird zusätzlich zur zeitabhängigen Deaktivierung die Bearbeitungsphase der Facility festgehalten und die Un-
terbrechungssperre gesetzt.

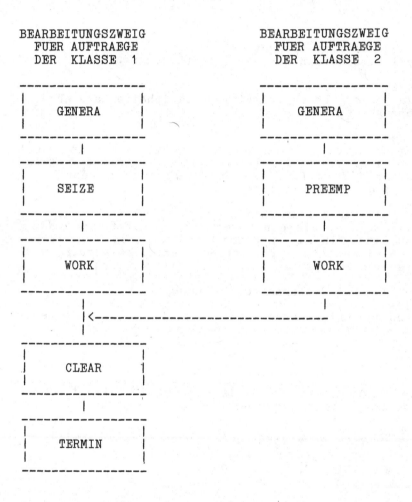

Bild 51   Verdrängung einer Transaction aufgrund
             eines Zeitsignales

4.1.6 Belegen einer Facility in parallelen Bearbeitungszweigen

Es ist möglich, eine Facility von zwei Bearbeitungszweigen aus zu belegen. In beiden Bearbeitungszweigen muß dann jeweils der Unterprogrammaufruf, der die Facility belegt, durchlaufen werden. Es ist darauf zu achten, daß der Parameter NFA (Nummer der Facility) in beiden Unterprogrammaufrufen denselben Wert hat.

Besonders wichtig wird dieses Vorgehen, wenn eine Transaction aufgrund eines äußeren Ereignisses von der Facility verdrängt werden soll.

Beispiel:

* Für eine Bedienstation soll es zwei Klassen von Aufträgen geben, die sich zunächst durch ihre Bearbeitungszeit unterscheiden. Weiterhin sollen die Aufträge der Klasse 2 verdrängen dürfen, während das für Aufträge der Klasse 1 verboten sein soll.

Die Bedienstation, die die Aufträge beider Klassen bearbeitet, ist eine Facility. Die Aufträge der beiden Klassen werden getrennt erzeugt und belegen die Facility durch den Unterprogrammaufruf CALL SEIZE bzw. CALL PREEMP. Wesentlich ist, daß im Aufruf beider Unterprogramme dieselbe Facilitynummer NFA angegeben wird. Den Ablaufplan zeigt Bild 51.

4.1.7 Der Blockiervermerk

Es ist möglich, daß eine aktive Transaction auf eine Facility läuft, die gerade freigegeben wurde und vor der eine Warteschlange steht.
Die Transaction, die die Facility freigibt, wird im Unterprogramm CLEAR die erste Transaction aus der Warteschlange deblockieren und in den Zustand termingebunden überführen. Diese Transaction soll zur aktuellen Zeit T sofort wieder von der Ablaufkontrolle gefunden und zur Belegung auf den Unterprogrammaufruf CALL SEIZE geschickt werden.
Falls zur gleichen Zeit eine andere Transaction aktiviert wird, die dann auf die Facility läuft, kann diese Transaction die freie Facility belegen, obwohl sich nicht von der Policy ausgewählt worden ist.
Ein derartiger Fall ist denkbar, wenn zur Zeit T eine Transaction durch einen Aufruf von GENERA erzeugt wird und dann sofort auf den Unterprogrammaufruf CALL SEIZE läuft. Eine Transaction, die zur gleichen Zeit T deblockiert wurde, wird erst anschließend bearbeitet, da der Reihenfolge in THEAD entsprechend, Source-Starts vor Transaction-Aktivierungen behandelt werden (siehe Bd. 2 Kap. 1.4 "Gleichzeitige Aktivitäten").

Um auszuschließen, daß eine Transaction eine Facility belegt, obwohl eine andere Transaction bereits deblockiert wurde, enthält der Abschnitt "Blockierentscheid" im Unterprogramm SEIZE entsprechende Vorkehrungen.
Wenn die Warteschlange vor der Facility nicht leer ist, wird geprüft, ob die Transaction, die die Facility belegen will, bereits

in der Warteschlange war. Nur in diesem Fall ist eine Belegung
zulässig. Eine derartige Transaction wird daran erkannt, daß in
der Aktivierungsliste im Element ACTIVL(LTX,1) der Blockiervermerk eingetragen ist.

4.2 Multifacilities

Die Multifacilities können als Erweiterungen der Facilities aufgefaßt werden. Zwischen beiden Stationstypen gibt es eine Reihe von Ähnlichkeiten.

4.2.1 Der Aufbau der Multifacilities

Eine Multifacility besteht aus mehreren Service-Elementen, die parallel angeordnet sind und die auf eine gemeinsame Warteschlange zugreifen. Ein Service-Element kann von genau einer Transaction belegt werden.
Die Anzahl m der Service-Elemente, die zu einer Multifacility gehören, kann angegeben werden. Wird m=1, so entartet die Multifacility zu einer einfachen Facility.

Beispiel:

* Eine Rechenanlage mit mehreren Prozessoren kann als Multifacility aufgefaßt werden. Jeder Prozessor gilt als Bedienstation; die Prozesse, die rechenfähig sind und sich daher in der bereit-Menge befinden, bauen vor den Prozessoren eine zentrale Warteschlange auf.

Die Verwaltung der Aufträge in den Warteschlangen und der Service-Elemente in der Multifacility übernehmen die Policy und der Plan.
Die Policy wählt unter den wartenden Aufträgen denjenigen aus, der als nächstes bearbeitet werden soll. Das geschieht unter Berücksichtigung der Prioritäten und von Bedingungen, die der Benutzer festlegen kann.
Der Plan enthält das Verfahren, nach dem die einzelnen Service-Elemente einer Multifacility belegt werden sollen. Für eine einzelne Facility ist ein Plan nicht erforderlich, da eine Auswahl nicht getroffen werden kann.
Eine weitere Funktion übernimmt der Plan bei Verdrängung. Erscheint ein Auftrag mit einer hohen Priorität, die Verdrängung verlangt, so muß entschieden werden, welches Service-Element zu räumen ist.

Beispiel:

* Der Plan FIRST überprüft die Service-Elemente der Reihe nach und weist dem Auftrag das erste freie Element zu, das er findet. Bei jedem Suchvorgang beginnt FIRST wieder bei dem ersten Element. Als Folge hiervon werden die ersten Service-Elemente höher ausgelastet sein als die späteren.
Eine gleichmäßige Auslastung läßt sich durch den Plan FIRST-M (First modified) erreichen. Hier wird der Suchvorgang nicht jedesmal beim ersten Element begonnen, sondern dort fortgesetzt, wo der vorherige Suchvorgang stehen geblieben ist.

* Bei Verdrängung bestimmt der Plan PRIOR (Prioritätenabhängig-
keit), daß das Service-Element, das den Auftrag mit der niedrigsten Priorität bearbeitet, freigeschaltet werden muß.

Eine Multifacility soll symmetrisch heißen, wenn jeder Auftrag
auf jedem Service-Element bearbeitet werden kann. Eine besondere
Zuordnung von Aufträgen zu bestimmten Service-Elementen soll es
nicht geben. Die Multifacilities in GPSS-F sind so aufgebaut, daß
sie für alle neu ankommenden Transactions symmetrisch sind.
Den Aufbau einer Multifacility zeigt Bild 52.

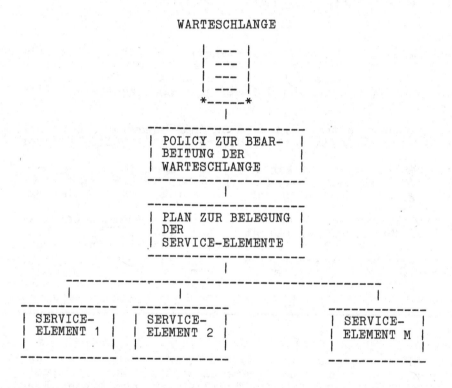

Bild 52   Der Aufbau der Multifacility

Datenbereiche:

Jeder Multifacility wird in GPSS-F in der Multifacility-Matrix (MFAC-Matrix) eine Zeile zugeordnet. Die MFAC-Matrix ist wie folgt definiert:

INTEGER MFAC
DIMENSION MFAC("MFAC",2)

Die einzelnen Elemente haben die folgende Bedeutung:

MFAC(MFA,1) Anzahl der belegten Service-Elemente
            Es wird für die Multifacility mit der Typnummer MFA angegeben, wieviele Service-Elemente augenblicklich belegt sind.

MFAC(MFA,2) Kapazität
            Die Kapazität gibt die Zahl der Service-Elemente an, die der Multifacility insgesamt zur Verfügung stehen.

Die MFAC-Matrix enthält die Parameter, die eine Multifacility als Ganzes kennzeichnen. Daneben wird die Service-Element-Matrix (SE-Matrix) benötigt. Sie enthält diejenigen Daten, die zur Bestimmung eines individuellen Service-Elementes erforderlich sind.
Die SE-Matrix ist wie folgt definiert:

INTEGER SE
DIMENSION SE("SE",3)

Die einzelnen Elemente haben die folgende Bedeutung:

SE(LSE,1) Belegvermerk
          In diesem Element wird eingetragen, ob das Service-Element, das in der SE-Matrix die Zeile LSE besetzt, frei oder belegt ist. Aus dem Belegvermerk ist erkennbar, welche Transaction von diesem Service-Element bearbeitet wird.

          SE(LSE,1)=0   Das Service-Element ist frei.

          SE(LSE,1)=LTX Die Transaction, die durch die Zeile LTX in der Aktivierungsliste gekennzeichnet ist, belegt das Service-Element.

SE(LSE,2) Verdrängungsvermerk
          Es wird vermerkt, ob ein Verdrängungsvorgang abläuft.
          SE(LSE,2)=0 Es läuft kein Verdrängungsvorgang ab. Das Service-Element ist von einer Transaction belegt, die sich in ihrer normalen Bearbeitungsphase befindet.
          SE(LSE,2)=1 Es läuft ein Verdrängungsvorgang.

SE(LSE,3) Bearbeitungsphase
          In dieses Element wird eingetragen, ob sich eine Transaction in der Zurüstphase, der Bearbeitungsphase oder der Abrüstphase befindet.

```
SE(LSE,3) = 1 Zurüstphase
SE(LSE,3) = 2 Bearbeitungsphase
            Die Transaction ist unterbrechbar.
SE(LSE,3) =-2 Bearbeitungsphase
            Die Transaction ist nicht
            unterbrechbar.
SE(LSE,3) = 3 Abrüstphase
```

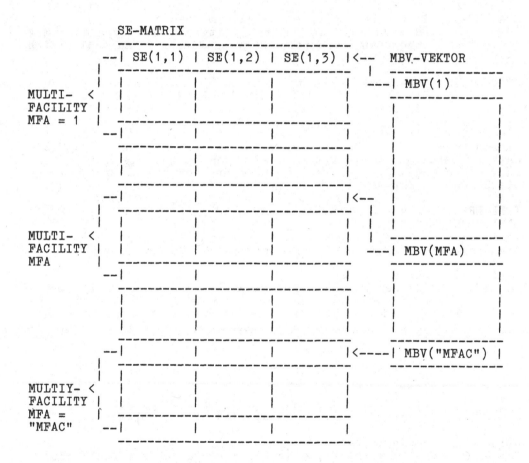

Bild 53   Die SE-Matrix und der Multifacility-Basisvektor

In der SE-Matrix besetzt jedes Service-Element eine Zeile. Damit gibt die Dimension dieser Matrix die Anzahl aller Service-Elemente an, die insgesamt verwendet werden dürfen. Die Zuordnung der

Service-Elemente zu einer Multifacility wird mit Hilfe des Multifacility-Basisvektors vorgenommen. Er ist wie folgt definiert:

```
INTEGER MBV
DIMENSION MBV("MFAC")
```

Das Vektorfeld hat die folgende Bedeutung:

MBV(MFA) Zeilenzeiger auf das erste Service-Element der Multifacility
In der SE-Matrix stehen alle Service-Elemente, die zu
der Multifacility gehören, hintereinander. Der Zeilenzeiger bezeichnet die Zeile für das erste Service-Element.

Die Zuordnung der Service-Elemente zu Multifacilities und die Besetzung des Multifacility-Basisvektors erfolgt im Unterprogramm
INIT2.

Die Aufteilung der SE-Matrix mit Hilfe des Multifacility-Basisvektors zeigt Bild 53.

Hinweis:

* Die Gesamtzahl der Service-Elemente, die dem Benutzer zur Verfügung steht, wird bei der Dimensionierung des Simulators festgelegt (siehe Anhang A4 ´Dimensionsparameter´). Diese Service-Elemente können dann den Multifacilities zugeteilt werden. Die Kapazität einer Multifacility muß in Abschnitt 4 des Rahmens vom Benutzer durch direkten Eintrag in die MFAC-Matrix bestimmt werden
(Ein Beispiel findet man in Bd.3 Kap. 3.4 "Gemeinschaftspraxis").

4.2.2 Belegung, Bearbeitung und Freigabe

Die Belegung, Bearbeitung und Freigabe eines Service-Elementes
einer Multifacility erfolgen durch die Unterprogramme MSEIZE,
MWORK und MCLEAR.
Zunächst wird das Unterprogramm MSEIZE beschrieben.

Funktion:
Wenn eine Transaction das Unterprogramm MSEIZE erreicht, wird geprüft, ob die Multifacility noch ein freies Service-Element aufweist. In diesem Fall wird das Service-Element belegt. War dieses
Service-Element das letzte, das frei war, so wird die Multifacility als belegt gekennzeichnet. Trifft eine Transaction auf eine
belegte Multifacility, wird sie in die Warteschlange eingereiht,
die sich vor der Multifacility aufbaut.

Unterprogrammaufruf:

```
CALL MSEIZE (MFA,ID,*9000,*9999)
```

Parameterliste:

MFA   Nummer der Multifacility (Typnummer)
       Die Multifacilities werden einzeln durchnumeriert.

ID   Anweisungsnummer des Unterprogrammaufrufes
       Alle Transactions, die vom Unterprogramm MSEIZE blockiert
       wurden, werden nach ihrer Aktivierung zur Anweisung mit
       der Anweisungsnummer ID geschickt.

*9000 Adreßausgang bei Blockierung
       Dieser Ausgang ist für den Fall vorgesehen, daß die ankom-
       mende Transaction blockiert wird. Es muß als nächstes die
       Transaction steuerung aufgerufen werden; daher ist im Auf-
       ruf dieses Unterprogrammes für den Adreßausgang stets die
       Anweisungsnummer *9000 einzusetzen.

*9999 Adreßausgang bei fehlerhaftem Plan
       Liegt für die Multifacility kein Belegungsplan vor oder
       kann kein freies Service-Element gefunden werden, obwohl
       die Multifacility noch nicht vollständig belegt ist, so
       wird das Unterprogramm über diesen Ausgang verlassen. Es
       ist ratsam, in diesem Fall den Simulationslauf abzubrechen
       und zur Endabrechnung zu verzweigen.

Die Bearbeitungszeit eines Auftrages in einer Multifacility wird
durch das Unterprogramm MWORK bearbeitet.

Funktion:
Das Unterprogramm MWORK simuliert die Bearbeitung der Transaction
in dem Service-Element einer Multifacility. Eine Transaction, die
den Unterprogrammaufruf CALL MWORK erreicht, wird für eine Zeit,
die der Bearbeitungsphase WT entspricht, stillgelegt. Sie geht in
den Zustand termingebunden über. Nach der Bearbeitungszeit fährt
die Transaction mit der Weiterbearbeitung bei der Anweisung fort,
die die Anweisungsnummer IDN trägt. Das ist in der Regel die Anweisung, die auf den Unterprogrammaufruf CALL MWORK folgt.

Unterprogrammaufruf:

        CALL MWORK (MFA,WT,IEX,IDN,*9000,*9999)

Parameterliste:

MFA   Nummer der Mulfifacility (Typnummer)
       Die Multifacilities werden einzeln durchnumeriert.

WT   Bearbeitungszeit
       Diese Variable gibt an, wieviele Zeiteinheiten die Bear-
       beitungsphase umfassen soll. Wenn die Simulationsuhr beim
       Aufruf des Unterprogrammes MWORK auf T steht, erfolgt die
       erneute Aktivierung der Transaction zur Zeit T + WT.

IEX   Verdrängungssperre
       Dieser Parameter gibt an, ob die Transaction, die bearbei-

tet werden soll, verdrängt werden darf oder nicht. Damit
ist die Möglichkeit gegeben, für bestimmte Transactions
ohne Berücksichtigung der Priorität die Verdrängung zu
verbieten.

IEX = 0 Die Transaction, die ein Service-Element besetzt,
darf verdrängt werden, wenn eine Transaction mit
höherer Priorität bedient werden möchte.

 IEX = 1 Die Transaction, die ein Service-Element belegt,
darf nicht verdrängt werden. Weitere Transactions, die während der als ununterbrechbar gekennzeichneten Phase auf das Service-Element
treffen, werden blockiert.

IDN   Anweisungsnummer des Unterprogrammaufrufes
Nach dem Ende der Bearbeitungszeit kehrt die Transaction
zur Anweisung zurück, die auf den Unterprogrammaufruf CALL
MWORK folgt und die Anweisungsnummer IDN trägt.

*9000 Adreßausgang zur Ablaufkontrolle
Eine Transaction, die bearbeitet werden soll, wird deaktiviert und in den Zustand termingebunden überführt. Anschließend wird die Transactionsteuerung aufgerufen, die
eine neue Transactionaktivierung veranlaßt.

*9999 Adreßausgang bei fehlerhafter Belegung
Über diesen Ausgang wird das Unterprogramm MWORK verlassen, wenn das Unterprogramm die Bearbeitung einer Transaction übernehmen soll, die das entsprechende Service-Element nicht belegt.

Die Freigabe eines Service-Elementes in einer Multifacility übernimmt das Unterprogramm MCLEAR.

Funktion:
Durch das Unterprogramm MCLEAR wird ein Service-Element freigegeben.

Unterprogrammaufruf:

        CALL MCLEAR (MFA,EXIT1,*9999)

Parameterliste:

MFA   Nummer der Multifacility (Typnummer)
Die Multifacilities werden einzeln durchnumeriert.

EXIT1 Adreßausgang bei Verdrängung
Die verdrängte Transaction wird im Unterprogramm MCLEAR
blockiert. Anschließend muß die Transactionsteuerung aufgerufen werden. Daher muß unmittelbar oder nach einem benutzereigenen Programmstück der Unterprogrammaufruf mit
der Anweisungsnummer *9000 angesprungen werden.

*9999 Adreßausgang bei fehlerhafter Belegung
Über diesen Ausgang wird MCLEAR verlassen, wenn die Freigabe der Multifacility durch eine Transaction erfolgen

soll, die die Multifacility nicht belegt hat.

4.2.3 Verdrängung bei Multifacilities

Die Verdrängung bei Multifacilities entspricht der Verdrängung bei Facilities. Es wird die Bearbeitung der Transaction, die sich im Besitz eines Service-Elementes befindet, unterbrochen, um einer neu ankommenden Transaction, die auf Grund der Policy bevorrechtigt ist, die Belegung der Multifacility zu ermöglichen. Die verdrängte Transaction wird mit dem Vermerk ihrer Restbearbeitungszeit in die Warteschlange vor der Multifacility zurückverwiesen.

Die Belegung eines Service-Elements in einer Multifacility mit Verdrängungsmöglichkeit erfolgt mit Hilfe des Unterprogrammes MPREEM.

Funktion:
Wenn eine Transaction den Unterprogrammaufruf CALL MPREEM erreicht, wird geprüft, ob die Multifacility noch freie Service-Elemente aufweist. Ist das der Fall, wird ein Service-Element belegt. War dieses Service-Element das letzte, das frei war, so wird die Multifacility als belegt gekennzeichnet.
Ist sie bereits belegt, so wird geprüft, ob die ankommende Transaction aufgrund der Policy gegenüber den Transactions, die die Multifacility gerade belegen, bevorrechtigt ist. Ist das der Fall, so wird die Transaction, die verdrängt werden soll, veranlaßt, ihr Service-Element freizugeben. Die Verdrängung unterbleibt, wenn alle Transactions, die die Multifacility gerade belegen, als ununterbrechbar gekennzeichnet sind.

Unterprogrammaufruf:

CALL MPREEM (MFA,ID,*9000)

Parameterliste:

MFA   Nummer der Multifacility (Typnummer)
       Die Multifacilities werden einzeln durchnumeriert.

ID   Anweisungsnummer des Unterprogrammaufrufes
       Wird die Multifacility frei, so wählt die Transactionsteuerung aus den wartenden Transactions die nächste aus und schickt sie zur Belegung des Service-Elementes zum Unterprogrammaufruf CALL MPREEM, der die Anweisungsnummer ID trägt.

*9000 Adreßausgang bei Blockierung
       Eine Transaction, die auf den Unterprogrammaufruf CALL MPREEM trifft, kann aus den folgenden Gründen blockiert werden: der OK-Mechanismus verbietet die Belegung der Multifacility; die Multifacility ist besetzt und Verdrängung ist aufgrund der Verdrängungssperre nicht möglich; die ankommende Transaction ist gegenüber den Transactions, die die Multifacility belegen, nicht bevorrechtigt.

*9999 Adreßausgang bei fehlerhaftem Plan
       Liegt für die Multifacility kein Belegungsplan vor, oder
       kann kein freies Service-Element gefunden werden, obwohl
       die Multifacility noch nicht vollständig belegt ist, so
       wird das Unterprogramm über diesen Ausgang verlassen. Es
       ist ratsam, in diesem Fall den Simulationslauf abzubrechen
       und zur Endabrechnung zu verzweigen.

Soll bei Verdrängung die Zurüstzeit und die Abrüstzeit berücksichtigt werden, stehen hierfür die beiden Unterprogramme MSETUP
und MKNOCK zur Verfügung. Im folgenden wird MSETUP beschrieben.
MKNOCK ist analog aufgebaut.

Funktion:
Eine Transaction, die den Unterprogrammaufruf CALL MSETUP erreicht, wird für eine Zeit, die der Zurüstzeit entspricht, stillgelegt. Sie geht in den Zustand termingebunden über. Zum neuen
Aktivierungszeitpunkt kann sie ihren Weg bei der angegebenen Anweisungsnummer fortsetzen.
Während der Zurüstzeit ist eine Transaction nicht unterbrechbar.

Unterprogrammaufruf:

       CALL MSETUP(MFA,ST,IDN,*9000,*9999)

Parameterliste:

MFA   Nummer der Multifacility (Typnummer)
       Die Multifacilities werden einzeln durchnumeriert.

ST   Zurüstzeit
       Diese Variable gibt an, wieviele Zeiteinheiten die Zurüst-
       zeit betragen soll.

IDN   Zieladresse
       Wenn die Transaction nach der Zurüstzeit erneut aktiviert
       wird, setzt sie ihren Weg bei der Anweisung mit der Anwei-
       sungsnummer IDN fort. Diese Anweisung wird in der Regel
       der Aufruf des Unterprogrammes MWORK sein.

*9000 Adreßausgang zur Ablaufkontrolle
       Eine Transaction, die den Unterprogrammaufruf CALL MSETUP
       erreicht, wird in den Zustand termingebunden überführt.
       Anschließend muß die Ablaufkontrolle aufgerufen werden,
       die eine neue Transactionaktivierung veranlaßt.

*9999 Adreßausgang bei fehlerhafter Belegung
       Über diesen Ausgang wird das Unterprogramm MSETUP verlas-
       sen, wenn das Unterprogramm die Bearbeitung einer Transac-
       tion übernehmen soll, die die Multifacility nicht belegt.

4.2.4 Der Plan zur Freigabe und Belegung einzelner Service-Ele-
      mente

Für Multifacilities muß ein Verfahren angegeben werden, das bestimmt, nach welchen Gesichtspunkten ein Service-Element belegt
oder freigegeben werden soll. Dieses Verfahren heißt Plan.
Sind mehrere Service-Elemente einer Multifacility frei, so bestimmt der PLAN-I (plan-in), welches Service-Element von einem
neuen Auftrag belegt werden soll.
In ähnlicher Weise legt der PLAN-O (plan-out) fest, welches Service-Element bei Verdrängung geräumt werden soll, wenn ein neuer
Auftrag die Multifacility betritt und alle Service-Elemente bereits belegt sind.

Funktion:
Die beiden Unterprogramme PLANI und PLANO wählen den Plan aus,
nach dem ein Service-Element belegt bzw. geräumt werden soll.
Für den Plan-I bzw. Plan-O sind von GPSS-F jeweils 5 verschiedene
Verfahren vorgesehen. Als Plan-I wird LFIRST und als Plan-O PRIOR
von GPSS-F bereits zur Verfügung gestellt. Die übrigen Verfahren
können vom Benutzer festgelegt werden.
Im folgenden wird nur PLANI beschrieben; PLANO ist analog aufgebaut.

Unterprogrammaufruf:

        CALL PLANI (MFA)

Parameterliste:

MFA   Nummer der Multifacility (Typnummer)
        Aufgrund der Nummer, die eine Multifacility trägt, wird
        der Plan-I bestimmt, nach dem ein Service-Element belegt
        werden soll.

Datenbereich:

Die Unterprogramme PLANI und PLANO benötigen die Plan-Matrix
PLAMA, In dieser Matrix ist jeder Multifacility eine Zeile zuge-
ordnet, in der der zugehörige Plan-I bzw. Plan-O vermerkt ist.
Die Plan-Matrix ist wie folgt definiert:

INTEGER PLAMA
DIMENSION PLAMA ("MFAC",2)

Die einzelnen Elemente haben die folgende Bedeutung:

PLAMA(MFA,1) Plan-I
        Jeder Plan hat eine Nummer als Kennzeichen. Diese
        Nummer wird vom Benutzer im Abschnitt 4 des Rahmens
        eingetragen und damit der Multifacility MFA ein fe-
        ster Plan-I zugeordnet.

PLAMA(MFA,2) Plan-O
        In gleicher Weise kann der Benutzer jeder Multifa-
        cility einen Plan-O zuordnen.

Insgesamt sind 5 verschiedene Pläne möglich. Der Plan-I mit der Nummer 1 ist bereits von GPSS-F fest vorgegeben. Diese Nummer bezeichnet den von GPSS-F zur Verfügung gestellten Plan LFIRST.

Hinweis:

* Soll ein vom Benutzer erstellter Plan in GPSS-F eingehängt werden, so muß er zur Kennzeichnung eine Nummer und einen Fortran-Namen erhalten. Die Nummer wird an der entsprechenden Stelle in die Plan-Matrix eingetragen. Der Name muß als Unterprogrammaufruf an der Stelle, die der Nummer entspricht, im Unterprogramm PLANI bzw. PLANO stehen.

* Der Plan-O wird nur vom Unterprogramm MPREEM benötigt. Hier muß entschieden werden, welches Service-Element bei Verdrängung geräumt werden soll.

Als Beispiel für einen Plan-I wird das Unterprogramm LFIRST beschrieben. Es ist der einzige Plan, der von GPSS-F angeboten wird. Für andere Fälle hat der Benutzer einen entsprechenden Plan-I nach dem vorgegebenen Muster selbst zu entwickeln.

Funktion:
Das Unterprogramm LFIRST überprüft die Service-Elemente einer Multifacili ty der Reihe nach. Bei jeder neuen Belegung beginnt der Suchvorgang wieder beim ersten Service-Element.

Unterprogrammaufruf:

        CALL LFIRST (MFA)

Parameterliste:

MFA   Nummer der Multifacility (Typnummer)
        Es wird die Nummer der Multifacility benötigt, die belegt
        werden soll

Als Muster für einen Plan-O wird das Unterprogramm PRIOR als Muster angeboten.

Funktion:
Wenn Verdrängung erfolgt, muß festgestellt werden, welches Service-Ele ment geräumt werden soll. Das Unterprogramm PRIOR wählt dasjenige Service-Element aus, das von der Transaction mit der niedrigsten Priorität belegt ist. Hierbei werden nur diejenigen Transactions überprüft, die den beiden folgenden Bedingungen genügen: Die Priorität der Transaction ist niedriger als die Priorität der Transaction, die verdrängen möchte. Die Transaction ist unterbrechbar und befindet sich in ihrer Bearbeitungsphase.
Bei gleicher Priorität wird die erste Transaction ausgewählt, die gefunden wird.

Unterprogrammaufruf:

        CALL PRIOR (MFA)

Parameterliste:

MFA   Nummer der Multifacility (Typnummer)
        Es wird die Nummer der Multifacility benötigt, aus der ein
        Auftrag verdrängt werden soll. *

Hinweis:

* Wenn der Benutzer in der Plan-Matrix PLAMA keine Angaben macht,
wird mit der Vorbesetzung, das heißt mit LFIRST und PRIOR gearbeitet.

4.3 Pools und Storages

Pools und Storages sind Speicher, die durch die Kapazität und den
Bestand charakterisiert sind. Eine Transaction, die auf eine Storage läuft, kann eine bestimmte Zahl von Einheiten belegen. In
ähnlicher Weise können Speicherplätze durch eine Transaction
freigegeben werden. Alle Transactions, deren Speicheranforderungen zum aktuellen Zeitpunkt nicht erfüllt werden können, bauen
vor dem Pool bzw. vor der Storage eine Warteschlange auf.

Beispiel:

* Auf einem Parkplatz wird jedem Pkw vom Parkwächter ein Parkplatz zugewiesen. Ist der Parkplatz besetzt, so werden die ankommenden Pkw in eine Warteschlange eingereiht.

GPSS-F kennt Pools und Storages. Storages führen über die Belegung Buch. Es wird festgehalten, welche Adressen die vergebenen
Speicherplätze haben. Weiterhin wird eine Anforderung, die mehrere Speicherplätze benötigt, in der Regel nur dann bedient, wenn
die gewünschte Anzahl an Speicherplätzen zusammenhängend zur Verfügung steht.

Für Pools wird nur der augenblickliche Bestand und die Kapazität
festgehalten. Gezielte Belegung ist in diesem Fall nicht möglich.

Die Transactions, die vor Pools oder Storages warten, befinden
sich im Zustand blockiert. Der Benutzer muß selbst angeben, zu
welchem Zeitpunkt die Transactions aktiviert werden sollen, damit
sie erneut versuchen können, ihre Speicheranforderungen zu erfüllen. Der Start wird durch den Aufruf des Unterprogrammes DBLOCK
bewirkt. Durch das Deblockieren werden alle vor einer Storage ge-
sperrten Transactions in der Reihenfolge aktiviert, die durch die
Policy festgelegt ist.
Es ist nicht ausreichend, nur die Transaction zu starten, die als
erste in der Warteschlange steht. Die Speicherplatzanforderung
dieser Transaction könnte nicht erfüllbar sein, während sich mög-
licher weise eine Transaction, die sich in der Reihenfolge weiter
hinten befindet, mit ihrem geringeren Bedarf abfertigen ließe.
Die Wartebedingung für die Storage enthält Parameter, die trans-
actionspezifisch sind. Daher muß die Bedingung für jede einzelne
der wartenden Transactions überprüft werden.

Trifft eine Transaction das erste Mal auf einen Pool oder eine
Storage, so sind zwei Fälle zu unterscheiden: Einmal kann die
Transaction sofort in die Warteschlange eingereiht werden. Sie
kann dann nicht prüfen, ob ihre Speicherplatzanforderung erfüll-
bar ist oder nicht; sie muß darauf warten, daß der Benutzer die
Bedingungsüberprüfung veranlaßt. Die zweite Möglichkeit sieht
vor, daß die ankommende Transaction zuerst einmal versucht, ihre
Anforderung zu erfüllen. Sie läuft an den Transactions in der
Warteschlange vorbei und hat sofort Zutritt zum Pool oder zur
Storage. Ist die Anforderung erfüllbar, so kann sie weiterverarbeitet werden; ist die Anforderung nicht erfüllbar, so wird sie
blockiert und wartet mit den anderen Transactions in der Warteschlange auf einen Start.

4.3.1 Pools

Pools benötigen als Datenbereich nur die Pool-Matrix. Das Belegen eines Pool erfolgt mit Hilfe des Unterprogrammes ENTER.

Jedem Pool wird in GPSS-F in der Pool-Matrix eine Zeile zugeordnet. Die Pool-Matrix ist wie folgt definiert:

INTEGER POOL
DIMENSION POOL ("POOL",2)

Die einzelnen Elemente haben die folgende Bedeutung:

POOL(NPL,1) Bestand
        Es wird für den Pool mit der Nummer NPL die Gesamt-
        zahl der Speicherplätze angegeben, die augenblicklich
        besetzt sind.

POOL(NPL,2) Kapazität
        Die Kapazität gibt die Zahl der Speicherplätze an,
        die für den Pool mit der Nummer NPL zur Verfügung
        stehen.

Funktion:
Wenn eine Transaction den Unterprogrammaufruf CALL ENTER erreicht, wird geprüft, ob die Speicherplatzanforderung erfüllbar
ist oder nicht. Ist die Anforderung erfüllbar, so wird der Speicherplatz zugeteilt. Da das Unterprogramm ENTER nur Pools bearbeitet, erfolgt keine Buchführung. Im anderen Fall wird die
Transaction blockiert und vor dem Pool in eine Warteschlange
eingereiht.

Unterprogrammaufruf:

        CALL ENTER (NPL,NE,IBLOCK,ID,*9000)

Parameterliste:

NPL   Nummer des Pools (Typnummer)
        Alle Pools sind einzeln durchnumeriert.

NE   Zahl der zu belegenden Speicherplätze
        Es wird angegeben, wieviele Speicherplätze von einer
        Transaction angefordert werden.

IBLOCK Blockierparameter
        Der Blockierparameter gibt an, ob eine Transaction, die
        das erste Mal auf einen Speicher trifft, sofort blockiert
        werden soll oder erst einmal die Möglichkeit erhält, ihre
        Speicherplatzanforderung zu erfüllen.
        IBLOCK = 0 Die Transaction überprüft bei der Ankunft ihre

                Speicherplatzanforderung.
        IBLOCK = 1 Die Transaction wird bei der Ankunft sofort
                blockiert.

ID   Anweisungsnummer des Unterprogrammaufrufes
          Wird eine blockierte Transaction aktiviert, so wird sie
          erneut zum Unterprogrammaufruf CALL ENTER geschickt, um
          noch einmal zu prüfen, ob ihre Anforderung erfüllbar ist.
          Daher muß der Unterprogrammaufruf die Anweisungsnummer ID
          übergeben.

*9000   Adreßausgang bei Blockierung
          Ist die Speicherplatzanforderung einer Transaction nicht
          erfüllbar, so wird die Transaction blockiert. Anschließend
          muß die Ablaufkontrolle aufgerufen werden; daher ist für
          den Adreßausgang an dieser Stelle stets die Anweisungsnum-
          mer *9000 einzusetzen.

Die Freigabe von Speicherplätzen in einem Pool übernimmt das Unterprogramm LEAVE.

Funktion
Im Unterprogramm LEAVE wird eine angebbare Zahl von Speicherplätzen freigegeben. Da LEAVE nur Pools bearbeitet, wird die Freigabe
nur im Bestand festgehalten. Sollen mehr Speicherplätze freigegeben werden als augenblicklich belegt sind, so wird das Unterprogramm über einen besonderen Ausgang verlassen. Der Benutzer hat
dadurch die Möglichkeit zu entscheiden, welche weitere Maßnahmen
in diesem Fall ergriffen werden sollen.

Unterprogrammaufruf:

          CALL LEAVE (NPL,NE,EXIT1)

Parameterliste:

NPL   Nummer des Pools (Typnummer)
          Alle Pools sind einzeln durchnumeriert.

NE   Zahl der freizugebenden Speicherplätze
          Es wird angegeben, wieviele Speicherplätze von einer
          Transaction freigegeben werden.

EXIT1   Adreßausgang bei erfolgloser Freigabe
          Wenn mehr Speicherplätze freigegeben werden sollen als
          augenblicklich belegt sind, wird das Unterprogramm über
          diesen Ausgang verlassen.

Hinweise:

* Wird das Unterprogramm bei erfolgloser Freigabe über den Adreßausgang MARKE1 verlassen, muß der Benutzer selbst entscheiden,
welche Maßnahmen in diesem Fall ergriffen werden sollen. Handelt
es sich um einen Fehler, so sollte der Simulationslauf abgebrochen werden. Es kann jedoch sein, daß erfolglose Freigabe in
einem Modell vorgesehen ist. In diesem Fall müssen die Transactions blockiert werden und solange warten, bis der Speicher wieder aufgefüllt wird.

4.3.2 Aufbau der Storages

Für Pools ist die Information der POOL-Matrix ausreichend. Soll jedoch über die Speicherbelegung Buch geführt werden, so wird die Segment-Matrix SM benötigt, in der für alle Storages die freien und belegten Speicherplätze verzeichnet sind (Bild 54). Die Segment-Matrix ist das Abbild der Storage. Jeder Speicherplatz wird durch eine Zeile repräsentiert, in der sich alle den Speicherplatz betreffenden Informationen befinden. Um die Speicherverwaltung zu erleichtern, sind alle Speicherplätze, die zusammenhängend frei sind oder die durch eine Anforderung zusammenhängend belegt wurden, zu Bereichen zusammengefaßt. Die Länge eines Bereiches wird in der Segment-Matrix in der Zeile vermerkt, die zu dem ersten Speicherplatz dieses Bereiches gehört.
Die Segment-Matrix ist wie folgt definiert:

INTEGER SM
DIMENSION SM("SM",2)

Die einzelnen Elemente haben die folgende Bedeutung:

SM(LSM,1) Länge des Speicherbereiches
          Alle Speicherplätze, die zusammenhängend belegt oder
          frei sind, bilden einen Bereich, dessen Länge in der
          ersten Zeile vermerkt wird. Die übrigen Zeilen, die zu
          einem Bereich gehören, führen an dieser Stelle eine
          Null.

SM(LSM,2) Kennung
          Jeder Speicherbereich trägt ein Kennzeichen. Von GPSS-F
          wird allen freien Speicherbereichen selbständig als
          Kennzeichen der Freispeichervermerk -1 eingetragen. Die
          belegten Speicherbereiche tragen ein Kennzeichen, das
          der Benutzer bei der Belegung angeben kann.

Die Segment-Matrix wird im Unterprogramm INIT2 so aufgeteilt, daß jeder Storage die Anzahl von Elementen zugeteilt wird, die ihrer Kapazität entspricht. Die jeweils erste Zeile eines Abschnitts, der für eine Storage reserviert ist, wird im entsprechenden Element der Speicherbasis-Matrix SBM eingetragen.

Die Speicherbasis-Matrix ist wie folgt definiert:

INTEGER SBM
DIMENSION SBM("STO",2)

Die einzelnen Elemente haben die folgende Bedeutung:

SBM(NST,1) Beginn einer Storage
           Es wird angegeben, in welcher Zeile der Segment-Matrix
           SM der erste Speicherplatz der Storage NST liegt.

SBM(NST,2) Kapazität der Storage
           Es wird angegeben, welche Kapazität die Storage NST
           haben soll.

Der Benutzer muß die Kapazität einer Storage angeben. Das geschieht, indem der Benutzer im Rahmen im Abschnitt 4 das entsprechende Feld der Speicherbasis-Matrix SBM direkt besetzt.

Beispiel:

* Soll die Storage mit der Nummer NST=3 eine Kapazität von 500 Speicherplätzen haben, so gibt der Benutzer diesen Sachverhalt durch die folgende Zeile an:

        SBM(3,2) = 500

Hinweise:

* Man muß zwischen Abschnitten und Bereichen unterscheiden. Zu Abschnitten sind alle Elemente der Segment-Matrix zusammengefaßt, die einer Storage angehören. Die Anfangszeile eines Abschnitts steht für jede Storage in der Speicherbasis-Matrix. Bereiche sind Speicherplätze, die zusammenhängend frei oder belegt sind. Die Länge eines Bereiches wird in der Segment-Matrix in SM(LSM,1) angegeben. Wird ein freier Bereich teilweise belegt, so wird der ursprüngliche Bereich in neue Bereiche unterteilt.

* Die Gesamtzahl der Speicherplätze, die dem Benutzer zur Verfügung steht, wird bei der Dimensionierung des Simulators festgelegt (siehe Anhang A4 "Dimensionsparameter). Diese Speicherplätze können dann den Storages zugeteilt werden. Die Kapazität einer Storage muß im Rahmen vom Benutzer durch direkten Eintrag in die SBM-Matrix bestimmt werden.

* Das Unterprogramm INIT3 berechnet aus den Angaben, die der Benutzer in Feld SBM(NST,2) gemacht hat, den Beginn eines Abschnittes und trägt ihn in das Feld SBM(NST,1) ein.

4.3.3 Das Belegen und Freigeben von Storages

Das Belegen einer Storage übernimmt das Unterprogramm ALLOC.

Funktion:
Wenn eine Transaction den Unterprogrammaufruf CALL ALLOC erreicht, wird geprüft, ob die Speicherplatzanforderung erfüllbar ist oder nicht. Ist die Anforderung erfüllbar, so wird der Speicherplatz zugeteilt. Da das Unterprogramm ALLOC Storages bearbeitet, wird über die Belegung Buch geführt. Ist der angeforderte Speicher nicht verfügbar, wird die Transaction blockiert und vor der Storage in eine Warteschlange eingereiht.

Unterprogrammaufruf:

        CALL ALLOC (NST,NE,MARK,IBLOCK,LINE,ID,*9000)

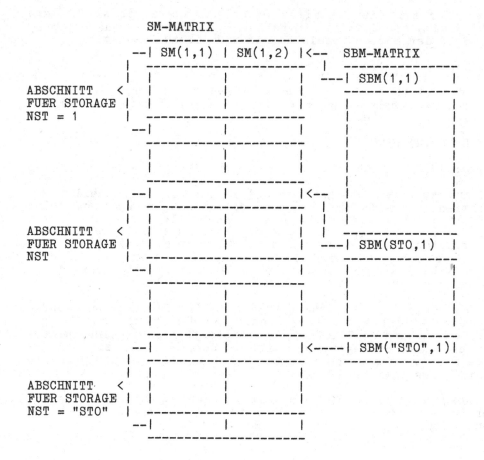

Bild 54   Die SM-Matrix und die Speicherbasis-Matrix

Parameterliste:

NST   Nummer der Storage (Typnummer)
       Alle Storages sind einzeln durchnumeriert.

NE   Zahl der zu belegenden Speicherplätze
       Es wird angegeben, wieviele Speicherplätze von einer
       Transaction angefordert werden.

MARK   Speicherplatzkennzeichen
       Alle Speicherplätze, die durch eine Anforderung belegt
       werden, erhalten eine Kennzeichnung, die durch eine natür-
       liche Zahl verschlüsselt sein muß.

IBLOCK Blockierparameter
       Der Blockierparameter gibt an, ob eine Transaction, die

das erste Mal auf die Storage trifft, sofort blockiert
werden soll oder erst einmal die Möglichkeit erhält, ihre
Speicher platzanforderung zu erfüllen.

IBLOCK = 0 Die Trans action überprüft bei der Ankunft ihre
           Speicherplatzanforderung.
IBLOCK = 1 Die Transaction wird bei der Ankunft sofort
           blockiert.

LINE   Speicherplatzadresse
       In der Variablen LINE wird die Speicherplatzadresse zu-
       rückgegeben, von der an ein Bereich im Speicher angelegt
       wurde.

ID   Anweisungsnummer des Unterprogrammaufrufes
       Wird eine blockierte Transaction aktiviert, so wird sie
       erneut zum Unterprogrammaufruf CALL ALLOC geschickt, um
       noch einmal zu prüfen, ob ihre Anforderung erfüllbar ist.
       Daher muß der Unterprogrammaufruf die Anweisungsnummer ID
       übergeben.

*9000 Adreßausgang bei Blockieren
       Ist die Speicherplatzanforderung einer Transaction nicht
       erfüllbar, so wird die Transaction blockiert. Anschließend
       muß die Ablaufkontrolle aufgerufen werden; daher ist für
       den Adreßausgang an dieser Stelle stets die Anweisungsnum-
       mer *9000 einzusetzen.

Hinweise:

* Die Kennzeichnung der belegten Speicherplätze durch den Parameter MARK kann dazu verwendet werden, um für eine Strategie-F Aus-
wahlkriterien anzugeben. Sie kann z.B. den Zeitpunkt der Einlage-
rung oder ähnliches festhalten. Ist eine Kennzeichnung nicht
vorgesehen, so kann der Parameter MARK beliebig besetzt werden.

* Jeder belegte Speicherplatzbereich ist durch die Nummer der
Storage und die Speicherplatzadresse identifiziert. Es ist darauf
zu achten, daß die von der Variablen LINE angegebene Speicherplatzadresse zur Kennzeichnung nicht ausreicht, wenn mehrere Storages im Modell verwendet werden.

* Sollen die Speicherplätze einzeln belegt werden, so ist das
ohne besonderen Vorkehrungen mögliche. Es werden dann Bereiche
der Länge 1 angelegt, die auf die vorgesehene Art behandelt werden können.

Die Freigabe von Speicherplätzen in einer Storage übernimmt das
Unterprogramm FREE.

Funktion:
Im Unterprogramm FREE wird eine angebbare Zahl von Speicherplät-
zen freigegeben. Da FREE nur Storages bearbeitet, erfolgt die
Freigabe aufgrund der Buchführung. Sollen mehr Speicherplätze
freigegeben werden als augenblicklich belegt sind, so wird das
Unterprogramm durch einen besonderen Ausgang verlassen. Der Be-

nutzer hat dadurch die Möglichkeit, zu entscheiden, welche Maßnahmen in diesem Fall ergriffen werden sollen.

Unterprogrammaufruf:

     CALL FREE (NST,NE,KEY,LINE,EXIT1)

Parameterliste:

NST   Nummer der Storage (Typnummer)
       Alle Storages sind einzeln durchnumeriert. Die Nummer muß
       einen adressierbaren Speicher bezeichnen.

NE   Zahl der freizugebenden Speicherplätze
       Es wird festgehalten, wieviele Speicherplätze von einer
       Transaction freigegeben werden.

KEY   Freigabe-Schlüssel
       Die Variable KEY dient zur Kennzeichnung des Bereiches,
       der freigegeben werden soll. Ist der Bereich eindeutig
       identifiziert, dann verfügt die Storage über keine Strate-
       gie-F. In diesem Fall enthält die Variable KEY die An-
       fangsadresse des freizugebenden Bereiches. Handelt es sich
       um eine Storage mit einer Strategie-F, so kann in der
       Variablen KEY Information übergeben werden, die von der
       Strategie-F zur Auswahl benötigt wird.

LINE   Anfangsadresse des Restbereiches
       Soll von einem Bereich nur ein Teil freigegeben werden, so
       wird in der Variablen LINE die Anfangsadresse des belegten
       Restbereiches zurückgegeben.

EXIT1   Adreßausgang bei erfolgloser Freigabe
       Das Unterprogramm wird in den folgenden beiden Fällen über
       diesen Adreßausgang verlassen: Es wird unter dem angegebe-
       nen Freigabe-Schlüssel kein Bereich gefunden und der ge-
       fundene Bereich enthält weniger Speicherplätze als freige-
       geben werden sollen.

Hinweise:

* Im Parameter KEY muß für Storages ohne Strategie-F die Anfangsadresse des freizugebenden Bereiches eingesetzt werden. Diese Anfangsadresse wird vom Unterprogramm ALLOC im Rückgabeparameter
LINE übergeben.

* Wenn von einem Bereich nur ein Teil freigegeben werden soll, so
wird der Restbereich am Ende des ehemaligen Gesamtbereiches angelegt. Eine gezielte Freigabe, die aus einem Bereich an beliebiger
Stelle Speicherplätze herausgreift, ist nicht möglich. Für diesen
Fall muß vom Benutzer ein eigenes Unterprogramm zur Freigabe erstellt werden.

* Wird das Unterprogramm bei erfolgloser Freigabe über den Adreßausgang MARKE1 verlassen, muß der Benutzer selbst entscheiden,
welche Maßnahmen in diesem Fall ergriffen werden sollen. Handelt

es sich um einen Fehler, so sollte der Simulationslauf abgebrochen werden. Es kann jedoch sein, daß erfolglose Freigabe in
einem Modell vorgesehen ist. In diesem Fall müssen die Transactions in den Zustand blockiert überführt werden und solange warten, bis der Speicher wieder aufgefüllt wird.

4.3.4 Strategien in GPSS-F

In GPSS-F können Speicher durch Pools oder Storages dargestellt
werden. Für Pools genügt es, die Kapazität und den Belegungsstand
zu kennen. Wenn die Speicherplatzanforderung einer Transaction
die Kapazität überschreiten würde, muß die Transaction blockiert
werden.
Für Storages muß auf alle Fälle eine Strategie-A existieren, die
den Speicheranforderungen ihre Plätze zuweist. Eine Strategie-F
ist dagegen nur erforderlich, wenn nicht eindeutig feststeht,
welcher Speicherbereich geräumt werden soll.
In GPSS-F kann für jede Storage angegeben werden, nach welcher
Strategie-A und Strategie-F eine Speicheranforderung bearbeitet
werden soll. Diese Feststellung muß vom Benutzer getroffen werden.
Da die Anforderungen, die an Strategien gestellt werden, sehr unterschiedlich sind, hat der Benutzer die Möglichkeit, für jede
Storage eigene, dem Problem angepaßte Strategien in das Modell
einzuhängen. Für einfache Fälle stellt GPSS-F die zwei Strate-
gien-A First-Fit und Best-Fit zur Verfügung.

Die Auswahl der vom Benutzer gewünschten Strategie übernehmen die
beiden Unterprogramme STRATA und STRATF.

Funktion:
Die Unterprogramme STRATA und STRATF überprüfen eine Storage nach
der zu dieser Storage gehörigen Strategie. Im folgenden wird nur
STRATA beschrieben; STRATF ist analog aufgebaut.

Unterprogrammaufruf:

        CALL STRATA (NST,NE)

Parameterliste:

NST   Nummer der Storage
        Aufgrund der Nummer, die eine Storage trägt, wird die
        Strategie bestimmt, nach der eine Speicherplatzanforderung
        bearbeitet werden soll.

NE   Zahl der zu belegenden Speicherplätze
        Der Wert der Variablen NE gibt an, wieviele Speicherplätze
        durch eine Anforderung belegt werden sollen.

Die Unterprogramme STRATA und STRATF benötigen die Strategie-Matrix STRAMA. In dieser Matrix ist jeder Storage eine Zeile zugeordnet, in der die zugehörige Ein- und Auslagerungsstrategie vermerkt ist. Fehlt der Eintrag für die Strategie-F, so handelt es

sich um einen Speicher mit eindeutig identifizierbarer Belegung.
Die Strategie-Matrix ist wie folgt definiert:

INTEGER STRAMA
DIMENSION STRAMA ("ST01",2)

Die einzelnen Elemente haben die folgende Bedeutung:

STRAMA(NST,1) Strategie-A
          Jede Strategie hat eine Nummer als Kennzeichen.
          Diese Nummer wird vom Benutzer im Abschnitt 4 des
          Rahmens eingetragen und damit der Storage NST eine
          feste Strategie-A zugeordnet.

STRAMA(NST,2) Strategie-F
          In analoger Weise kann jeder Storage eine Auslage-
          rungsstrategie zugeordnet werden.

Für die Strategie-A bzw. Strategie-F sind jeweils 5 Verfahren
möglich. Für die Strategie-A sind im Unterprogramm STRATA die
Strategie-Nummern 1 und 2 sind von GPSS-F bereits fest vergeben.
Sie bezeichnen die von GPSS-F zur Verfügung gestellten Strategien
First-Fit und Best-Fit. Das Unterprogramm STRATF enthält keine
von GPSS-F vorgegebenen Verfahren. Soll eine Strategie-F eingesetzt werden, so muß der Benutzer das entsprechende Unterprogramm
selbst einbringen.

Hinweis:

* Soll eine vom Benutzer erstellte Strategie in GPSS-F eingehängt
werden, so muß sie zur Kennzeichnung eine Nummer und einen Fortran-Namen erhalten. Die Nummer wird an der entsprechenden Stelle
in der Strategie-Matrix eingetragen. Der Name muß als Unterprogrammaufruf an der Stelle, die der Nummer entspricht, im Unterprogramm STRATA bzw. STRATF stehen.

Als Beispiel für eine Strategie-A sei zunächst das Unterprogramm
FFIT beschrieben.

Funktion:
Das Unterprogramm FFIT durchsucht eine Storage nach der Strategie-A First-FIT.

Unterprogrammaufruf:

        CALL FFIT (NST,NE)

Parameterliste:

NST   Nummer der Storage
       Die Nummer der Storage wird benötigt, um den Abschnitt der
       Segment-matrix zu finden, der diese Storage repräsentiert.

NE   Zahl der zu belegenden Speicherplätze
       Es wird nach der Strategie First-Fit eine Lücke gesucht,

die eine Anforderung von NE-Speicherplätzen aufnehmen kann.

Das Unterprogramm BFIT sucht nach der Lücke, die am besten paßt.

Funktion:
Das Unterprogramm BFIT durchsucht eine Storage nach der Strategie-A Best-Fit.

Unterprogrammaufruf:

    CALL BFIT (NST,NE)

Parameterliste:

NST   Nummer der Storage
        Die Nummer der Storage wird benötigt, um den Abschnitt in
        der Segment-Matrix zu finden, der diese Storage repräsentiert.

NE   Zahl der zu belegenden Speicherplätze
        Es wird nach der Strategie Best-Fit eine Lücke gesucht,
        die eine Anforderung von NE Speicherplätzen aufnehmen
        kann.

4.4 Koordination in Bearbeitungszweigen

Für einfache Fälle stellt GPSS-FORTRAN Version 3 Unterprogramme zur Koordination von Transactions in einfachen und parallelen Bearbeitungszweigen zur Verfügung.

4.4.1 Koordinierung in einem Bearbeitungszweig

Die Koordinierung in einem Bearbeitungszweig sieht vor, daß an einer Station eine bestimmte Anzahl von Aufträgen gesammelt wird, bevor diese weitergeleitet werden.

Beispiele:

* Die Postzustellung eines Betriebes wartet mit der Verteilung bis eine bestimmte Anzahl von Sendungen eingetroffen sind. Erst dann übernimmt ein Bote das Austragen.

* Die Führung durch eine mittelalterliche Burg beginnt erst dann, wenn sich 10 Teilnehmer eingefunden haben. Besucher, die eher eintreffen, müssen warten, bis die Gruppe die geforderte Stärke erreicht hat.

Stationen, die zur Koordinierung in einem Bearbeitungszweig dienen, heißen Gather-Stationen. Werden die ankommenden Aufträge ohne Berücksichtigung ihrer Family-Zugehörigkeit gezählt, handelt es sich um eine Gather-Station vom Typ 1. Werden dagegen die Mitglieder einer Family gesondert gesammelt, heißt die Station Gather-Station vom Typ 2. Die Stationen werden von den beiden Unterprogrammen GATHR1 bzw. GATHR2 bearbeitet. Zunächst wird das Unterprogramm GATHR1 beschrieben.

Funktion:
Transactions, die den Unterprogrammaufruf CALL GATHR1 erreichen, werden solange gesperrt, bis eine vom Benutzer angebbare Anzahl an der Station zusammengekommen ist. Wenn dies der Fall ist, wird die Station geöffnet, sodaß die gestauten Transactions gemeinsam mit der Bearbeitung fortfahren können.
Die Family-Zugehörigkeit bleibt unberücksichtigt.

Unterprogrammaufruf:

        CALL GATHR1(NG,NTX,ID,*9000)

Parameterliste:

NG   Nummer der Gather-Station vom Typ 1
        Die Gather-Stationen vom Typ 1 sind einzeln durchnumeriert.

NTX   Anzahl der Transactions, die gestaut werden sollen
        Es wird angegeben, wieviele Transactions zusammenkommen müssen, bevor die Transactions gemeinsam weiterlaufen dürfen.

ID   Anweisungsnummer des Unterprogrammaufrufes
       Wird eine Gather-Station geöffnet, so werden die blockier-
       ten Transactions von der Ablaufkontrolle herausgesucht,
       aktiviert und noch einmal zum Unterprogrammaufruf CALL
       GATHR1 geschickt, der die Anweisungsnummer ID trägt.

*9000 Adreßausgang bei Blockierung
       Wenn die geforderte Anzahl von Transactions noch nicht er-
       reicht ist, wird eine neu ankommende Transaction
       blockiert. Im Anschluß muß die Ablaufkontrolle aufgerufen
       werden.

Datenbereich:

Es wird ein Gather-Zähler benötigt, der für jede Gather-Station
die Anzahl der bereits eingetroffenen Transactions festhält. Er
ist wie folgt definiert:

INTEGER GATHT
DIMENSION GATHT("GATT")

Jeder Gather-Station ist ein Element im Vektor GATHT zugeordnet,
das ihrer Nummer NG entspricht.

4.4.2 Koordination in parallelen Bearbeitungszweigen

Mit Hilfe der User-Chains ist es möglich, von einem Bearbeitungszweig aus einen Stau von Transactions, der in einem parallelen
Bearbeitungszweig entstanden ist, aufzulösen.

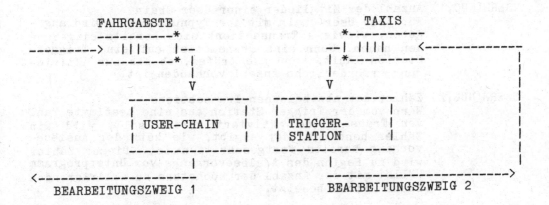

Bild 55   Taxistand als Beipsiel für User-Chains

Vor den User-Chains wird von den ankommenden Transactions eine
Warteschlange aufgebaut. Auf Anforderung kann eine andere Transaction, die auf eine Trigger-Station läuft, eine bestimmte Zahl
von Transactions aus der Warteschlange aushängen und aktivieren.
Alle Transactions werden anschließend weiterbearbeitet.

Beispiel:

* An einem Taxistand stehen Fahrgäste. Jedes Taxi, das am Taxi-
stand vorbeifährt, nimmt eine bestimmte Anzahl von ihnen auf.
Findet ein Taxi keinen Fahrgast vor, wartet es. Nach Abschluß der
Fahrt kehrt das Taxi zum Stand zurück (Bild 55).

Werden die an einer User-Chain ankommenden Transactions ohne Berücksichtigung ihrer Family-Zugehörigkeit gezählt, handelt es
sich um eine User-Chain vom Typ 1. Werden dagegen die Mitglieder
jeder Family gesondert gesammelt, heißt die User-Chain vom Typ 2.

Zu jeder User-Chain gehört eine fest zugeordnete Trigger-Station.
Beide besetzen im Kopfanker für blockierte Transacations je ein
Element. Das erste Element K charakterisiert die User-Chain.
Diese ist geschlossen, wenn Transactions darauf warten, von der
Trigger-Station aus aktiviert zu werden. Das zweite Element K+1
gibt an, ob die Trigger-Station geschlossen ist, weil eine Trans-
action darauf wartet, daß sich an der User-Chain die gewünschte
Anzahl angesammelt hat.
Zur User-Chain vom Typ 1 gehört weiterhin die User-Chain-Matrix.
Sie ist wie folgt definiert:

```
INTEGER USERM
DIMENSION USERM("USER",2)
```

Die beiden Elemente haben die folgende Bedeutung:

USERM(NUC,1) Anzahl der Mitglieder einer User-Chain
             Für jede User-Chain mit der Typnummer NUC wird ange-
             geben, wieviele Transactions sich bereits eingefun-
             den haben. Wenn eine Transaction auf eine Trigger-
             Station läuft, kann sie prüfen, ob die zur Aktivie-
             rung erforderliche Anzahl vorhanden ist.

USERM(NUC,2) Zähler der abzuholenden Transactions
             Wenn von der Trigger-Station aus eine bestimmte Zahl
             von Transactions aktiviert werden soll, wird ein
             Zähler benötigt, der angibt, wie weit der Auslöse-
             vorgang bereits fortgeschritten ist. Dieser Zähler
             wird zu Beginn des Auslösevorgangs vom Unterprogramm
             UNLIN1 mit der Anzahl der höchstens zu aktivierenden
             Transactions besetzt.

Mit Hilfe des Unterprogrammes LINK1 werden die Transactions in
die User-Chain eingehängt.

Funktion:
Eine Transaction, die den Unterprogrammaufruf CALL LINK1 erreicht, wird blockiert und in die Warteschlange vor der User-

Chain eingereiht. Gleichzeitig wird eine Prüfung veranlaßt, die
feststellen soll, ob hierdurch die gewünschte Zahl von Transactions eingetroffen ist.
Soll ein Abholvorgang begonnen werden, wird von der Trigger-Station aus die User-Chain geöffnet. Die vor der User-Chain
blockierten Transactions werden dann von der Transactionsteuerung
herausgesucht und erneut zum Unterprogrammaufruf CALL LINK1 geschickt.

Ist der Abholvorgang beendet und die gewünschte Zahl von Transac-
tions aktiviert worden, schließt das Unterprogramm LINK1 die
User-Chain.
Die Family-Zugehörigkeit bleibt hierbei unberücksichtigt.

Unterprogrammaufruf:

        CALL LINK1 (NUC,ID,*9000)

Parameterliste:

NUC   Nummer der User-Chain vom Typ 1
        Alle User-Chains vom Typ 1 sind einzeln durchnumeriert.
        Der Wert des Parameters NUC bezeichnet ebenfalls die zu
        einer User-Chain gehörige Trigger-Station.

ID   Anweisungsnummer des Unterprogrammaufrufes
        Wird von der Trigger-Station aus ein Abholvorgang begon-
        nen, so werden die vor der User-Chain blockierten Transac-
        tions herausgesucht und noch einmal zum Unterprogrammauf-
        ruf CALL LINK1 geschickt, der die Anweisungsnummer ID
        trägt.

*9000   Adreßausgang bei Blockierung
        Jede Transaction, die auf eine User-Chain trifft, wird zu-
        nächst blockiert. Im Anschluß muß die Ablaufkontrolle
        aufgerufen werden.

Eine Transaction, die in einem parallelen Bearbeitungszweig die
vor einer User-Chain wartenden Transaction auslösen möchte, läuft
hierzu auf eine Trigger-Station. Das geschieht durch den Aufruf
des Unterprogrammes UNLIN1.

Funktion:
Eine Transaction, die den Unterprogrammaufruf CALL UNLIN1 erreicht, prüft, ob die Anzahl der Mitglieder in der User-Chain
einen Wert hat, der größer oder gleich MIN ist. In diesem Fall
wird ein Abholvorgang eingeleitet, der alle vor der User-Chain
blockierten Transactions bis zu einer Zahl MAX aktiviert.
Ist die Anzahl MIN, die für den Abholvorgang erforderlich ist,
noch nicht erreicht, wird die Transaction vor der Trigger-Station
blockiert. Sie wartet dann, bis sich in der User-Chain die ausreichende Zahl von Transactions eingefunden hat.
Die Family-Zugehörigkeit bleibt hierbei unberücksichtigt.

Unterprogrammaufruf:

        CALL UNLIN1(NUC,MIN,MAX,ID,*9000)

Parameterliste:

NUC   Nummer der User-Chain vom Typ 1
        Die Nummer der Trigger-Station ist mit der Nummer der
        dazugehörigen User-Chain identisch. Der Wert des Parame-
        ters NUC bezeichnet den Zähler, der die vor der User-Chain
        blockierten Transactions registriert.

MIN   Mindestzahl
        Ein Abholvorgang kann begonnen werden, wenn sich eine Min-
        destzahl von Transactions vor der User-Chain angesammelt
        hat.

MAX   Maximalzahl
        Der Wert des Parameters MAX gibt an, wieviele Transactions
        höchstens durch einen Abholvorgang aktiviert werden dür-
        fen.

ID   Anweisungsnummer des Unterprogrammaufrufes
        Eine Transaction, die auf eine Trigger-Station läuft, wird
        blockiert, wenn sich vor der dazugehörigen User-Chain noch
        nicht die für den Abholvorgang erforderliche Mindestzahl
        von Transactions eingefunden hat. Jedes Mal, wenn in der
        User-Chain eine weitere Transaction blockiert wird, die
        die Anzahl auf den Wert MIN bringen könnte, wird die vor
        der Trigger-Station blockierte Transaction herausgesucht
        und noch einmal zum Unterprogrammaufruf CALL UNLIN1 ge-
        schickt, der die Anweisungsnummer ID trägt.

*9000   Adreßausgang bei Blockierung
        Eine Transaction, die in der User-Chain nicht die erfor-
        derliche Mindestzahl von Transactions vorfindet, wird
        blockiert. Im Anschluß muß die Transactionsteuerung aufge-
        rufen werden.

4.5 Die Family

Für bestimmte Simulationsaufgaben ist es notwendig, mehrere Transactions als zusammengehörig zu kennzeichnen. Um diese Zusammengehörigkeit bequem darstellen zu können, wird in GPSS-FORTRAN Version 3 das Family-Konzept eingeführt.

4.5.1 Die Zusammengehörigkeit von Aufträgen

Transactions, die einer Family angehören, wahren ihre Identität. Sie tragen jedoch zusätzlich eine besondere Kennzeichnung, die sie als Mitglieder einer bestimmten Family ausweist.
In Analogie zu einer Familie besitzt jede Transaction eine Duplikatsnummer, die sie eindeutig identifiziert und die dem Vornamen eines Familienmitgliedes entspricht. Die Zusammengehörigkeit wird entsprechend dem Familiennamen durch eine Family-Nummer ausgedrückt, die alle Transactions einer Family gemeinsam haben.
Das Family-Konzept erweist sich immer dann als nützlich, wenn Transactions, die einen Bearbeitungszweig durchlaufen, aufgrund bestimmter Eigenschaften unterschiedlich behandelt werden sollen.

Beispiel:

* Zwei Schulklassen besuchen ein Museum. Die Schüler gehen einzeln durch die Räume; vor wichtigen Ausstellungsstücken müssen sie sich nach ihrer Klassenzusammengehörigkeit getrennt versammeln.

Eine Family wird gegründet, indem eine sogenannte Vater-Transaction das Unterprogramm SPLIT aufruft, das weitere Mitglieder in das Modell bringt. Die Family-Nummer ist mit der Nummer der Transaction identisch, die eine Family gründet. Alle Duplikate erhalten ihre Duplikatsnummern, indem laufend hochgezählt wird. Die Duplikatsnummer einer Transaction steht in TX(LTX,2).
Die Parameter, die eine Family kennzeichnen, werden in der Family-Matrix (FAM-Matrix) geführt. Sie ist wie folgt definiert:

```
INTEGER FAM
DIMENSION FAM ("FAM",2)
```

Die Zeilenzahl der FAM-Matrix ist identisch mit der Zeilenzahl der TR-Matrix, da es im ungünstigsten Fall genau so viele Families wie Transactions geben kann.
Wird eine Transaction aktiviert, die Mitglied einer Family ist, so wird in die Variable LFAM die Zeile eingetragen, die zu dieser Family gehört. Die einzelnen Elemente haben die folgende Bedeutung:

FAM(LFAM,1) Anzahl der noch vorhandenen Mitglieder
      In diesem Element steht die Zahl der Family-Mitglieder, die sich noch im Modell befinden. Jedesmal, wenn Duplikate generiert oder vernichtet werden, wird FAM(LFAM,1) auf den neuen Stand gebracht.

FAM(LFAM,2)   Nummer des zuletzt erzeugten Duplikates
Da die Duplikate einer Family zur Identifikation
fortlaufend numeriert werden, muß jedem Aufruf des
Unterprogrammes SPLIT bei der Erzeugung eines neuen
Duplikates bekannt sein, welche Nummer das zuletzt
erzeugte Duplikat hatte.

4.5.2 Erzeugung und Vernichtung von Family-Mitgliedern

Zur Erzeugung und Vernichtung von Family-Mitgliedern stellt GPSS-
FORTRAN Version 3 zwei Unterprogramme zur Verfügung; sie entsprechen den Unterprogrammen GENERA und TERMIN.

Das Unterprogramm SPLIT erzeugt neue Mitglieder einer Family.

Funktion:
Eine Transaction, die auf eine Split-Station läuft, erzeugt eine
angebbare Zahl von Duplikaten. Ist die ursprüngliche Transaction
noch nicht Mitglied einer Family, so wird eine Family gegründet.

Unterprogrammaufruf:

        CALL SPLIT(NDUP,IDN,*9999)

Parameterliste:

NDUP   Zahl der Duplikate
        Hier wird angegeben, wieviele Duplikate erzeugt werden
        sollen.

IDN   Zieladresse der Duplikate
        Die Vater-Transaction fährt bei der Bearbeitung mit der
        Anweisung fort, die auf den Unterprogrammaufruf CALL SPLIT
        folgt. Die Duplikate werden an der Stelle im Modell wei-
        terbearbeitet, die durch die Anweisungsnummer IDN gekenn-
        zeichnet ist.

*9999   Adreßausgang bei Listenüberlauf
        Über diesen Ausgang wird SPLIT verlassen, wenn kein Dupli-
        kat erzeugt werden kann, weil die TX-Matrix oder die FAM-
        Matrix bereits besetzt sind. Es ist ratsam, in diesem Fall
        den Simulationslauf abzubrechen. Es wird zur Endabrechnung
        gesprungen, um einen ordnungsgemäßen Abschluß zu ermögli-
        chen.

Wenn Mitglieder einer Family vernichtet werden sollen, so muß das
Unterprogramm ASSEMB aufgerufen werden.

Funktion:
Das Unterprogramm ASSEMB vernichtet Transactions derselben Family, bis die im Unterprogrammaufruf angegebene Zahl erreicht
ist. Die letzte Transaction wird nicht vernichtet, sondern kann
mit der Bearbeitung fortfahren. Auf diese Weise werden mehrere
Transactions zu einer einzigen zusammengefaßt.

Beispiel:

* Die verschiedenen Bauteile eines Werkstückes treffen einzeln
auf einem Montagestand ein und werden hier zusammengesetzt. Anschließend läuft das Werkstück als eine Einheit zur nächsten Be-
arbeitungsstation.

Unterprogrammaufruf:

        CALL ASSEMB(NASS,NTX,*9000)

Parameterliste:

NASS   Nummer der Assemb-Station (Typnummer)
       Die Assemb-Stationen sind durchnumeriert. Jede einzelne
       Station kann über ihre Typ-Nummer angesprochen werden.

NTX   Zahl der zu vereinigenden Transactions
       NTX gibt an, wieviele Transactions zu einer einzigen zu-
       sammengefaßt werden sollen.

*9000 Adreßausgang zur Transactionsteuerung
       Wenn eine Transaction vernichtet worden ist, muß anschlie-
       ßend die Ablaufkontrolle aufgerufen werden, damit die
       nächste Transaction aktiviert werden kann.

Datenbereich:

Um festzuhalten, wieviele Transactions einer Family an einer As-
semb- Station bereits angekommen sind, müssen für alle Families
an jeder Station Zähler vorhanden sein. Sie befinden sich in der
ASM-Matrix. Sie ist wie folgt definiert:

INTEGER ASM
DIMENSION ASM("FAM","ASM")

Jede einzelne Assemb-Station hat für alle Families je einen Zähler. Sie befinden sich in der zu einer Station gehörigen Spalte
der ASM-Matrix. In einer Zeile stehen dann die Zähler der verschiedenen Assemb-Stationen, die für jeweils eine Family zuständig sind.

4.5.3 Die Koordination von Family-Mitgliedern in einem Bearbei-
      tungszweig

Die Gather-Stationen und User-Chains vom Typ 1 ermöglichen die
Koordination von Transactions ohne Berücksichtigung der Family-
Zugehörigkeit. Soll sich die Koordination nur auf Transactions
erstrecken, die derselben Family angehören, müssen Gather-Stationen und User-Chains vom Typ 2 verwendet werden.

Die Funktion der Gather-Stationen für Families entspricht der
Funktion der gewöhnlichen Gather-Stationen (siehe Bd.2 Kap. 4.4).
Beide Stationen dienen der Koordination von Transactions in einem
Bearbeitungszweig. Die Gather-Stationen für Families zeigen je-

doch die folgenden beiden Besonderheiten:
a)   Transactions, die nicht Mitglieder einer Family sind, werden
      nicht berücksichtigt; sie durchlaufen die Station ungestört.
b)   Die Transactions, die auf eine Gather-Station treffen, wer-
      den nach Families sortiert und getrennt gezählt. Ein Stau
      wird erst dann aufgelöst, wenn sich die geforderte Anzahl
      von Transactions einer Family eingefunden hat.

Das Unterprogramm, das Staus für Family-Mitglieder anlegt, heißt
GATHR2.

Funktion:
Transactions, die den Unterprogrammaufruf CALL GATHR2 erreichen,
werden solange blockiert, bis eine vom Benutzer angebbare Anzahl
an der Station zusammengekommen ist. Wenn das der Fall ist, wird
die Station geöffnet, sodaß die gestauten Transactions gemeinsam
mit der Bearbeitung fortfahren können. Die Family-Zugehörigkeit
wird berücksichtigt. Transactions, die nicht Mitglied einer Family sind, durchlaufen die Station ungestört.

Unterprogrammaufruf:

        CALL GATHR2(NG,NTX,ID,*9000)

Parameterliste:

NG   Nummer der Gather-Station vom Typ 2
        Die Gather-Stationen für Families sind einzeln durchnume-
        riert.

NTX   Anzahl der Transactions, die gestaut werden sollen
        Es wird angegeben, wieviele Transactions einer Family zu-
        sammenkommen müssen, bevor die Transactions gemeinsam wei-
        terlaufen dürfen.

ID   Anweisungsnummer des Unterprogrammaufrufes
        Wird eine Gather-Station geöffnet, so werden die blockier-
        ten Transactions von der Transactionsteuerung herausge-
        sucht, aktiviert und noch einmal zum Unterprogrammaufruf
        CALL GATHR2 geschickt, der die Anweisungsnummer ID trägt.

*9000   Adreßausgang bei Blockierung
        Wenn die geforderte Anzahl von Transactions noch nicht er-
        reicht ist, wird eine neu ankommende Transaction
        blockiert. Im Anschluß muß die Transactionsteuerung aufge-
        rufen werden.

Datenbereich:

Die Gather-Stationen vom Typ 2 besetzen im Kopfanker für
blockierte Transactions einen Bereich, der jeder Family ein eigenes Element zuordnet. Das ist erforderlich, weil die Gather-Station möglicherweise für die Mitglieder einer anderen Family geöffnet sein könnte.

Es wird ein Gather-Zähler benötigt, der für jede Gather-Station

und für jede Family die Anzahl der bereits eingetroffenen Transactions angibt. Er ist wie folgt definiert:

INTEGER GATHF
DIMENSION GATHF("FAM", "GATF")

Die Zähler einer bestimmten Gather-Station stehen in dieser
Matrix für jede Family in einer Spalte.

4.5.4 Die Koordination von Family-Mitgliedern in parallelen Bear-
      beitungszweigen

Die Funktion der User-Chains für Families entspricht der Funktion
der gewöhnlichen User-Chains (siehe Bd.2 Kap.4.4). Beide Stationen dienen der Koordination von Transactions in parallelen Bearbeitungszweigen. In der gleichen Weise wie bei Gather-Stationen
zeigen auch die User-Chains für Families die folgenden beiden Besonderheiten:

a)   Transactions, die nicht Mitglieder einer Family sind, werden
      nicht berücksichtigt; sie durchlaufen die Station ungestört.

b)   Die Transactions, die auf eine User-Chain treffen, werden
      nach Families sortiert und getrennt gezählt. Die vor einer
      User-Chain versammelten Transactions können erst dann wei-
      terlaufen, wenn sich die ausreichende Anzahl von Transac-
      tions einer Family eingefunden hat. Eine Transaction, die
      auf eine Trigger-Station läuft, kann an der User-Chain nur
      Mitglieder der eigenen Family auslösen.

Jede User-Chain und jede dazugehörige Trigger-Station besetzt im
Kopfanker für blockierte Transactions einen Bereich, der jeder
Family ein eigenes Element zuordnet. Das ist erforderlich, da
beide Stationen zwar für die Mitglieder einer Family geschlossen
sein können, jedoch für die Mitglieder einer anderen Family möglicherweise geöffnet sind.

In gleicher Weise wie bei den User-Chains vom Typ 1 werden die
User- Chain und die dazugehörige Trigger-Station durch zwei
aufeinanderfolgende Elemente repräsentiert. Das erste Element K
gehört zur User-Chain, das zweite Element K+1 charakterisiert die
Trigger-Station.
Zu den User-Chains vom Typ 2 gehört weiterhin die USERFM-Matrix.
Sie ist wie folgt definiert:

INTEGER USERFM
DIMENSION USERFM("FAM", "USERF", 2)

Die USERFM-Matrix für User-Chains vom Typ 2 entspricht der USERM-
Matrix für User-Chains vom Typ 1. Da für User-Chain vom Typ 2
alle Zähler für jede Family getrennt geführt werden müssen, ergibt sich auf diese Weise eine dreidimensionale Matrix.

Dem Unterprogramm LINK1 entspricht für Families das Unterprogramm
LINK2.

Funktion:
Eine Transaction, die den Unterprogrammaufruf CALL LINK2 erreicht, wird blockiert und in die Warteschlange vor der User-
Chain eingereiht. Gleichzeitig wird geprüft, ob hierdurch für
eine Transaction, die vor der Trigger-Station blockiert ist, die
gewünschte Anzahl von Transactions einer Family in der User-Chain
eingetroffen ist.
Soll ein Abholvorgang begonnen werden, wird von der Trigger-Station aus die User-Chain geöffnet. Die vor der User-Chain
blockierten Transactions werden dann von der Transactionsteuerung
herausgesucht und erneut zum Unterprogrammaufruf CALL LINK2 geschickt. Ist der Abholvorgang beendet und die gewünschte Zahl von
Transactions aktiviert worden, schließt das Unterprogramm LINK2
die User-Chain.
Die Family-Zugehörigkeit wird berücksichtigt. Transactions, die
nicht Mitglieder einer Family sind, durchlaufen die Station ungestört.

Unterprogrammaufruf:

        CALL LINK2(NUC,ID,*9000)

Parameterliste:

NUC   Nummer der User-Chain vom Typ 2
       Alle User-Chains vom Typ 2 sind einzeln durchnumeriert.
       Der Wert des Parameters NUC bezeichnet den Zähler, der die
       vor der User-Chain blockierten Transactions registriert.
       Der Wert des Parameters NUC bezeichnet ebenfalls die zu
       einer User-Chain gehörige Trigger-Station.

ID   Anweisungsnummer des Unterprogrammaufrufes
       Wird von der Trigger-Station aus ein Abholvorgang begon-
       nen, so werden die vor der User-Chain blockierten Transac-
       tions herausgesucht und noch einmal zum Unterprogrammauf-
       ruf CALL LINK2 geschickt, der die Anweisungsnummer ID
       trägt.

*9000 Adreßausgang bei Blockierung
       Jede Transaction, die auf eine User-Chain trifft, wird zu-
       nächst blockiert. Im Anschluß muß die Ablaufkontrolle
       aufgerufen werden.

Das Abholen von Transactions, die in einer User Chain warten,
übernimmt das Unterprogramm UNLIN2.

Funktion:
Eine Transaction, die den Unterprogrammaufruf CALL UNLIN2 er-
reicht, prüft, ob die Anzahl der Mitglieder einer Family in der
User-Chain einen Wert hat, der größer ist als NUMIN. In diesem
Fall wird der Abholvorgang eingeleitet, der alle vor der User-
Chain blockierten Transactions einer Family bis zu einer Zahl NU-
MAX aktiviert.
Ist die Zahl NUMIN, die für den Abholvorgang erforderlich ist,
noch nicht erreicht, wird die Transaction vor der Trigger-Station

blockiert. Sie wartet dann, bis sich in der User-Chain die
ausreichende Zahl von Transactions eingefunden hat. Die Family-
Zugehörigkeit wird berücksichtigt. Transactions, die nicht Mitglieder einer Family sind, durchlaufen die Station ungestört.

Unterprogrammaufruf:

        CALL UNLIN2(NUC,MIN,MAX,ID,*9000)

Parameterliste:

NUC   Nummer der User-Chain vom Typ 2
        Die Nummer der Trigger-Station ist mit der Nummer der
        dazugehörigen User-Chain identisch. Der Wert des Parame-
        ters NUC bezeichnet den Zähler, der die vor der User-Chain
        blockierten Transactions registriert.

MIN   Mindestzahl
        Ein Abholvorgang kann eingeleitet werden, wenn sich eine
        Mindestzahl von Transactions einer Family vor der User-
        Chain angesammelt hat.

MAX   Maximalzahl
        Der Wert des Parameters MAX gibt an, wieviele Transactions
        einer Family höchstens durch einen Abholvorgang aktiviert
        werden dürfen.

ID   Anweisungsnummer des Unterprogrammaufrufes
        Eine Transaction, die auf eine Trigger-Station läuft, wird
        blockiert, wenn sich vor der dazugehörigen User-Chain noch
        nicht die für den Abholvorgang erforderliche Mindestzahl
        von Transactions einer Family eingefunden hat. Jedesmal,
        wenn in der User-Chain eine weitere Transaction blockiert
        wird, die die Anzahl auf den Wert NUMIN bringen könnte,
        wird die gegebenenfalls vor der Trigger-Station blockierte
        Transaction herausgesucht und noch einmal zum Unterpro-
        grammaufruf CALL UNLIN2 geschickt, der die Anweisungsnum-
        mer ID trägt.

*9000   Adreßausgang bei Blockierung
        Eine Transaction, die in der User-Chain nicht die erfor-
        derliche Mindestzahl von Transactions vorfindet, wird
        blockiert. Im Anschluß muß die Transactionsteuerung aufge-
        rufen werden.

4.6 Match-Stationen

Zahlreiche reale Systeme zeichnen sich dadurch aus, daß eine
Reihe von Aktivitäten parallel ablaufen. So bearbeiten z.B. in
einem Supermarkt alle Kunden ihre Einkaufszettel parallel (siehe
Bd.2 Kap. 3).
Bei herkömmlichen Rechenanlagen ist Parallelbearbeitung nicht
möglich. Vorgänge, die in einem realen System parallel ablaufen,
müssen in der Rechenanlage sequentialisiert werden. Das bedeutet,
daß gleichzeitige Zustandsübergänge der Reihe nach bearbeitet
werden müssen. In der Regel ergeben sich hierbei keine Schwierigkeiten, wenn die Reihenfolge bekannt ist, nach der bei Zeitgleichheit die Aktivitäten bearbeitet werden (siehe hierzu Bd.3
Kap. 5.3 "Die Koordination zeitgleicher Transactions").

In GPSS-FORTRAN Version 3 ist sichergestellt, daß bei Transactionaktivierungen, die zur gleichen Zeit bearbeitet werden müssen, eine vom Benutzer angebbare Reihenfolge eingehalten wird.
GPSS-FORTRAN Version 3 bietet hierzu die Match-Stationen an.

Alle Transactions, die zur gleichen Zeit T auf eine Match-Station
laufen, werden dort blockiert. Wenn alle anderen Transactionaktivierungen im Modell zur Zeit T bearbeitet sind, werden abschließend und als letztes die Transactions aktiviert, die vor der
Match-Station aufgehalten wurden.
Die Reihenfolge, in der die Transactions aktiviert werden sollen,
kann vom Benutzer durch eine Policy angegeben werden.
Eine Transaction, die der Koordination bei Gleichzeitigkeit unterworfen werden soll, ruft das Unterprogramm MATCH auf.

Funktion:
Eine Transaction, die das Unterprogramm MATCH aufruft, wird
blockiert. Wenn alle weiteren Transactionaktivierungen zur Zeit T
bearbeitet worden sind, werden die vor der Match-Station wartenden Transactions einer Policy entsprechend der Reihe nach weiter-
geschickt.

Unterprogrammaufruf:

      CALL MATCH(NM,ID,*9000)

Parameterliste:

NM   Nummer der Match-Stationen
        Die Match-Stationen sind einzeln durchnumeriert.

ID   Anweisungsnummer des Unterprogrammaufrufes
        Alle Transactions, die zur Zeit T vor der Match-Station
        blockiert wurden, werden nach Abschluß aller anderen
        Transactionaktivierungen erneut auf das Unterprogramm
        MATCH geschickt. Von hier aus können sie dann mit der
        Bearbeitung der Anweisung fortfahren, die auf den Unter-
        programmaufruf CALL MATCH folgt.

*9000   Adreßausgang bei Blockierung
        Alle Transactions, die zur Zeit T auf die Match-Station

treffen, werden zunächst blockiert. Anschließend muß die Ablaufkontrolle aufgerufen werden.

Hinweis:

* Es ist zu beachten, daß in GPSS-FORTRAN Version 3 alle Aktivitäten, die im Intervall T und T+EPS liegen, als gleichwertig gelten (siehe Bd.2 Kap. 1.3.5 "Die Zahlenschranke EPS").

* Die Festlegung der Policy für Match-Stationen erfolgt nach dem allgemeinen Verfahren, das in Kap. 3.1.6 "Warteschlangenverwaltung und Policy" beschrieben wird.

5 Auswertung und Darstellung der Ergebnisse

Der Simulator GPSS-FORTRAN Version 3 stellt dem Benutzer zahlreiche Unterprogramme zur Verfügung, die es schnell und bequem
möglich machen, Daten für die Endergebnisse eines Simulationslaufes zu sammeln, auszuwerten und darzustellen.

5.1 Das Warteschlangenverhalten

Informationen über das Warteschlangenverhalten müssen vom Benutzer gezielt angefordert werden. Das geschieht mit Hilfe der
Bins.

5.1.1 Die Bins

Eine Bin ist mit einem Topf vergleichbar, in den vom Benutzer
sogenannte Token eingelegt und wieder entnommen werden können.
Die Anzahl der Token in einer Bin wird vom Simulator ständig
überwacht; insbesondere stehen auf Wunsch Angaben über die mittlere Anzahl der Token oder die mittlere Aufenthaltszeit zur Verfügung.
Das Einlegen von Token erfolgt durch den Aufruf des Unterprogrammes ARRIVE.

Funktion:
Es werden Token in die Bin eingelegt. Gleichzeitig werden alle
Größen, die eine Bin charakterisieren und die durch die Einlage
neuer Tokens modifiziert worden sein könnten, neu berechnet.

Unterprogrammaufruf:

        CALL ARRIVE(NBN,NT)

Parameterliste:

NBN   Nummer der Bin
        Die Bins müssen zur Identifikation numeriert werden.

NT   Anzahl der Token
        Durch den Aufruf des Unterprogrammes ARRIVE kann eine vom
        Benutzer angebbare Anzahl von Token eingelegt werden.

Die Entnahme von Token übernimmt das Unterprogramm DEPART.

Funktion:
Es werden Token aus der Bin entnommen. Alle für eine Bin charak-
teristischen Größen werden neu berechnet. Die dritte Funktion von
DEPART betrifft die Bestimmung der Intervallänge. Hierzu siehe
Bd.2 Kap. 5.1.3 "Berechnung der Mittelwerte".

Unterprogrammaufruf:

    CALL DEPART(NBN,NT,VL,*9999)

Parameterliste:

NBN   Nummer der Bin
        Die Bins müssen zur Identifikation numeriert werden.

NT   Anzahl der Token
        Es kann eine vom Benutzer angebbare Anzahl von Token aus
        der Bin entnommen werden.

VL   Intervallänge
        Zur Bestimmung der Mittelwerte wird der Simulationslauf in
        Teilintervalle zerlegt. Es wird die Länge dieser Teil-
        intervalle angegeben.
        VL = 0   Automatische Bestimmung
                  Der Simulator bestimmt die Intervallänge
                  aufgrund des Binverhaltens.
        VL > 0   Angabe durch den Benutzer
                  Der Benutzer gibt die von ihm gewünschte
                  Intervallänge vor.
*9999   Fehlerausgang
        Das Unterprogramm wird über den Fehlerausgang verlassen,
        wenn mehr Token entnommen werden sollen als sich in der
        Bin befinden.

Mit Hilfe der Bins kann der Benutzer statistische Information
über alle zeitverbrauchenden Vorgänge bestimmen.

Beispiel:

* Wenn das Verhalten einer Warteschlange untersucht werden soll,
wird ein Token in die Bin geworfen, wenn die Transaction die
Warteschlange betritt. Sobald die Transaction die Warteschlange
verläßt, wird ein Token entfernt. Die Anzahl der Token in der Bin
ist damit identisch mit der Anzahl der Transactions in der Warteschlange.

Die Bins geben dem Benutzer ein sehr flexibles Instrument in die
Hand. Durch das Einlegen und Entnehmen von Tokens an beliebigen
Stellen ist es möglich, statistisches Material über das Verhalten
des Warteschlangensystems ohne Einschränkung zu gewinnen.

Beispiel:

* Die Verweilzeit der Transactions ist die Summe aus Wartezeit in
der Warteschlange und Bearbeitungszeit in der Facility. Wenn die
Verweilzeit bestimmt werden soll, so wird ein Token in die Bin
gelegt, wenn die Transaction die Warteschlange betritt; ein Token
wird der Bin entnommen, wenn die Transaction die Facility verläßt.
Eine Beschreibung der verschiedenen Möglichkeiten findet man in
Bd.3 Kap. 2.3.3 "Die Sammlung und Auswertung statistischer
Daten".

Eine zusätzliche Möglichkeit ergibt sich durch die Tatsache, daß die Anzahl der Token, die durch einen Aufruf des Unterprogrammes ARRIVE bzw. DEPART eingelegt bzw. entnommen werden, vom Benutzer angebbar ist.

Beispiel:

* Wenn die mittlere Speicherbelegung bestimmt werden soll, so entspricht die Bin dem Speicher. Wenn eine Transaction eine bestimmte Anzahl von Speicherplätzen belegt, wird gleichzeitig eine entsprechende Anzahl von Token in die Bin gelegt. Bei der Freigabe von Speicherplätzen wird analog vorgegangen.
Der Einsatz von Bins zur Bestimmung der Auslastung eines Speichers wird in Bd.3 Kap. 4 "Pools und Storages" beschrieben.

5.1.2 Charakteristische Größen einer Bin

Alle Größen, die für Bins charakteristisch sind, werden in der Bin-Matrix geführt. Die Bin-Matrix ist wie folgt definiert:

```
INTEGER BIN
DIMENSION BIN("BIN",8)
```

Die einzelnen Felder haben die folgende Bedeutung:

BIN(NBN,1) Momentane Länge
         Es wird angegeben, wieviele Einheiten sich zum aktuellen Zeitpunkt in der Bin aufhalten.

BIN(NBN,2) Maximale Länge
         Es wird die maximale Länge festgehalten, die eine Bin bis zum aktuellen Zeitpunkt hatte.

BIN(NBN,3) Zahl der Zugänge
         In dieses Feld wird eingetragen, wieviele Einheiten vom Unterprogramm ARRIVE in die Bin eingebracht wurden.

BIN(NBN,4) Zahl der Abgänge
         In dieses Feld wird eingetragen, wieviele Einheiten vom Unterprogramm DEPART aus der Bin entfernt wurden.

BIN(NBN,5) Anzahl der Aufrufe des Unterprogrammes ARRIVE
         Es wird gezählt, wie häufig Token in die Bin eingelegt wurden.

BIN(NBN,6) Anzahl der Aufrufe des Unterprogrammes DEPART
         Es wird gezählt, wie häufig Token aus der Bin entnommen wurden.

BIN(NBN,7) Gesamtwartezeit
         Die in diesem Feld geführte Gesamtwartezeit berücksichtigt die Wartezeit aller Token. Es wird auch die Wartezeit der Token verbucht, die sich zum aktuellen

Zeitpunkt noch in der Bin befinden.

BIN(NBN,8) Zeitpunkt der letzten Veränderung
           Jede Veränderung, die an einer Bin vorgenommen wird,
           muß vermerkt werden.

Neben der BIN-Matrix gibt es noch die BINSTA-Matrix, in der die
statistische Information über die Bins zusammengefaßt wird.

DIMENSION BINSTA("BIN",5)

Die einzelnen Felder haben die folgende Bedeutung:

BINSTA(NBN,1) Mittlere Aufenthaltszeit
              Es wird berechnet, wie lange sich ein Token im
              Mittel in der Bin aufhält. Für Warteschlangen ent-
              spricht dieser Wert der mittleren Wartezeit.

BINSTA(NBN,2) Mittlere Tokenzahl in der Bin
              Es wird angegeben, wieviel Token sich im Mittel in
              der Bin befinden. Für Warteschlangen entspricht das
              der mittleren Warteschlangenlänge.

BINSTA(NBN,3) Konfidenzintervall (%)
              Es wird für die Mittelwerte die Breite des Konfi-
              denzintervalls angegeben.

BINSTA(NBN,4) Abweichung aufgrund der Einschwingphase (%)
              Die Mittelwerte aus den Feldern BINSTA(NBN,1) und
              BINSTA(NBN,2) beinhalten die Einschwingphase.
              Schneidet man die Einschwingphase weg, so ver-
              schiebt sich der Mittelwert. Die Verschiebung wird
              in Prozent angegeben.

BINSTA(NBN,5) Ende Einschwingphase
              Es wird geschätzt, zu welcher Zeit T die
              Einschwingphase zu Ende ist.

Die BIN-Matrix und die BINSTA-Matrix werden durch das Unterprogramm REPRT4 ausgegeben.

Hinweis:

* Es ist zu beachten, daß ohne Aufruf des Unterprogrammes REPRT4
die Information über die Bins zwar berechnet aber nicht ausgedruckt wird.

Der Aufruf von REPRT4 soll auf jeden Fall am Ende eines
Simulationslaufes im Rahmen im Abschnitt 8 "Ausgabe der Ergebnisse" stehen.
Es ist jedoch auch möglich, Zwischenergebnisse auszudrucken. In
diesem Fall kann zu beliebigen Zeiten ein Ereignis angemeldet
werden, das das Unterprogramm REPRT4 aufruft.

Die BIN-Matrix ist während des gesamten Simulationslaufes auf dem
aktuellen Stand. Die Informationen der BIN-Matrix sind daher

immer zugänglich.

Die Bestimmung der statistischen Werte in der BINSTA-Matrix ist sehr aufwendig. Diese Werte werden daher standardmäßig nur einmal am Ende des Simulationslaufes durch das Unterprogramm ENDBIN berechnet und in die BINSTA-Matrix eingetragen.

Hinweise:

* Bei der Endberechnung der Ergebnisse eines Simulationslaufes ist darauf zu achten, daß der Aufruf von ENDBIN vor REPRT4 steht. Diese Reihenfolge ist in der Regel sichergestellt, da ENDBIN im Rahmen in Abschnitt 7 aufgerufen wird, während REPRT4 im Abschnitt 8 stehen soll.

* Soll während des Simulationslaufes die BINSTA-Matrix als Zwischenergebnis ausgegeben werden, so ist vorher das Unterprogramm ENDBIN aufzurufen. Die Anweisungsfolge hat dann die folgende Form:

        CALL ENDBIN
        CALL REPRT4

5.1.3 Berechnung der Mittelwerte

Um die mittlere Aufenthaltszeit und die mittlere Tokenzahl bestimmen zu können, wird von der Gesamtwartezeit ausgegangen. Die Gesamtwartezeit BIN(NBN,7) wird bestimmt, indem für alle Mitglieder der Bin insgesamt berechnet wird, wielange sie sich zwischen zwei aufeinanderfolgenden Änderungszeitpunkten in der Bin aufgehalten haben. Diese Wartezeit wird dann jeweils bei jedem neuen Veränderungszeitpunkt zur Gesamtwartezeit hinzugefügt. Sie ist gleich dem Produkt aus der Zahl der Binmitglieder und dem Zeitintervall zwischen zwei Veränderungszeitpunkten. In Bild 56 entspricht einem senkrechten Block die Wartezeit aller Binmitglieder zwischen zwei Veränderungszeitpunkten. Die Gesamtwartezeit ist dann die Summe der einzelnen Blockwartezeiten.

Die mittlere Aufenthaltszeit ergibt sich, indem man zunächst die Gesamtwartezeit berücksichtigt, die von allen Token aufgesammelt worden ist, die die Bin bereits wieder verlassen haben. Weiterhin wurde Wartezeit von den Token aufgesammelt, die sich noch in der Bin befinden. Man geht von der plausiblen Annahme aus, daß die Token in der Bin im Mittel die Hälfte ihrer Aufenthaltszeit bereits hinter sich haben. Es gilt:

BINSTA(NBN,1) = BIN(NBN,7) / RTOKEN

RTOKEN = BIN(NBN,4) + (BIN(NBN,3) - BIN(NBN,4))/2.

       = ((BIN(NBN,3) + BIN(NBN,4))/2.

BINSTA(NBN,1) = BIN(NBN,7)/(BIN(NBN,3)+BIN(NBN,4)/2.)

Die mittlere Tokenzahl berechnet man, indem man die Gesamtwartezeit durch die Simulationszeit dividiert.

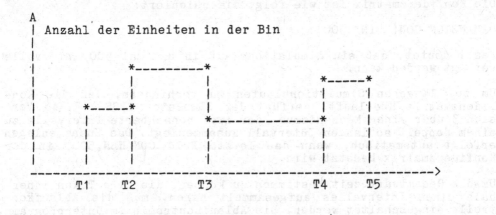

Bild 56   Bestimmung der Gesamtwartezeit

Man erhält dann:

BINSTA(NBN,2) = BIN(NBN,7) / BIN(NBN,8)

Hinweis:

* Die in dem vorhergehenden Abschnitt beschriebenen Verfahren zur
Bestimmung der Mittelwerte werden im Simulator GPSS-FORTRAN Version 3 zur Bestimmung der Intervallmittelwerte eingesetzt. Siehe
hierzu den folgenden Abschnitt Bd.2 Kap. 5.1.4 "Intervallmittelwerte".

5.1.4 Intervallmittelwerte

In GPSS-FORTRAN Version 3 wird der gesamte Simulationslauf in
gleichgroße Teilintervall zerlegt. Für jedes Teilintervall wird
individuell ein Intervallmittelwert gebildet.
Ein derartiger Intervallmittelwert $\overline{x}(n)$ wird als Stichprobe
aufgefaßt. Der endgültige Erwartungswert kann durch das Stichprobenmittel $\overline{x}$ geschätzt werden.

Hinweis:

* Die Zerlegung des Simulationslaufes in Teilintervalle ist
erforderlich, um die Konfidenzintervalle und das Ende der Einschwingphase schätzen zu können. Zur Bestimmung der Mittelwerte
für die Aufenthaltszeit der Token und für die Anzahl der Token in
der Bin wäre die Zerlegung nicht notwendig. Zur alleinigen Bestimmung der Mittelwerte wäre es ausreichend, am Ende des Simulationslaufes nach dem Verfahren, das in vorherigen Abschnitt be-
schrie ben wurde, aus der Gesamtwartezeit die mittlere Aufenthaltszeit und die mittlere Tokenzahl zu bestimmen.

Die Gesamtwartezeit eines Intervalles wird für jede Bin in der
Konfidenzmatrix gespeichert.

Die Konfidenzmatrix ist wie folgt dimensioniert:

DIMENSION CON("BIN",500)

Das bedeutet, daß ein Simulationslauf in maximal 500 Intervalle zerlegt werden kann.

Um bei längeren Simulationsläufen zu verhindern, daß die Konfidenzmatrix überläuft, verfügt der Simulator GPSS-FORTRAN Version 3 über einen Mechanismus, der zwei benachbarte Intervalle zu einem doppelt so langen Intervall zusammenlegt. Das Zusammenlegen erfolgt automatisch, wenn das letzte Feld CON(NBN,500) in der Konfidenzmatrix besetzt wird.

Um die Gesamtwartezeit bestimmen zu können, die alle Token innerhalb eines Intervalles aufgesammelt haben, muß die Ablaufkontrolle eingeschaltet werden. Die Ablaufkontrolle im Unterprogramm FLOWC ruft am Ende eines Intervalles das Unterprogramm CONF auf.

Funktion:
Das Unterprogramm CONF berechnet die Gesamtwartezeit für das Intervall N und trägt sie für die entsprechende Bin mit der Binnummer NBN in die Konfidenzmatrix in das Feld CON(NBN,N) ein. Sollte durch einen Eintrag die Zeile für eine Bin gefüllt worden sein, erfolgt das Zusammenlegen zweier benachbarter Intervalle. Abschließend wird der erneute Aufruf des Unterprogrammes CONF angemeldet.

Unterprogrammaufruf:

        CALL CONF(NBN)

Parameterliste:

NBN   Nummer der Bin
        Es wird die Nummer der Bin angegeben. Die Nummer der Bin
        ist identisch mit der Zeilennummer in der Konfidenzmatrix.

Hinweis:

* Es empfiehlt sich, an dieser Stelle noch einmal in Bd.2 Kap. 1.3.1 "Die Listen für die Zustandsübergänge" nachzulesen, wie die Ablaufkontrolle im Unterprogramm FLOWC den Aufruf des Unterprogrammes CONF steuert.

Für jede Bin ist die Länge der Intervalle in der Regel verschieden. Für jede Bin muß daher gesondert festgehalten werden, wann ein Intervall zu Ende ist und daher die Gesamtwartezeit in die Konfidenzmatrix eingetragen werden muß.

Um das Unterprogramm CONF für jede Bin zur richtigen Zeit aufrufen zu können, verfügt die Konfidenzliste über die erforderliche Information.
Die Konfidenzliste ist wie folgt dimensioniert:

DIMENSION CONFL("BIN",5)

Die einzelnen Felder haben die folgende Bedeutung:

CONFL(NBN,1) Zeitpunkt des nächsten Aufrufes von CONF
Es wird für jede Bin der Zeitpunkt festgehalten, zu
dem ein Intervall zu Ende ist und die Gesamtwartezeit für dieses Intervall bestimmt werden muß.

CONFL(NBN,2) Intervallänge
Für jede Bin wird angegeben, wie lang ein Intervall
ist. Die Länge der Intervalle zu Beginn kann vom Benutzer angegeben werden. Es ist jedoch auch eine
automatische Bestimmung der Intervallänge möglich.
Ist die für eine Bin zuständige Zeile in der Konfidenzmatrix gefüllt, so erfolgt eine Zusammenle-
gung. Die Intervallänge verdoppelt sich von da an.

CONFL(NBN,3) Gesamtwartezeit bei Intervall (I-1)
Die Gesamtwartezeit von Beginn des Simulationslaufes
bis zur aktuellen Zeit T am Ende des Intervalles I
steht in der Bin-Matrix im Feld BIN(NBN,7). Die Gesamtwartezeit von Beginn des Simulationslaufes bis
zum Ende des Intervalles (I-1) wird in CONFL(NBN,3)
aufbewahrt. Für die Gesamtwartezeit des Intervalles
I gilt:
CON(NBN,I)=BIN(NBN,7)-CONFL(NBN,3)

CONFL(NBN,4) Zeiger auf die Konfidenzmatrix CON
Der Zeiger zeigt auf das Feld in der Konfidenzmatrix, das zuletzt beschrieben wurde.

CONFL(NBN,5) Indikator für Automatik
Es wird vermerkt, ob die Intervallänge vom Benutzer
angegeben wurde oder vom Simulator automatisch bestimmt werden soll.

Dem allgemeinen Verfahren folgend gibt es neben der Konfidenzliste CONFL noch den Kettenvektor CHAINC, der die zeitliche
Reihenfolge festlegt, in der die Bins durch den Aufruf des Unterprogrammes CONF bearbeitet werden sollen.
Der Kettenvektor ist wie folgt dimensioniert:

DIMENSION CHAINC("BIN")

Bei der Zerlegung des Simulationslaufes in Intervalle ist die
Länge des Intervalles von Bedeutung. Die Intervallänge kann vom
Benutzer in der Parameterliste angegeben werden. Außerdem ist es
möglich, die Intervallänge vom Simulator automatisch bestimmen zu
lassen.
Die Angabe, ob die Intervallänge vom Benutzer angegeben oder
automatisch vom Simulator bestimmt werden soll, muß in der Parameterliste des Unterprogrammes DEPART gemacht werden. Es gilt:

VL = 0   Automatische Bestimmung
VL > 0   Der Wert für die Variable VL gibt für die
              entsprechende Bin die Länge des Intervalls an.

Hinweise:

* Wenn die Intervallänge zu klein ist, macht sich das zunächst durch zu hohen Verwaltungsaufwand bemerkbar. Weitere Komplikationen entstehen nicht, da die Intervallänge durch fortlaufende Verdopplung angepaßt wird.

* Wenn die Intervallänge zu groß gewählt wird, so wird bis zum Ende eine zu kleine Anzahl von Intervallen gefüllt. Es ist dann nicht mehr möglich, aufgrund der zu geringen Stichprobenzahl ein Konfidenzintervall zu bestimmen.

* Es wird empfohlen, der automatischen Bestimmung der Intervallänge den Vorzug zu geben.

Die automatische Bestimmung legt die Intervallänge am Anfang so fest, daß innerhalb eines Intervalles im Durchschnitt 5 Tokenabgänge registriert werden.
Um möglichst wenig Information zu verlieren, wird zunächst die Zeitdifferenz zwischen dem ersten und zweiten Aufruf von DEPART bestimmt. Diese Zeitdifferenz wird mit 5 multipliziert und damit die erste Intervallänge berechnet.
Mit dieser vorläufigen Intervallänge werden die ersten 32 Intervalle besetzt. Dann erfolgt eine Überprüfung und gegebenenfalls eine Korrektur der bisherigen Intervallänge. Aufgrund der bisher aufgesammelten Information wird erneut der Mittelwert für die Zeit bestimmt, die vergeht, bis das Unterprogramm DEPART 5 mal aufgerufen wurde.

Die automatische Bestimmung der Intervallänge übernimmt das Unterprogramm CONFI.

Funktion:
Bestimmen der automatischen Intervallänge für jede Bin mit der Bin-Nummer NBN.

Unterprogrammaufruf:

        CALL CONFI(NBN)

Parameterliste:

NBN   Nummer der Bin
        Es muß die Nummer der Bin angegeben werden, für die die Intervallänge automatisch bestimmt werden soll.

Das Unterprogramm CONFI wird vom Unterprogramm DEPART aufgerufen, wenn das Unterprogramm DEPART selbst zum zweiten Mal aufgerufen wurde. CONFI bestimmt in diesem Fall die vorläufige Intervallänge als Zeitdifferenz zwischen dem ersten und zweiten Aufruf von DEPART.

Das Unterprogramm CONFI wird noch einmal vom Unterprogramm CONF aus aufgerufen, nachdem CONF das 32. Feld der Konfidenzmatrix gefüllt hat. Es erfolgt dann die neue Berechnung und gegebenenfalls die Korrektur der bisherigen Intervallänge.

Aus Gründen der Übersichtlichkeit sorgt das Unterprogramm CONFI dafür, daß die Intervallänge ganzzahlig wird.

Hinweis:

* Die Zerlegung des Simulationslaufes in Intervalle ist ein sehr komplexer Vorgang. Es ist sogar erforderlich, diesen Vorgang in der Ablaufkontrolle zu verankern. Die Komplexität des Vorganges bleibt dem Benutzer jedoch verborgen. Der Benutzer beschränkt sich auf das folgende Vorgehen:

1. Festlegen der Aktivitäten, die statistisch überwacht werden sollen. Das geschieht durch Einfügen von Unterprogrammaufrufen für ARRIVE und DEPART im Modellablauf.

2. Angabe der Intervallänge in der Parameterliste im Unterprogramm DEPART. An dieser Stelle hat der Benutzer die Möglichkeit, die automatische Bestimmung der Intervallänge zu wählen.

3. Ausdruck der gesammelten statistischen Information durch Aufruf der Unterprogramme ENDBIN und REPRT4 am Ende des Simulationslaufes.

* Der Benutzer hat die Möglichkeit, durch den Aufruf von ARRIVE und DEPART Bins an jeder gewünschten Stelle anzulegen und damit beliebige Vorgänge statistisch zu überwachen. Dieses Vorgehen garantiert hohe Flexibilität.
Die Sammlung, Auswertung und Darstellung der statistischen Ergebnisse übernimmt der Simulator. Der Benutzer wird dadurch weitgehend entlastet.
Das Verfahren zur Auswertung statistischer Information im Simulator GPSS-FORTRAN Version 3 verbindet demnach hohe Flexibilität mit sehr guter Benutzerfreundlichkeit.

5.1.5 Das Unterprogramm ENDBIN

Die beiden Unterprogramme ARRIVE bzw. DEPART müssen vom Benutzer im Unterprogramm ACTIV in den Modellablauf eingefügt werden. Auf diese Weise wird festgelegt, welchen Modellabschnitt eine Bin statistisch überwacht.
Die Unterprogramme ARRIVE und DEPART liefern im wesentlichen die Werte, die in der Bin-Matrix gespeichert werden.
Das Unterprogramm CONF ist dafür verantwortlich, daß für jede Bin die Gesamtwartezeit eines Intervalles in die Konfidenzmatrix CON eingetragen wird. Das Unterprogramm CONF wird für jede Bin am Ende des Intervalls von der Ablaufkontrolle im Unterprogramm FLOWC aufgerufen.
Die Auswertung der Werte, die in der Konfidenzmatrix CON gesammelt wurden, übernimmt das Unterprogramm ENDBIN. Es berechnet zunächst die mittlere Aufenthaltszeit und die mittlere Tokenzahl. Weiter hin schätzt es die Breite des Konfidenzintervalles und die Länge der Einschwingphase. Das bedeutet, daß alle Angaben der BINSTA- Matrix vom Unterprogramm ENDBIN berechnet werden.

Funktion:
Berechnung der Werte in der BINSTA-Matrix.

Unterprogrammaufruf

    CALL ENDBIN

Parameterliste:
Die Parameterliste ist leer.

Hinweise:

* Das Unterprogramm ENDBIN beschränkt sich auf die Berechnung der
Werte der BINSTA-Matrix. Der Ausdruck muß vom Benutzer durch Aufruf des Unterprogrammes REPRT4 veranlaßt werden.

* Die Berechnung der statistischen Werte in der BINSTA-Matrix ist
sehr rechenzeitaufwendig. Während eines Simulationslaufes sollte
daher vom Aufruf von ENDBIN nur sparsam Gebrauch gemacht werden.

* Wenn während eines Simulationslaufes nur REPRT4 ohne vorherigen
Aufruf von ENDBIN in einem Ereignis eingesetzt wird, so erscheint
als Ausdruck nur die BIN-Matrix. Die BINSTA-Matrix, die in diesem
Fall leer ist, wird nicht ausgegeben. Der Ausdruck der BIN-Matrix
ist ohne Umstände möglich und kann jederzeit angefordert werden.

Die Berechnung des Mittelwertes für die Tokenzahl, die Schätzung
des Konfidenzintervalles und die Bestimmung der Einschwingphase
übernimmt in ENDBIN das Unterprogramm ANAR (siehe Bd.2 Kap. 5.1.6
"Die Berechnung des Konfidenzintervalles und die Bestimmung der
Einschwingphase"). Aus der Gesamtwartezeit eines Intervalles wird
zunächst die mittlere Tokenzahl pro Intervall bestimmt. Das geschieht, indem die Gesamtwartezeit durch die Intervallänge dividiert wird. Die Werte für alle Intervalle werden in den Vektor
VEC übernommen, der dem Unterprogramm ANAR angeboten wird.
ANAR berechnet im 1. Aufruf die mittlere Tokenzahl, die halbe
Breite des Konfidenzintervalles und das Ende der Einschwingphase.

Es ist möglich, daß durch eine unglückliche Konstellation der
Stichproben ein Konfidenzintervall geschätzt wird, das zu groß
ist. Aus diesem Grund wird im Simulator GPSS-FORTRAN die
Schätzung des Konfidenzintervalles ein zweites Mal durchgeführt.
Beim zweiten Aufruf von ANAR werden zwei benachbarte Intervalle
zusammengefaßt. Auf diese Weise erniedrigt sich zwar die
Stichprobenzahl um die Hälfte, es ist jedoch zu hoffen, daß
starke Schwankungen der Stichproben, die das Konfidenzintervall
unnötig vergrößern, durch das Zusammenlegen herausgemittelt
werden.

Die beiden Aufrufe von ANAR liefern je eine Schätzung der halben
Breite des Konfidenzintervalles. ENDBIN trägt den kleineren der
beiden Werte in die BINSTA-Matrix ein.
Der Aufruf von ANAR, der das kleinere Konfidenzintervall geliefert hat, wird auch zur Bestimmung der Einschwingphase herangezogen. Die Zeit T, zu der das Ende der Einschwingphase angenommen
wird, steht im Feld BINSTA(NBN,5).

Die Mittelwerte in den ersten beiden Feldern der BINSTA-Matrix
werden immer unter Einschluß der Einschwingphase berechnet. Wird
die Einschwingphase abgeschnitten und bei der Berechnung der
Mittelwerte nicht mehr berücksichtigt, so erhält man eine Ver-
schiebung der Mittelwerte. Die Abweichung des Mittelwertes ohne
Einschwingphase vom Mittelwert einschließlich Einschwingphase
wird in % angegeben.

Beispiel:

* Das Unterprogramm REPRT4 liefert für die BINSTA-Matrix den folgenden Ausdruck:

BINSTA-MATRIX
==============

NBN	VERWZ	TOKZ	INTV-PROZ	AEND-PROZ	EINSCHW.END
1	592.2719	110.9929	2.7680	0.0	0.0
3	16.0950	13.0486	1.9400	+5.0	217.3

Es werden für die beiden Bins mit den Binnummern NBN=1 und NBN=3
die statistischen Werte berechnet.
Für jede Bin werden die mittlere Aufenthaltszeit VERWZ (Verweilzeit) und die mittlere Tokenzahl TOKZ angegeben.
In der Spalte INTV-PROZ (Konfidenzintervall in Prozent) wird die
halbe Breite des Konfidenzintervalles angegeben. Das bedeutet,
daß mit der Wahrscheinlichkeit von 0.95 der tatsächliche Erwartungswert in dem Intervall Stichprobenmittel +/- INTV-PROZ liegt.

Für die Bin NBN=1 liegt demnach der Erwartungswert für die mittlere Tokenzahl im Intervall 110.9929 +/- 2.768 %

Hinweis:

* Je kleiner das Konfidenzintervall ist, desto genauer ist die
Schätzung des Erwartungswertes durch das Stichprobenmittel (siehe
hierzu E. Kreyszig, Statistische Methoden und ihre Anwendungen,
Vandenhoeck Ruprecht, Goettingen).

Die Einschwingphase ist für die Bin NBN=3 zur Zeit T=217.3 zu
Ende. Wird die Einschwingphase abgeschnitten, erhöhen sich die
Mittelwerte um 5%. Für die mittlere Tokenzahl TOKZ gilt:
TOKZ (ohne Einschwingphase) = TOKZ (mit Einschwingphase) + 5%

* Erscheint für die halbe Breite des Konfidenzintervalles der
Wert 0., so war eine Bestimmung des Konfidenzintervalles nicht
möglich. In diesem Fall ist auch die Bestimmung der Einschwingphase nicht möglich.

* Ist INTV-PROZ verschieden von Null und wird für das Ende der
Einschwingphase die Zeit T=0. angegeben, so befindet sich das
Modell bereits im stationären Zustand. Eine Einschwingphase ist
nicht zu beobachten. Dieser Fall liegt im Beispielausdruck für
die Bin NBN=1 vor.

5.1.6 Die Berechnung des Konfidenzintervalles und die Bestimmung
      der Einschwingphase

Die Berechnung des Konfidenzintervalles und die Bestimmung der
Einschwingphase erfolgt in GPSS-FORTRAN Version 3 nach der
autoregres siven Methode. Dieses Verfahren wird in G.S. Fishman,
Principles of Discrete Event Simulation, John Wiley Sons, 1978
ausführlich beschrieben.

Hinweise:

* Das von Fishman angebotene Programm zur Berechnung von Konfidenzintervallen und zur Bestimmung der Einschwingphase AUTORE ist
in einigen Beziehungen ungenügend. Das Verfahren der autoregressiven Methode wurde neu programmiert und heißt in GPSS-FORTRAN
Version 3 jetzt ANAR.

* Die Gleichungsnummern beziehen sich auf G.S. Fishman, Principles of Discrete Event Simulation.

* Es ist möglich, daß der Benutzer ein eigenes Verfahren zur Berechnung der Konfidenzintervalle und zur Bestimmung der Einschwingphase einsetzt. Im Unterprogramm ENDBIN und im Unterprogramm PLOT ist der Unterprogrammaufruf ANAR durch den Aufruf
eines benutzereigenen Unterprogrammes zu ersetzen.

Die Variablen, die mit Hilfe der Simulation untersucht werden
sollen, sind in der Regel Zufallsvariable. Die Verteilungsfunktion F(x) der Zustandsvariablen X sei unbekannt. Das Ziel der
Auswertung ist es, Aufschlüsse über die Verteilung F(x) zu gewinnen. Häufig genügt es, den Erwartungswert zu bestimmen. Der
Erwartungswert kann durch das Stichprobenmittel

$$x = \sum_{n=1}^{N} x(n) \; / \; N$$

x(n) Wert der Zufallsvariablen X bei der Beobachtung n,
     n=1.2... N

N   Anzahl der Beobachtungen

geschätzt werden.

Als Maß für die Güte der Schätzung verwendet man die Breite a des
Konfidenzintervalles. Das Konfidenzintervall wird hierbei um das
Stichprobenmittel x gelegt; es ist so breit, daß es den Erwar-
tungswert MÜ mit der Wahrscheinlichkeit GAMMA einschließt.

Es gilt:

    P(x-a<MÜ<x+a)=GAMMA

Es ist anschaulich einsehbar, daß die Breite des Konfidenzinter-

valls von der Anzahl der Stichproben N und der Standardabweichung
SIGMA abhängen wird. Je mehr Stichproben für die Schätzung zur
Verfügung stehen und je geringer die Stichproben streuen, um so
schmaler wird das Konfidenzintervall sein.
Die Anzahl der Stichproben ist bekannt. Die Standardabweichung
muß jedoch aufgrund der Stichproben geschätzt werden. Mit Hilfe
von N und SIGMA läßt sich a sofort berechnen.

Die bei der Simulation stochastischer, zeitdiskreter Systeme
beobachteten Stichproben sind in der Regel nicht unabhängig voneinander.

Beispiel:

* Zur Bestimmung der mittleren Warteschlangenlänge werde der
Simulationslauf in n Teilintervalle zerlegt. Für jedes Teilinter-
vall wird die mittlere Warteschlangenlänge bestimmt und als
Stichprobe x(i) aufgefaßt.

Anschaulich sind die folgenden beiden Sachverhalte sofort einsehbar:

1. Die Stichproben x(i) sind in der Regel voneinander abhängig.
   Wenn z.B. im Intervall i eine relativ hohe mittlere Warteschlange ermittelt worden ist, so steht zu erwarten, daß die
   mittlere Warteschlangenlänge x(i+1) im folgenden Intervall i+1
   ebenfalls relativ hoch ist, da der Überhang aus Intervall i im
   Intervall i+1 erst abgebaut werden muß. Das heißt, daß der
   Wert für die mittlere Warteschlangenlänge x(i+1) davon abhängt, was an Last aus dem vorhergehenden Intervall i
   übernommen wurde.

2. Die Stichproben werden um so unabhängiger sein, um so größer
   die Teilintervalle i sind. Bei großen Teilintervallen wird die
   Warteschlangenlänge kaum schwanken, da innerhalb des großen
   Teilintervalls die Warteschlange mehrere Male auf- und wieder
   abgebaut werden kann. Statistische Schwankungen mitteln sich
   zum Teil bereits innerhalb eines Teilintervalles heraus. In
   diesem Falle wird sich die Länge der Warteschlange, die von
   dem vorhergehenden Intervall übernommen wurde, weniger ausge-
   prägt bemerkbar machen.

Zur Berechnung der Konfidenzintervalle wird der Simulationslauf
wie in Bd.2 Kap. 5.1.4 beschrieben, in Intervalle zerlegt. Für
jedes Intervall wird die mittlere Tokenzahl als Stichprobe x(i)
aufgefaßt.
Da die Stichproben x(i) nicht unabhängig voneinander sind, ist
ihre Reihenfolge wichtig. Die Stichproben x(i) bilden eine Zeitreihe.
Für das vorliegende Verfahren wird die wesentliche Annahme gemacht, daß die Zeitreihe als autoregressiver Prozeß beschrieben
werden kann.

Für einen autoregressiven Prozeß gilt:

X(i) = a(1)X(i-1)+a(2)X(i-2)+ ... a(p)X(i-p)+Y(i)

Y(i) sei ein reiner Zufallsprozeß mit
E(Y(i)) = 0
var(Y(i))= SIGMA(Y)**2

p sei die Ordnung der Autoregression

Ein autoregressiver Prozeß kann somit dargestellt werden als
Linearkombination von p Vorgängern plus einer Störung Y(i).

In der Notation von Fishman:

$$b(0)(X(i)-M\ddot{U})=Y(i)- \sum_{s=0}^{p} b(s)(X(i-s)-M\ddot{U}$$

$$Y(i)= \sum_{s=0}^{p} b(s)(X(i)-M\ddot{U}) \qquad b(0) = 1$$

Für einen autoregressiven Prozeß lassen sich die Varianz der
Stichproben und damit das Konfidenzintervall berechnen. Die Aufgabe der regressiven Methode besteht nun darin, die Parameter p
und b(s) s=1...p des autoregressiven Prozesses aufgrund der
vorgegebenen Zeitreihe zu schätzen.

Im vorliegenden Fall bilden die mittlere Tokenzahl in einem
Intervall die Stichproben x(i). Die Stichproben x(i) werden in
der Regel stark schwanken.
Es wird nun versucht, die simulativ bestimmten Stichproben x(i)
durch eine Zeitreihe möglichst gut zu approximieren.
Die Zeitreihe, die die Stichproben annähern soll, ist ein auto-
regressiver Prozeß. Die Werte dieser Zeitreihe werden in der
Variablen CMEAN(i) gespeichert.

Hinweis:

* In der Parameterliste des Unterprogrammes ANAR gibt es den
Protokollparameter IPRIN. Mit seiner Hilfe können Endergebnisse
angefordert werden. Es gilt:

IPRIN = 0 Keine Ergebnisse

IPRIN = 1 Ausdruck der Ordnung p, der Koeffizienten B sowie der
          Autokorrelationskoeffizienten RHO1 (nach Fishman
          Gleichung 5.58) und RHO2 (nach Gleichung 5.77)

IPRIN = 2 Zusätzlich werden in einem Plot die beiden Zeitreihen

x(i) und CMEAN(i) ausgegeben. Man kann damit überprüfen, wie gut die ursprüngliche Zeitreihe der simulativ bestimmten Stichproben x(i) durch die Werte der
Zeitreihe CMEAN(i) angenähert werden.

Für das Unterprogramm ANAR gilt:

Unterprogrammaufruf:

CALL ANAR(X,IDIM,INUM,CLEV,RMEAN,HALFW,JMIN,KMIN,IP,IPRIN,EXIT1)

Parameterliste:

X   Vektor für Stichproben
         Es wird der Vektor mit den Stichproben übergeben, für die
         die statistische Werte bestimmt werden sollen.

IDIM   Anzahl der Werte
         Es wird angegeben, wieviel Stichproben übergeben werden
         sollen.
         Falls IDIM.LT.24, wird nur der Mittelwert berechnet. Für
         die Berechnung des Konfidenzintervalls und für die Bestim-
         mung der Einschwingphase muß die Anzahl der Stichproben
         IDIM.GE.24 sein.

INUM   Nummer der Stichprobe
         Es ist möglich, die Zeitreihen, die untersucht werden
         sollen, zu numerieren. Die Nummer INUM erscheint nur im
         Ergebnisausdruck; sie hat sonst keine Bedeutung.

CLEV   Konfidenzzahl
         Die Konfidenzzahl gibt an, mit welcher Wahrscheinlichkeit
         GAMMA der Erwartungswert MÜ im Kenfidenzintervall liegt.
         Im Unterprogramm ENDBIN wird ANAR mit CLEV=0.95 aufge-
         rufen. CLEV wird in PRESET gesetzt und im Bereich COM-
         MON/CON/ übergeben.

RMEAN   Mittelwert
         Es wird der Stichprobenmittelwert angegeben.

HALFW   Halbe Breite des Konfidenzintervalles
         Es wird die halbe Breite des Konfidenzintervalls ge-
         schätzt.
         Falls eine Berechnung des Konfidenzintervalls nicht mög-
         lich ist, gilt: HALFW.LT.O. Gleichzeitig wird ANAR über
         den Adreßausgang EXIT1 verlassen.

JMIN   Ende der Einschwingphase
         Es wird angegeben, wieviel Stichproben der Einschwingphase
         zugezählt werden sollen.

KMIN   Abstand zwischen unabhängigen Stichproben
         KMIN gibt die mittlere Anzahl von Stichproben an, die zwi-
         schen zwei Stichproben liegen, die unabhängig voneinander
         sind.

IP   Ordnung des autoregressiven Prozesses
        Es wird die Ordnung des autoregressiven Prozesses ange-
        geben, der die Stichproben approximiert. Für die maximale
        Ordnung Q gilt:
        Q.LE.50
        IF(IDIM.LE.200) Q = IDIM/4
        Die maximale Ordnung ist im Regelfall 50. Bei Stichproben-
        zahlen unter 200 wird die Ordnung noch einmal herunterge-
        setzt.

IPRIN   Protokollsteuerung
        Auf Wunsch werden Endergebnisse ausgedruckt, die bei der
        Berech nung des Konfidenzintervalls und der Bestimmung der
        Einschwingphase anfallen.
        IPRIN=0 Keine Endergebnisse

        IPRIN=1 Ausgabe der Koeffizienten B, der Ordnung IP und
                der Autokorrelationskoeffizienten RHO1 und RHO2

        IPRIN=2 Zusätzliche Ausgabe eines Plots mit den beiden
                Zeitreihen x(i) und CMEAN(i).

EXIT1   Fehlerausgang
        Falls das Verfahren kein Konfidenzintervall bestimmen
        kann, wird das Unterprogramm ANAR über den Fehlerausgang
        verlassen.
        In der Regel ist das Verfahren nicht erfolgreich, wenn die
        Stichprobenzahl zu klein ist, oder die Stichproben x(i)
        sich so ungünstig verhalten, daß auch mit der maximalen
        Ordnung Q=50 kein autoregressiver Prozeß gefunden werden
        kann, der die Stichproben x(i) zufriedenstellend appro-
        ximiert.

Hinweise:

* Es ist unbedingt zu beachten, daß das Unterprogramm die Breite
des Konfidenzintervalls und das Ende der Einschwingphase nur
schätzt. Eine zufällige, unglückliche Konstellation der simulativ
bestimmten Stichproben x(i) kann das Verfahren in die Irre
leiten.

* Es ist daher ratsam, sich nur auf die Größenordnung für das
Konfidenzintervall und die Einschwingphase zu verlassen.
Ist das Konfidenzintervall oder die Einschwingphase von großer
Bedeutung, dann ist es erforderlich, die Einzelergebnisse zu
überprüfen, die das Unterprogramm ANAR durch IPRIN=1 bzw. IPRIN=2
liefert.

* Sollen statistische Werte für Bins mit Hilfe von ANAR berechnet
werden, empfiehlt es sich, das zeitliche Verhalten des Mittelwertes für die Tokenzahl mit Hilfe des Unterprogrammes REPRT5
auszudrucken.

* Das Unterprogramm ANAR ist ganz allgemein zur Berechnung von
Konfidenzintervallen einsetzbar.

Soll ANAR aus dem Simulator GPSS-FORTRAN Version 3 herausgelöst
werden, so sind die beiden Unterprogramme GRAPH und PLOT mitzu-
nehmen oder durch Dummy-Routinen zu ersetzen.

* Die Berechnung von Konfidenzintervallen und die Bestimmung der
Einschwingphase ist ein sehr komplexer Vorgang. Der Simulator
GPSS-FOR TRAN Version 3 bietet ein Verfahren, das dem Benutzer
alle Schwierigkeiten abnimmt.

* Das Unterprogramm ANAR wird vom Unterprogramm ENDBIN zweimal
aufgerufen.
Sollen für die Berechnung von Konfidenzintervallen Einzelergebnisse ausgegeben werden, so hat das mit Hilfe der Protokollparameter IPRINT und JPRINT zu geschehen (siehe Bd.2 Kap. 5.3.2
"Protokollsteuerung durch IPRINT und JPRINT").

Der Protokollparameter IPRIN in der Parameterliste von ANAR wird
im Unterprogramm ENDBIN aufgrund der Angaben von IPRINT und
JPRINT gesetzt. Es gilt jeweils:

1.) (IPRINT.EQ.0.OR.JPRINT(17).EQ.-1) IPRIN = 0

2.) (IPRINT.EQ.1.OR.JPRINT(17).EQ.1) IPRIN = 1

3.) (JPRINT(17).EQ.2) IPRIN = 2

5.2 Das Anlegen von Häufigkeitstabellen

Gelegentlich ist es zur Analyse der Ergebnisse nicht ausreichend, nur über die Mittelwerte zu verfügen. Es sind Angaben über die Wahrscheinlichkeitsdichte oder die Verteilungsfunktion erforderlich.

GPSS-FORTRAN Version 3 stellt dem Benutzer zwei Unterprogramme zur Verfügung, die die Werte statistischer Variablen in Häufigkeitstabellen sortieren, diese Häufigkeitstabellen auswerten und die Ergebnisse graphisch darstellen.

Das Unterprogramm TABULA ordnet den Wert einer Variablen in eine Häufigkeitstabelle ein.

Unterprogrammaufruf:

        CALL TABULA (NTAB,NG,X,Y,OG1,GBR)

Parameterliste:

NTAB   Name der Häufigkeitstabelle
        Es muß angegeben werden, in welche Häufigkeitstabelle die Werte einer Variablen einsortiert werden sollen. Die Tabelle wird durch ihre Nummer identifiziert.

NG   Anzahl der Intervalle
        Es kann die Anzahl der Intervalle angegeben werden, die benötigt wird. Es ist darauf zu achten, daß die Anzahl der Intervalle mit der Dimensionierung der Häufigkeitstabelle in Einklang steht.

X   Name der Variablen
        Es wird der Wert der Variablen übergeben, der in die Häufigkeitstabelle einsortiert werden soll.

Y   Zugeordnete Variable
        Es ist möglich, den Wert der Variablen Y festzuhalten, wenn der Wert der Variablen X in ein bestimmtes Intervall fällt. Auf diese Weise läßt sich die Zuordnung der Variablen X und Y feststellen.

OG1   Obergrenze des ersten Werteintervalles
        Der gesamte Wertebereich, der von einer Variablen besetzt werden kann, wird in gleichgroße Intervalle eingeteilt. Die Obergrenze des ersten Intervalles wird angegeben.

GBR   Intervallbreite
        Es wird festgelegt, welche Breite die Intervalle haben sollen.

Zur Aufnahme der Werte stehen Häufigkeitstabellen zur Verfügung. Jede Tabelle enthält 4 Spalten. Die Anzahl der Zeilen kann vom Benutzer durch Angabe des Dimensionsparameters "TAB" angegeben werden.
Durch die Anzahl "TAB" wird festgelegt, wieviel Intervalle zur

Einsortierung zur Verfügung stehen sollen.
Alle Häufigkeitstabellen werden zu einer dreidimensionalen Matrix
zusammengefaßt. Die Anzahl der Häufigkeitstabellen kann durch den
Dimensionsparameter "NTAB" bestimmt werden.
Für die Tabellenmatrix TAB gilt:

```
REAL TAB
DIMENSION TAB ("TAB",4,"NTAB")
```

Die einzelnen Felder haben die folgende Bedeutung:

TAB(J,1,NTAB) Obere Intervallgrenze
Für jedes Intervall wird die obere Grenze angegeben. Der Wert wird vom Unterprogramm TABULA im
Abschnitt "Anlegen der Häufigkeitstabelle" bestimmt
und in die TAB-Matrix eingetragen.

TAB(J,2,NTAB) Absolute Häufigkeit
Die absolute Häufigkeit ist eine ganze Zahl n, die
angibt, wie oft der Wert der Variablen X in das
Intervall J einsortiert wurde.

TAB(J,3,NTAB) Stichprobensumme
Fällt der Wert der Variablen X in das Intervall J,
dann wird der Wert der Variablen zum Inhalt des
Feldes TAB(J,3,NTAB) hinzugezählt.
Bei der Auswertung durch ENDTAB erhält man durch
TAB(J,3,NTAB)/TAB(J,2,NTAB) den Mittelwert für das
Intervall J.

TAB(J,4,NTAB) Werte der zugeordneten Variablen
Wenn der Wert der Variablen X in das Intervall J
fällt, wird im Feld TAB(J,4,NTAB) der Wert der
zugeordneten Variablen Y zum bereits vorliegenden
Inhalt hinzugezählt.

Hinweise:

* Alle Variablen, die in eine Häufigkeitstabelle eingeordnet werden, müssen vom Typ REAL sein. Werte vom Typ INTEGER müssen vor
dem Aufruf des Unterprogrammes TABULA konvertiert werden.

* Alle Häufigkeitstabellen haben dieselbe Zeilenzahl "TAB".

Für alle Werte der Variablen X, die in ein bestimmtes Intervall
fallen, kann der Mittelwert der zugehörigen Variablen Y bestimmt
werden.

Beispiele:

* Es wird festgestellt, wie häufig Unfälle in Abhängigkeit des
Alters der Beteiligten vorkommen. Gleichzeitig soll bestimmt
werden, wie hoch im Mittel der entstandene Schaden für jede
Altersgruppe ist. In diesem Fall wird das Alter der Unfallbe-
teiligten als Wert der Variablen X aufgefaßt; der entstandene
Schaden ist der Wert der zugehörigen Variablen Y.

* In Bd.3 Kap. 4 soll für Aufträge einer Rechenanlage die mittlere Wartezeit in Abhängigkeit des Speicherbedarfs ermittelt werden.
Der Speicherbedarf der Aufträge wird in die Häufigkeitstabelle
einsortiert. Die zu jedem Auftrag gehörende Wartezeit ist in
diesem Fall die zugeordnete Variable.
Für alle Aufträge, die in Bezug auf ihren Speicherbedarf in der
Häufigkeitstabelle in eine Klasse fallen, läßt sich auf diese
Weise jeweils die mittlere Wartezeit bestimmen.

Bei der Dimensionierung der Tabellenmatrix TAB und bei der Angabe
der Anzahl der Intervalle NG im Unterprogramm TABULA ist darauf
zu achten, daß zwei Intervalle für den Unter- bzw. Überlaufbereich reserviert sind.
Variable, deren Wert kleiner ist als die Untergrenze des 1.
Intervalls werden in den Unterlaufbereich eingezählt. Gleiches
gilt für den Überlaufbereich.
Das bedeutet, daß für die Häufigkeitstabelle selbst nur 98 Intervalle oder Klassen zur Verfügung stehen, wenn die Anzahl der
Intervalle mit NG=100 angegeben wird.

Das Unterprogramm TABULA sammelt die Werte der angegebenen Variablen und sortiert sie in die Häufigkeitstabelle ein.
Die Auswertung der Häufigkeitstabelle und die Ausgabe der Ergebnisse übernimmt das Unterprogramm ENDTAB.

Unterprogrammaufruf:

      CALL ENDTAB(NTAB,IGRAPH,YLL,YUL)

Parameterliste:

NTAB   Tabellennummer
        Es wird die Tabellennummer der Häufigkeitstabelle ange-
        geben, die ausgewertet werden soll. Auf diese Weise kann
        jede Tabelle individuell bearbeitet werden.
        Für NTAB=0 werden alle Tabellen nach den gleichen Angaben
        ausgewertet. In diesem Fall ist nur ein einziger Aufruf
        von ENDTAB erforderlich.

IGRAPH Modus für graphische Darstellung
        Das Unterprogramm ENDTAB druckt auf jeden Fall die ge-
        wünschte Häufigkeitstabelle aus.
        Weiterhin kann die Häufigkeitstabelle in Form eines Bal-
        kendiagrammes graphisch dargestellt werden. Hierbei kann
        als Maßstab der Y-Achse die absolute bzw. relative Häufig-
        keit gewählt werden. Man erhält dann die graphische Dar-
        stellung der Wahrscheinlichkeitsdichte.
        Zusätzlich kann die kumulierte Häufigkeit ausgegeben
        werden. Man erhält dann die Verteilungsfunktion.
        Es gilt
        IGRAPH=0 Keine graphische Darstellung
                 Nur Tabellenausdruck
        IGRAPH=1 Absolute Häufigkeiten
        IGRAPH=2 Relative Häufigkeiten

          IGRAPH=3 Absolute Häufigkeiten
                  (Verteilungsfunktion)
          IGRAPH=4 Relative Häufigkeiten
                  (Verteilungsfunktion)

YLL   Untergrenze für graphische Darstellung
        Es ist möglich, aus einer Darstellung nur einen Teilbe-
        reich auszublenden und graphisch darzustellen. Die Unter-
        grenze wird durch YLL (Lower Limit) angegeben.

YUL   Obergrenze für graphische Darstellung
        In gleicher Weise wird die Obergrenze (Upper Limit) der
        graphischen Darstellung festgelegt.

Hinweise:

* Für YLL=0. und YUL=0. wird die gesamte Tabelle graphisch dargestellt.

* Die graphische Darstellung übernimmt das Unterprogramm GRAPH
(siehe Bd.2 Kap. 7.3). GRAPH wird am Ende der Auswertung im
Unterprogramm ENDTAB mit den gewünschten Spezifikationen aufgerufen.

An einem Beispiel soll der Einsatz der Häufigkeitstabellen beschrieben werden.
Das Modell soll aus einer Bedienstation mit Warteschlange bestehen. Wenn für das Warteschlangenverhalten nur der Mittelwert
gewünscht wird, können Bins eingesetzt werden.
Man würde in diesem Fall das folgende Programmstück erhalten:

```
        CALL ARRIVE(NBN,1)
2       CALL SEIZE(NFA,2,*9000)
        CALL DEPART(NBN,1,VL,*9999)
```

Wenn jedoch zusätzlich die Verteilung der Wartezeiten von Be-
deutung ist, muß eine Häufigkeitstabelle eingesetzt werden.
Um im vorliegenden Fall die Wartezeit für jede individuelle
Transaction berechnen zu können, wird die Eintrittszeit in die
Warteschlange im privaten Parameter TX(LTX,9) vermerkt. Für die
Wartezeit gilt dann:

WT = Stand der Simulationsuhr beim Verlassen der
     Warteschlangen - Eintrittszeit in die Warteschlange

Das Programmstück hat dann die folgende Form:

```
        TX(LTX,9) = T
2       CALL SEIZE(NFA,2,*9000)
        WT = T-TX(LTX,9)
        CALL TABULA(1,100,WT,0.,101.,1.)
```

Damit werden die Wartezeiten WT in eine Häufigkeitstabelle mit 98
Klassen einsortiert. Die Intervallbreite beträgt 1.0. Die Ober-
grenze des 1. Intervalls ist 101.0.
Das bedeutet, daß Wartezeiten WT, für die die nachfolgende Be-

ziehung gilt, in den ersten Wertebereich eingeordet wurde:

WT.GT.100 .AND. WT.LE.101

Hinweise:

* Es ist zu beachten, daß die Zeile 1 und die Zeile 100 der Tabellenmatrix TAB als Unter- bzw. Überlaufbereich dienen. Sollten Wartezeiten vorkommen, die nicht in dem Intervall zwischen 100.0 und 198.0 liegen, so werden sie im Unter- bzw. Überlaufbereich registriert.

* Eine zugeordnete Variable Y kommt nicht vor. Man setzt daher Y=0.

Der Ausdruck der Tabelle erfolgt durch den Aufruf von ENDTAB im Rahmen im Abschnitt 8 "Ausgabe der Ergebnisse". Der Aufruf von ENDTAB könnte die folgende Form haben:

        CALL ENDTAB(1,2,0.,0.)

Hierdurch wird die Häufigkeitstabelle NTAB=1 ausgewertet und ausgedruckt. Gleichzeitig wird die Häufigkeitstabelle graphisch dargestellt. Als Ergebnis erhält man den Verlauf der Wahrscheinlichkeitsdichte.

* Der erste Wertebereich, der zwischen 100.0 und 101.0 liegt, wird in die zweite Zeile der Tabellenmatrix TAB eingetragen.

* Es ist zu beachten, daß nur Werte WT, die größer sind als 100.0 in den ersten Wertebereich eingetragen werden. Die Obergrenze 101.0 selbst fällt dagegen in den ersten Wertebereich und wird dort registriert.

* Im Tabellenausdruck sind die Stichprobenvarianz für die Variable X und der Korrelationskoeffizient für die Variablen X und Y angegeben. In beiden Fällen handelt es sich um Näherungen, da anstelle des Quadrates jeder einzelnen Stichprobe mit dem Gruppenmittelwert gerechnet wurde.

5.3 Protokoll des Systemzustandes

Da der Simulator GPSS-FORTRAN ein reines Fortran-Programmpaket ist, hat der Benutzer immer die Möglichkeit, auf alle Datenbereiche zuzugreifen. Insbesondere kann er zu jeder Zeit den Wert von Systemvariablen abfragen und ausgeben. Um den Benutzer zu unterstützen, stellt der Simulator zahlreiche Unterprogramme zur Verfügung, mit deren Hilfe gezielt Systemvariable ausgedruckt werden können.
Es handelt sich hierbei um die folgenden beiden Bereiche:

* Ausdruck der Systemvariablen durch die Report-Unterprogramme

* Ausdruck der Zustandsänderungen und Aktivitäten mit Hilfe der Protokollsteuerung IPRINT und JPRINT

5.3.1 Die Report-Programme

Die Report-Programme drucken gezielt Datenbereiche aus. Die Report- Programme können jederzeit während des Simulationslaufes in einem Event aufgerufen werden. Auf diese Weise ist zu beliebigen Zeiten oder unter bestimmten Bedingungen der aktuelle Zustand der Datenbereiche überprüfbar.
Es folgt die Zusammenstellung der verfügbaren Report-Programme:

* REPRT1(NT)
  Funktion:
  Für alle Stationen vom Typ NT wird der Zustand der Station und die dazugehörige Warteschlange ausgegeben. Die Transactions in der Warteschlange befinden sich hierbei in der Reihenfolge, die von der Policy für die entsprechende Station vorgeschrieben wird.
  Für die Multifacilities NT=2 wird zusätzlich die SE-Matrix ausgedruckt. Man erhält damit die Belegung der einzelnen Service-Elemente.
  Für Pools (NT=3) wird die Pool-Matrix POOL ausgedruckt. Auf diese Weise ist für jeden Pool die Kapazität und der aktuelle Bestand ersichtlich.
  Für Storages (NT=4) erhält man die SM-Matrix. Das heißt, daß der Belegungszustand für alle Speicherplätze einzeln angegeben wird.

  Mit REPRT1 lassen sich die folgenden Aktivitäten überprüfen:

  Bearbeiten der Warteschlangen durch die Policy
  Belegen und Freigeben von Service-Elementen einer Multifacility durch den Plan
  Belegen und Freigen von Speicherplätzen durch die Strategie

* REPRT2
  Funktion:
  Es wird die TX-Matrix und die FAM-Matrix ausgedruckt.
  Man erhält damit Information über die Transactions, die sich zur Zeit des Unterprogrammaufrufes im Modell befinden.

* REPRT3
Funktion:
Man erhält den Ausdruck für die Datenbereiche der Ablaufkon-
trolle. Hierzu gehören die Vektoren THEAD und LHEAD sowie die
Listen EVENTL, SOURCL, ACTIVL, CONFL, MONITL und EQUL mit ihren
entsprechenden Kettenvektoren.
Mit Hilfe von REPRT3 kann der Ablauf des Simulationslaufes im
Einzelschrittverfahren überprüft werden. Dieses Vorgehen wird
bei schwer lokalisierbaren Programmfehlern erforderlich.

* REPRT4
Funktion:
Es wird die Bin-Matrix BIN und die Binstatistik-Matrix BINSTA
ausgedruckt.
Der Aufruf von REPRT4 ist auf jeden Fall bei der Endabrechnung
im Rahmen in Abschnitt 8 erforderlich. Die statistischen Werte
über das Warteschlangenverhalten werden nur ausgedruckt, wenn
das durch den Aufruf von REPRT4 ausdrücklich veranlaßt wird.

* REPRT5(NBIN1,NBIN2,NBIN3,NBIN4,NBIN5,NBIN6)
Funktion:
Durch einen Aufruf von REPRT5 kann das zeitliche Verhalten der
mittleren Tokenzahl von maximal sechs Bins als Plot ausgegeben
werden. Die Bins, für die die mittlere Tokenzahl ausgegeben
werden soll, sind in der Parameterliste angegeben.
Es ist zu beachten, daß die mittlere Tokenzahl in Abhängigkeit
der Zeit aufgetragen wird. Das bedeutet, daß der Wert, den die
mittlere Tokenzahl zum Zeitpunkt T aufweist, dargestellt wird.
Bei der Berechnung der mittleren Tokenzahl sind alle Aktivitäten innerhalb der Bin von Beginn der Simulation an berücksichtigt.
Die mittlere Tokenzahl in Abhängigkeit von T darf nicht mit der
mittleren Tokenzahl in einem Intervall verwechselt werden
(siehe hierzu Bd.2 Kap. 5.1.4 "Intervallmittelwerte"). Die
Intervallmittelwerte geben nur die mittlere Tokenzahl an, wie
sie während eines speziellen Intervalles beobachtet worden
sind.
Die mittlere Tokenzahl in Abhängigkeit der Zeit wird in der
Regel einem Grenzwert zustreben. Da bei der Berechnung immer
die alten Stichproben wieder herangezogen werden, macht sich
bei großer Stichprobenzahl eine einzelne Stichprobe kaum noch
bemerkbar.
Es ist zu empfehlen, für alle wichtigen Bins bei der Endabrechnung REPRT5 aufzurufen, um den Verlauf des Mittelwertes für die
Tokenzahl zu überprüfen. Man erhält dann einen anschaulichen
Eindruck, ob der Simulationslauf lang genug war, um statistische Schwankungen herauszumitteln und um zu sehen, wie gut der
Erwartungswert geschätzt wurde.
Der anschauliche Überblick sollte auf alle Fälle die Berechnung
des Konfidenzintervalles ergänzen. Die Berechnung des Konfidenzintervalles versucht statistisch exakt zu erfassen, was
durch den Plot des Unterprogramms REPRT5 sichtbar wird.

* REPRT6
Funktion:
Ausdruck der Matrix INTSTA.
Während eines Simulationslaufes wird ständig Information über
den Integrationsvorgang gesammelt. Die Ergebnisse können durch
REPRT6 ausgegeben werden.
Es empfiehlt sich auf alle Fälle, REPRT6 am Ende des
Simulationslaufes aufzurufen und die Werte auf Plausibilität zu
überprüfen.

* REPRT7
Funktion:
Ausdruck der Datenbereiche DEVAR für Delay-Variable.
In DEVAR werden für alle Zustandsvariable SV bzw. DV, die als
Delay-Variable deklariert worden sind, die zurückliegenden
Zustände archiviert (siehe hierzu Bd.2 Kap. 2.2.6).
Durch REPRT7 erhält man den aktuellen Stand für alle archivier-
ten Werte zur Zeit T.

Hinweis:

* Alle Report-Programme gehen davon aus, daß Zeilen, die mit Null
besetzt sind, leer sind. Sie werden aussortiert und nicht ausgedruckt.

5.3.2 Die Protokollsteuerung durch IPRINT und JPRINT

Die Report-Programme stellen den Zustand der Systemvariablen zur
Zeit T dar. Um den dynamischen Ablauf eines Modells überprüfen zu
können, bietet GPSS-FORTRAN Version 3 die Protokollsteuerung an.

Mit Hilfe der Protokollsteuerung kann jede Aktivität und jeder
einzelne Zustandsübergang ausgedruckt werden.
Die Variable IPRINT dient zum Ein- und Ausstellen der Protokollsteuerung. Es gilt:

IPRINT = 0   Protokollsteuerung aus
IPRINT = 1   Protokollsteuerung ein

Die Variable IPRINT kann im Rahmen formatfrei eingelesen werden
(siehe Bd.2 Kap. 7.1). IPRINT wird im Bereich COMMON/TIM/ an alle
Unterprogramme weitergegeben.

Mit IPRINT=1 werden ganz allgemein alle Aktivitäten protokolliert. Für gezielte Untersuchungen empfiehlt sich der Einsatz des
Vektors JPRINT.

Der Vektor JPRINT ist wie folgt dimensioniert:

DIMENSION JPRINT(25)

Jedem Feld in JPRINT ist ein Bereich zugeordnet, für den durch
JPRINT die Protokollierung gesteuert werden kann.

Die Protokollsteuerung mit Hilfe von JPRINT hat höhere Kompetenz als die Protokollsteuerung mit IPRINT.

Es gilt:

JPRINT(N) = 0   Keine Steuerung des Bereiches durch JPRINT. Es gelten die Angaben von IPRINT.

JPRINT(N) = 1   Der Bereich wird auf jeden Fall protokolliert. Die Einstellung von IPRINT ist ohne Bedeutung.

JPRINT(N) =-1   Der Bereich wird auf keinen Fall protokolliert, auch wenn IPRINT=1 sein sollte.

Die Zuordnung der Bereiche in den Feldern des Vektors JPRINT ist im Anhang A 3.2 "Darstellung wichtiger Datenfelder" aufgeführt. Die Felder 1 bis einschließlich 22 sind bereits vergeben. Die Felder 23,24 und 25 stehen dem Benutzer zur Verfügung.

Beispiel:

* Der Tabelle im Anhang A 3.2 entnimmt man, daß das Feld für Storages den Wert N=4 hat. Für JPRINT(4)=1 gilt: Alle Aktivitäten, an denen Storages beteiligt sind, werden protokolliert. Für IPRINT=1 und JPRINT(4)=-1 gilt: Es werden alle Aktivitäten protokolliert; ausgenommen sind Aktivitäten, an denen Storages beteiligt sind.

Die Protokollsteuerung mit IPRINT und JRPINT gibt dem Benutzer die Möglichkeit, gezielt sehr ausführliche Information über den Ablauf des Simulationslaufes zu gewinnen ohne in einer unkontrollierbaren Datenflut zu ertrinken.

Hinweis:

* Für JPRINT sind nur die Werte 1, 0 und -1 zulässig. Eine Ausnahme macht nur JPRINT(17), das die Berechnung der Konfidenzintervalle überwacht (siehe hierzu Bd.2 Kap. 5.1.6 "Die Berechnung des Konfidenzintervalles und die Bestimmung der Einschwingphase). Hier gilt:

JPRINT(17)=-1 Protokollsteuerung aus

JPRINT(17)= 0 Angabe von IPRINT gültig

JPRINT(17)= 1 Ausgabe der Ordnung, der Koeffizienten B und der Autokorrelationskoeffizienten

JPRINT(17)= 2 Zusätzliche Ausgabe eines Plots zur Darstellung der Zeitreihen X(i) und CMEAN(i).

* Um JPRINT formatfrei einlesen zu können, muß der Benutzer zwei Variable vom Typ INTEGER einlesen, die das Feld charakterisieren und den Wert festlegen. Das Einlesen der beiden Variablen hat der Benutzer selbst durchzuführen (siehe hierzu Bd.2 Kap. 7.1).

* Bei der Programmerstellung für komplexe Modelle gilt Murphy's Gesetz: "Was schief gehen kann, geht schief". Es wird empfohlen, den Ergebnissen eines Simulationsmodelles nur dann Glauben zu schenken, wenn es sorgfältig ausgetestet ist. Das bedeutet, daß alle Funktionen durch die Protokollsteuerung überprüft werden müssen. Das mühsame Durcharbeiten der Protokollausdrucke ist unabdingbare Voraussetzung für die Richtigkeit der Modellergebnisse. Bei Unstimmigkeiten muß dann mit Hilfe der Report-Programme gezielt nach dem Fehler gesucht werden.

5.4 Hilfsfunktionen

GPSS-FORTRAN bietet zahlreiche Hilfsfunktionen an, die den Ablauf der Simulation unterstützen. Es handelt sich hierbei um die folgenden Bereiche:

* Vorbesetzung der Systemvariablen
* Retten und Wiedereinlesen des Systemzustands
* Beenden des Simulationslaufes
* Interpolation bei Funktionen, die in Tabellenform vorliegen

5.4.1 Vorbesetzen der Datenbereiche

Alle Systemvariablen werden vom Simulator GPSS-FORTRAN Version 3 vorbesetzt.
Die Vorbesetzung mit Null übernimmt das Unterprogramm RESET. Sollen Variable einen Wert verschieden von Null erhalten, so geschieht das im Unterprogramm PRESET.

Hinweis:

* Es wird empfohlen, das Unterprogramm PRESET durchzusehen, um sich mit der Vorbesetzung bekannt zu machen.
Weiterhin gibt es die 4 INIT-Unterprogramme, die für die Vorbesetzung besonderer Bereiche zuständig sind.

* INIT1

  Funktion:
  Wertzuweisung für die Zufallszahlengeneratoren (siehe Bd.2 Kap. 6.2 "Erzeugung gleichverteilter Zufallszahlen").
  Wenn der Benutzer eigene Zufallszahlengeneratoren verwenden möchte, müssen die Wertzuweisungen in INIT1 modifiziert werden.

* INIT2(*9999)

  Funktion:
  Anlegen der Datenbereiche für Multifacilities. Der Benutzer gibt die Anzahl der Service-Elemente, die zu einer Multifacility gehören sollen, im Rahmen im Abschnitt 4 an. Das geschieht durch Eintrag der Kapazität in die Multifacility-Matrix im Feld MFAC(MFA,2).
  Aufgrund des Eintrags in der Matrix MFAC werden die Datenbereiche für die Multifacilities eingerichtet (siehe hierzu Bd.2 Kap. 4.2.1 "Der Aufbau der Multifacilities").

* INIT3(*9999)
  Funktion:
  Anlegen der Datenbereiche für Storages. Der Benutzer kann die Anzahl der Speicherplätze, die zu einer Storage gehören sollen, angeben. Das geschieht im Rahmen im Abschnitt 4 durch den Eintrag der Kapazität in das Feld SBM(NST,2).
  Aufgrund des Eintrags in die Matrix SBM werden die Datenbereiche für Storages eingerichtet (siehe hierzu Bd.2 Kap. 4.3.2 "Der Aufbau der Storages").

* INIT4

Funktion:
Initialisieren des Vektors TYPE.
Der Benutzer kann mit Hilfe der Dimensionsparameter die Anzahl
der Stationen zu jedem Typ bestimmen. Um aus diesen Angaben die
Stationsnummer K berechnen zu können, muß der Vektor TYPE
eingerichtet werden.

Hinweise:

* Die Unterprogramme RESET, PRESET, INIT1, INIT2, INIT3 und INIT4
sind Systemunterprogramme, mit denen der Benutzer in der Regel
nichts zu tun hat.

* Die vorgenannten Unterprogramme besetzen nur Systemvariable
vor. Die benutzereigenen Variablen müssen im Rahmen im Abschnitt
3 unter "Besetzen privater Größen" vorbesetzt werden.

* Es ist im Rahmen auf die Reihenfolge der Unterprogrammaufrufe
zu achten.

1. Besetzen aller Systemvariablen durch RESET und PRESET.

2. Einlesen von Variablen. Bei Bedarf können hierbei bereits vor-
   besetzten Variablen neue Werte zugewiesen werden.

3. Besetzen der Sourceliste, der Policy-Strategie- und Plan-Ma-
   trizen, Setzen der Kapazität für Multifacilities, Pools und
   Storages.

4. Aufruf der Unterprogramme INIT1, INIT2, INIT3 und INIT4.

5.4.2 Retten und Wiedereinlesen des Systemzustandes

Bei längeren Simulationsläufen muß die Möglichkeit bestehen, den
Simulationslauf zu unterbrechen, um z.B. Zwischenergebnisse kon-
trollieren zu können. Anschließend soll die Ablaufkontrolle den
Simulationslauf an der Stelle fortsetzen, wo er unterbrochen
wurde. Hierzu stellt GPSS-FORTRAN Version 3 die beiden Unterprogramme SAVOUT und SAVIN zur Verfügung. Zuerst wird das
Unterprogramm SAVOUT beschrieben.

Funktion:
Das Unterprogramm schreibt alle GPSS-FORTRAN Datenbereiche auf
eine Datei mit der logischen Gerätenummer UNIT7, die im Bereich
COMMON/FIL/ übergeben wird.

Unterprogrammaufruf:

     CALL SAVOUT

Parameterliste:

Die Parameterliste ist leer.

Hinweise:

* Das Unterprogramm SAVOUT rettet nur die GPSS-FORTRAN Datenbereiche. Datenbereiche, die der Benutzer angelegt hat, müssen
gesondert gesichert werden.

* Die logische Gerätenummer UNIT7 ist vom Benutzer am Anfang des
Rahmens anzugeben. Die Vorbesetzung ist die folgende:

UNIT7 = 12

Für das Wiedereinlesen der Datenbereiche für Systemvariable ist
das Unterprogramm SAVIN zuständig.

Funktion:
Das Unterprogramm SAVIN liest alle GPSS-FORTRAN Datenbereiche
ein, die auf einer Datei mit der logischen Gerätenummer UNIT7
stehen.

Hinweis:

* Genauso wie in SAVOUT hat der Benutzer auch in SAVIN die logische Gerätenummer der Datei anzugeben, von der die Datenbereiche eingelesen werden sollen.
Die Vorbesetzung ist die folgende:

UNIT7 = 12

5.4.3 Beenden des Simulationslaufes

Bei Beendigung des Simulationslaufes muß die Ablaufkontrolle verlassen werden. Es wird aus dem Unterprogramm FLOWC in den Rahmen
zurückgesprungen, um mit den abschließenden Abschnitten 7
"Endabrechnung" und Abschnitt 8 "Ausgabe der Ergebnisse"
fortzufahren.
Im Simulator GPSS-FORTRAN Version 3 führen in allen Unterprogrammen die Anweisungsnummer 9999 zurück in den Rahmen zur Endabrechnung. Dieses Verfahren ist unabhängig von der Tiefe der Unterprogrammhierarchie.

Der Benutzer hat zahlreiche Möglichkeiten, den Simulationslauf
regulär zu beenden.

1. Angabe der maximalen Simulationszeit in der Variablen TEND

2. Angabe der maximalen Transactionzahl TXMAX (nur für Transactions)

3. Der Simulationslauf kann aufgrund einer beliebigen Bedingung
   abgebrochen werden. In diesem Fall hat der Benutzer ein bedingtes Ereignis zu definieren. Das entsprechende Ereignis
   enthält dann die folgende Anweisung:

        TEND = T

Hinweis:

* Der Simulator wird bei einem Fehler automatisch abgebrochen.
Auch in diesem Fall wird im Rahmen zur Endabrechnung gesprungen.
Man erhält auf diese Weise alle Ergebnisse, soweit sie bis zum
Eintreten des Fehlers vorliegen.

Zusätzlich zu den drei bisher genannten Möglichkeiten kann der
Benutzer den Simulationslauf beenden, wenn eine Bin in ihren sta-
tistischem Verhalten ein zufriedenstellendes Verhalten zeigt.

Beobachtet man die mittlere Tokenzahl einer Bin in Abhängigkeit
der Simulationszeit, so ergibt sich, daß sie für den stationären
Fall einem Grenzwert zustrebt. Das bedeutet, daß sich im Laufe
der Simulationszeit alle statistischen Schwankungen herausgemittelt haben. Der Mittelwert, der sich als Grenzwert ergibt,
heißt Erwartungswert. Er unterscheidet sich vom Stichprobenmittelwert, der durch die Simulation zu einem bestimmten
Zeitpunkt aufgrund der folgenden Beziehung bestimmt wird:

$$\text{Mittlere Tokenzahl} = 1/\text{Anzahl der Stichproben} * \overline{\sum} \text{Stichprobe}(i)$$

Summiert wird hierbei über alle bisher beobachteten Aufträge i.

Die Abweichung zwischen dem Erwartungswert und dem zu einem bestimmten Zeitpunkt ermittelten Stichprobenmittelwert wird mit
fortschreitender Simulationszeit und wachsendem i abnehmen.
Bei der Simulation muß entschieden werden, wie lange simuliert
werden soll bzw. wieviele Aufträge beobachtet werden müssen,
bevor sich der Stichprobenmittelwert dem Erwartungswert
ausreichend genähert hat.
In GPSS-FORTRAN wird als Abbruchkriterium ein Verfahren eingesetzt, das vom zuletzt bestimmten Stichprobenmittelwert für die
Aufent haltszeit der Token in einer Bin ausgeht. Um diesen
Mittelwert wird ein Intervall gelegt, dessen Breite vom Benutzer
angegeben werden kann. Wenn 20 vorher beobachtete
Stichprobenmittelwerte in dieses Intervall fallen, wird der
Simulationslauf abgebrochen.

Die Überprüfung des Abbruchkriteriums übernimmt das Unterprogramm
SIMEND.

Funktion:
Das Unterprogramm SIMEND prüft, ob die letzten 20 Stichprobenmittelwerte für die Wartezeit der Aufträge in einer Bin innerhalb
des vorgegebenen Intervalls liegen. Ist das der Fall, wird TEND=T
gesetzt.

Unterprogrammaufruf:

CALL SIMEND(NBN,NDP,P)

Parameterliste:

NBN   Nummer der zu überprüfenden Bin
       Es muß die Nummer der Bin angegeben werden, deren zeit-
       liches Verhalten für den Abbruch des Simulationslaufes
       entscheidend sein soll.

NDP   Aufrufe von DEPART zwischen zwei Überprüfungen.
       Es muß angegeben werden, wie oft im Simulationsprogramm
       das Unterprogramm DEPART aufgerufen werden soll, bevor ein
       neuer Stichprobenmittelwert berechnet wird und eine Über-
       prüfung erfolgt.

P   Zugelassene Abweichung vom Mittelwert (in Prozent)
       Es muß die Breite des Intervalles angegeben werden, in das
       alle Mittelwerte fallen müssen, wenn der Simulationslauf
       abgebrochen werden soll. P gibt die zulässige Abweichung
       nach oben bzw. unten in Prozent vom Mittelwert an.
       Das Intervall um den Mittelwert hat die Breite
       2*P*MEAN/100.

Hinweise:

* Wenn man aus vorhergehenden Simulationsläufen weiß, wie oft
DEPART aufgerufen worden ist, läßt sich ein brauchbarer Wert für
NDP gewinnen.
Sei BIN(NBN,6) die Anzahl der registrierten Aufrufe von DEPART.
Man kann annehmen, daß die erste Hälfte des Simulationslaufes die
Einschwingphase und die Phase starker statistischer Schwankungen
umfaßt. Die zweite Hälfte wird auf die 20 Intervalle verteilt.
Für NDP ergibt sich hiermit:

NDP = BIN(NBN,6)/(2*20)

* Die Stichprobenmittelwerte, die in SIMEND zur Entscheidung über
das Simulationsende herangezogen werden, sind dieselben, die
durch das Unterprogramm REPRT5 ausgedruckt werden (siehe hierzu
Bd.2 Kap. 5.3.1 "Die Report-Programme").

* Das Unterprogramm SIMEND kann an jeder Stelle des Simulations-
programmes aufgerufen werden. Es ist jedoch empfehlenswert, das
Abbruchkriterium in ACTIV nach jeder Deaktivierung einer Trans-
action einzusetzen. Das bedeutet, daß vor dem Rücksprung nach
FLOWC das Unterprogramm SIMEND aufgerufen werden muß.
Der Rücksprung nach FLOWC in ACTIV hat dann die folgende Form:

```
9000     CALL SIMEND(NBN,NDP,P)
         RETURN
```

5.4.4 Das Unterprogramm FUNCT

Es kommt häufig vor, daß eine Funktion nur in tabellarischer Form
vorliegt. Das heißt, der Wert der Funktion ist nur an den Stützstellen bekannt.
Um Funktionswerte, die zwischen zwei Stützstellen liegen, berechnen zu können, kann man als Näherung die lineare Interpolation
einsetzen. GPSS-FORTRAN Version 3 stellt hierzu das Unterprogramm
FUNCT zur Verfügung.

Funktion:
Lineare Interpolation einer Funktion, die als Tabelle gegeben
ist. Die Funktionswerte werden in einer zweizeiligen Matrix
VFUNCT zur Verfügung gestellt.
VFUNCT ist wie folgt definiert:

VFUNCT(I,1) Wert der Variablen X an der Stützstelle I

VFUNCT(I,2) Wert der Variablen Y an der Stützstelle I

Die Matrix VFUNCT ist vom Benutzer zu dimensionieren und zu besetzen.

Unterprogrammaufruf:

        CALL FUNCT(VFUNCT,IDIM,X, Y,IND,EXIT1)

Parameterliste:

VFUNCT Wertetabelle für die Stützfunktion
        Die Matrix VFUNCT ist vom Benutzer anzugeben.

IDIM   Anzahl der Stützstellen
        Es wird angegeben, wieviel Stützstellen in der Matrix
        VFUNCT übergeben werden.
        Für die Dimensionierung von VFUNCT muß gelten:
        DIMENSION VFUNCT (IDIM,2).

X   Wert der unabhängigen Variablen
        Es wird der Wert der unabhängigen Variablen angegeben, für
        den der Y-Wert berechnet werden soll.

Y   Wert der abhängigen Variablen
        Es wird mit Hilfe der linearen Interpolation der Wert der
        abhängigen Variablen Y berechnet und zurückgegeben.

IND   Indikator bei Bereichsüberschreitung
        Liegt der Wert von X außerhalb des Wertebereiches, der in
        der Matrix VFUNCT übergeben worden ist, so sind drei Fälle
        möglich:
        IND=0 Es erfolgt keine Extrapolation. Für Y wird konstant
              der Wert des ersten bzw. letzten Tabellenwertes

angenommen.

IND=1 Es erfolgt lineare Extrapolation über den in VFUNCT angegebenen Wertebereich hinaus.

IND=2 Der Simulationslauf wird abgebrochen.

EXIT1 Fehlerausgang
Falls der Indikator für Bereichsüberschreitung den Wert IND=2 hat und X aus dem Wertebereich, der in VFUNCT definiert worden ist, herausfällt, wird das Unterprogramm über den Adreßausgang verlassen. Der Fehlerausgang wird weiterhin eingeschlagen, wenn IDIM=1.

6 Die Erzeugung von Zufallszahlen

Bei der Simulation stochastischer Systeme (siehe 1.1.2) spielt
die Erzeugung von Zufallszahlen eine bedeutende Rolle. Alle zu-
fälligen Ereignisse sind im Modell nachbildbar, wenn die entsprechenden Zufallsvariablen generiert werden können. Die
Elemente einer Folge von Zahlen sollen Zufallszahlen heißen, wenn
sie zwei Bedingungen genügen:

a) Die Häufigkeit der Zahlen muß einer vorgegebenen Verteilung
   genügen.

b) Es darf zwischen den Zahlen einer Folge keine Relation bestehen.

Beispiel:

* Die Zahlen der Zahlenfolge

1 1 1 1 1 2 2 2 2 2 3 3 3 3 3

sind keine Zufallszahlen, da sie zwar der Bedingung a), nicht jedoch der Bedingung b) genügen. Sie sind gleichverteilt, da jede
Zahl gleich häufig vorkommt. Die Reihenfolge der Zahlen gehorcht
jedoch einer sofort erkennbaren Relation.

6.1 Generatoren für Zufallszahlen

Untersucht man stochastische Systeme, so stellt man fest, daß die
Zufälligkeit des Systemverhaltens daran liegt, daß eine oder
mehrere Systemvariablen Zufallsvariablen sind. Diese Zufallsvariablen nehmen einer bestimmten Verteilung gehorchend verschiedene Werte an. Im Modell können die verschiedenen Werte der
Zufallsvariablen durch Zufallszahlen nachgespielt werden. Hieraus
folgt, daß stochastische Ereignisse jeder Art simulierbar sind,
wenn Zufallszahlen einer bestimmten Verteilung zur Verfügung
stehen.
Zufallszahlen einer bestimmten Verteilung lassen sich gewinnen,
wenn gleichverteilte Zufallszahlen gegeben sind. Aus diesem Grund
bilden die Zufallszahlengeneratoren für gleichverteilte Zufallszahlen die Grundlage für die Simulation stochastischer Systeme.

In der Regel werden zur Erzeugung von Zufallszahlen Rechenopera-
tionen herangezogen, die nach einer festen Vorschrift Zahlen-
folgen liefern. Dieses Verfahren hat den groß en Vorteil, daß es
auf einem Rechner einsetzbar ist und eine reproduzierbare Zahlenfolge liefert. Startet man einen derartigen Zufallszahlengenerator vom Anfangszustand aus, so liefert er jedesmal exakt
eine identische Zahlenfolge.
Um einen Zufallszahlengenerator bequem handhaben zu können,
sollte er die folgenden Eigenschaften aufweisen:

a) Er soll einfach sein und zur Erzeugung einer Zufallszahl wenig
   Rechenzeit benötigen. Diese Bedingung ist in der Regel er-
   füllt, wenn die Rechenvorschrift zur Erzeugung der Zufallszahl
   N(J+1) nur den Vorgänger der Folge N(J) benötigt:

b) Wenn eine Zahlenfolge aufgrund einer Rechenvorschrift erzeugt
   wird, besteht die Möglichkeit, daß die Folge Perioden enthält.
   Die Perioden sollen möglichst groß sein.

6.2 Erzeugen gleichverteilter Zufallszahlen

Zur Erzeugung gleichverteilter Zufallszahlen sind verschiedene
Verfahren entwickelt worden. An dieser Stelle soll nur das multi-
plikative Kongruenzverfahren beschrieben werden, da es in GPSS-
FORTRAN Verwendung findet. Dieses Verfahren erzeugt die Zufalls-
zahlenfolge nach der folgenden Rechenvorschrift:

   X(I+1) = (DFACT*X(I)+DCONST) mod DMODUL

Durch die Wahl von DFACT, DCONST und DMODUL muß erreicht werden,
daß Zahlen der erzeugten Folge tatsächlich Zufallszahlen sind. Es
zeigt sich, daß sich die statistischen Bedingungen erfüllen
lassen, wenn die folgenden Beschränkungen eingehalten werden /4/:

* Wenn DMODUL eine Zweierpotenz ist, soll für DFACT gelten:

   DFACT mod 8 = 5

* Die Relation von DMODUL zu DFACT soll bestimmt sein durch

   SQRT(DMODUL).LT.DFACT.LT.(DMODUL-SQRT(DMODUL))

wobei DMODUL möglichst groß ist.
Günstig ist weiterhin:

   DFACT.GT.DMODUL/100

* Die additive Konstante DCONST soll ungerade sein, falls DMODUL
eine Potenz von 2 ist. Weiterhin soll DCONST kein Viel faches von
5 sein, wenn DMODUL eine Potenz von 10 ist.

* Die Relation von DMODUL zu DCONST soll bestimmt sein durch:

   DCONST/DMODUL = 1/2-1/6*SQRT(3) = 0.211

Die Werte für die Zufallszahlengeneratoren wurden so ausgewählt,
daß sie den genannten Bedingungen genügen.
Weiterhin wurden die Zufallszahlengeneratoren in GPSS-FORTRAN den
folgenden Tests unterworfen:

* Spektraltest nach Coveyou und Mac Pherson

* Chi-Quadrat-Test

* Kolmogorov-Smirnov-Test

* Gap-Test

* Permutation-Test

Die verwendeten Werte finden sich im Listing für das Unterprogramm INIT1 (siehe Anhang A5 "Zufallszahlengeneratoren").

6.3 Erzeugung von Zufallszahlen einer beliebigen Verteilung

Grundlage für die Erzeugung von Zufallszahlen einer beliebigen Verteilung sind gleichverteilte Zufallszahlen. Es gibt verschiedene Verfahren, die aus gleichverteilten Zufallszahlen durch Umwandlung Zufallszahlen einer beliebigen Verteilung erzeugen. Sie sind z.B. in /5/ beschrieben.

6.3.1 Erzeugung von Zufallszahlen mit Hilfe der Umkehrfunktion

Sollen Zufallszahlen einer bestimmten Verteilung genügen, so ist diese Verteilung charakterisiert durch die Dichtefunktion $f(X)$ und die Verteilungsfunktion $F(X)$.
Wenn $R(I)$ gleichverteilte Zufallszahlen sind, so lassen sich die Zufallszahlen $X(I)$, die der Verteilung $F(X)$ gehorchen, gewinnen, indem man die Umkehrfunktion von $F(X)$ bildet:

$$X(I) = F^{-1}(R(I)) \qquad 0.LE.R(I).LE.1$$

Beispiel:

* Es sollen Zufallszahlen nach der Exponentialverteilung erzeugt werden. Die Dichtefunktion lautet:

$$f(X) = ALPHA*exp(-ALPHA*X)$$

Die Verteilungsfunktion lautet:

$$F(X) = \int_0^X ALPHA*exp(-ALPHA*T)dT = 1-exp(-ALPHA*X) = R$$

Die Umkehrfunktion lautet:

$$F^{-1}(X) = -1/ALPHA*ln(1-R) = X$$

Wenn $R(I)$ gleichverteilte Zufallszahlen sind, so erhält man exponentiell verteilte Zufallszahlen $X(I)$ nach der Beziehung:

$$X(I) = -1/ALPHA*ln(1-R(I))$$

Sind die Zufallszahlen R gleichverteilt, dann auch die Zufallszahlen (1-R). Man erhält dann:

   X(I) = -1/ALPHA*ln R(I)

Das Verfahren zur Generierung von Zufallszahlen mit Hilfe der Umkehrfunktion läßt sich nur in einfachen Fällen durchführen.
Häufig ist die Umkehrfunktion nicht in geschlossener Form
darstellbar. Es müssen dann andere Verfahren herangezogen werden.

Beispiel:

Es sollen Zufallszahlen erzeugt werden, die der Gauss-Verteilung
genügen.
Die Dichtefunktion für die Standard-Verteilung mit MEAN = 0 und
SIGMA = 1 lautet:

   f(X) = 1/SQRT(2*PI)*exp(-1/2*X**2)

Die Verteilungsfunktion lautet:

$$F(X) = 1/SQRT(2*PI)* \int_{-\infty}^{X} exp(-1/2*U**2)dU$$

Die Verteilungsfunktion ist nicht in geschlossener Form darstellbar. Damit ist das Verfahren zur Generierung von Zufallszahlen
mit Hilfe der Umkehrfunktion nicht anwendbar.

6.3.2 Die Erlang-Verteilung

Wenn die Wahrscheinlichkeit für das Auftreten eines Ereignisses
in einem kleinen Zeitintervall sehr klein ist und wenn dieses
Ereignis unabhängig ist von den übrigen Ereignissen, dann gehorcht das Zeitintervall zwischen dem Auftreten zweier Ereignisse
dieser Art der Exponentialverteilung.
Überraschenderweise gibt es eine große Zahl realer Systeme, deren
Verhalten sich durch eine Exponentialfunktion beschreiben läßt.

Beispiele:

* Das Zeitintervall zwischen Unfällen in einer Fabrik.

* Die Ankunft von Aufträgen in einer Firma.

* Das Eintreffen von Patienten im Krankenhaus.

* Das Landen von Flugzeugen auf einem Flugplatz.

Die Erzeugung von Zufallszahlen nach der Exponentialverteilung
ist von besonderer Wichtigkeit für die Simulation. Die Dichte-

funktion für die Exponentialverteilung lautet:

    f(X) = ALPHA*exp(-ALPHA*X)

Der Mittelwert für die Exponentialverteilung kann wie folgt bestimmt werden:

    MEAN = 1/ALPHA

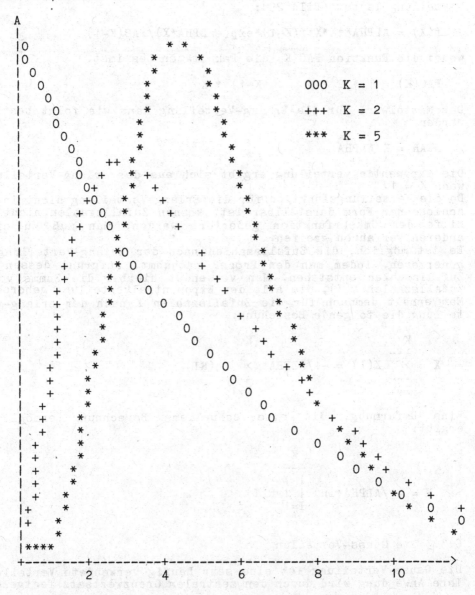

BILD 29   DIE ERLANG-VERTEILUNG FUER MEAN = 5

Die Erlang-Verteilung stellt eine Erweiterung der Exponentialverteilung dar. Man kann sich vorstellen, daß ein Prozeß aus K aufeinanderfolgenden Teilprozessen besteht, deren Bearbeitungszeit jeweils exponentiell verteilt ist, wobei der Parameter ALPHA für alle Teilprozesse identisch sein muß. Die Gesamtbearbeitungszeit, die sich als Summe der K Teilbearbeitungszeiten ergibt, gehorcht der Erlang-Verteilung. Die Dichtefunktion für die Erlang-Verteilung lautet (Bild 29):

    f(X) = ALPHA**K*X**(K-1)*exp(-ALPHA*X)/FAC(K-1)

wobei die Funktion FAC(K) die Fakultäten bestimmt.

    FAC(K) = 1 * 2 * . . . (K-1) * K

Der Mittelwert für die Erlang-Verteilung kann wie folgt bestimmt werden:

    MEAN = K/ALPHA

Die Exponentialverteilung ergibt sich aus der Erlang-Verteilung, wenn K = 1.
Da die Verteilungsfunktion für die Erlang-Verteilung nicht in geschlossener Form darstellbar ist, können Zufallszahlen nicht mit Hilfe der Umkehrfunktion generiert werden. Man muß zu einem anderen Verfahren greifen.
Es ist möglich, die Zufallszahlen nach der Erlang-Verteilung zu generieren, indem man den Prozeß nachahmt, aufgrund dessen die Zufallszahlen entstehen. Man verwendet hierbei die Summe von K Zufallszahlen X(I), die alle der Exponentialverteilung gehorchen. Man erhält demnach für die Zufallszahlen X nach der Erlang-Verteilung die folgende Beziehung:

$$X = \sum_{I=1}^{K} X(I) = -1/ALPHA * \sum_{I=1}^{K} \ln(RI)$$

Eine Umformung, die eine schnellere Berechnung ermöglicht, ergibt:

$$X = -1/ALPHA*\ln \prod_{I=1}^{K} R(I)$$

6.3.3 Die Gauss-Verteilung

Die Gauss-Verteilung ist eine sehr häufig verwendete Verteilung. Ihre Anwendung wird durch den zentralen Grenzwertsatz festgelegt.

Man kann die Summe von n Zufallszahlen X(I) bilden, die einer

beliebigen, jedoch für alle X(I) identischen Verteilung gehorchen, wobei der jeweilige Mittelwert MEAN(I) und die jeweilige
Standardabweichung SIGMA(I) sein soll. Wird n sehr groß, so
nähert sich die Verteilung für die Zufallszahlen

$$X = \sum_{I=1}^{n} X(I)$$

der Gauss-Verteilung mit

$$MEAN = \sum_{I=1}^{n} MEAN(I)$$

$$SIGMA**2 = \sum_{I=1}^{n} SIGMA(I)**2$$

Eine Zufallszahl X, die sich als Summe sehr vieler Zufallszahlen
X(I) einer beliebigen, jedoch für alle X(I) identischen Verteilung darstellen läßt, gehorcht der Gauss-Verteilung.
In realen Systemen werden sehr häufig Parameter durch eine
größere Zahl unabhängiger Einflüsse bestimmt, die sich additiv
überlagern. Hieraus erklärt sich die Tatsache, daß sehr viele
empirisch bestimmte Verteilungen entweder Gauss-Verteilungen sind
oder zumindest durch Gauss-Verteilungen gut angenähert werden
können.

Die Dichtefunktion für die Gauss-Verteilung lautet:

    f(X) = 1/(SIGMA*SQRT(2*PI))*exp(-1/2*((X-MEAN)/SIGMA)**2)

Da die Verteilungsfunktion der Gauss-Verteilung nicht geschlossen
darstellbar ist, muß zur Generierung von Zufallszahlen nach
dieser Verteilung ein besonderes Verfahren verwendet werden. Sehr
schnell und bequem lassen sich Gauss-verteilte Zufallszahlen auf
die folgende Weise erzeugen:

Wenn R(1) und R(2) gleichverteilte Zufallszahlen im Intervall (0,
1) sind, dann gehorchen die beiden Zufallszahlen X(1) und X(2)
der Gauss-Verteilung mit MEAN = O und SIGMA = 1, wenn gilt /6/:

    X(1) = (-2*ln R(1))**1/2*cos(2*PI*R(2))

    X(2) = (-2*ln R(1))**1/2*sin(2*PI*R(2))

Will man von der standardisierten Gauss-Verteilung zu einer
Gauss-Verteilung mit beliebigen MEAN und SIGMA übergehen, so
erfolgt die Transformation durch die folgende Beziehung:

Z = X*SIGMA+MEAN

Z ist dann eine Zufallszahl, die einer allgemeinen Gauss-Verteilung gehorcht.

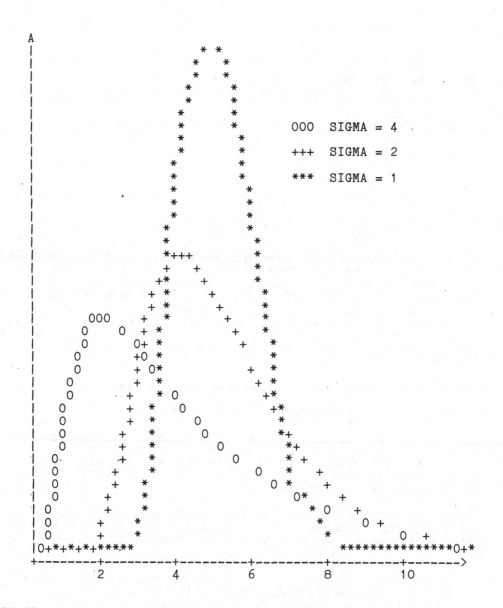

BILD 30   DIE LOGARITHMISCHE NORMALVERTEILUNG FUER MEAN = 5

6.3.4 Die logarithmische Normalverteilung

Zufallszahlen Q(I) heißen logarithmisch normalverteilt, wenn die
Zufallszahlen X(I)=ln Q(I) einer Normalverteilung genügen.
Die Dichtefunktion der logarithmischen Normalverteilung lautet
(Bild 30):

    f(Q) = 1/F*exp(-1/2*ln(Q-MEANX)**2/SIGMAX**2

    F = SIGMAX*SQRT(2*PI)*Q

SIGMAX und MEANX sind hierbei die Standard abweichung und der
Mittelwert der ursprünglichen Gauss-Verteilung.

Für den Mittelwert und die Varianz der logarithmischen Normalverteilung gilt:

    MEANQ = exp(MEANX+1/2*SIGMAX**2)

    SIGMAQ**2 = exp(2*MEANX+SIGMAX**2)*(exp(SIGMAX**2)-1)

Um bei vorgegebenem Mittelwert MEANQ und vorgegebener Varianz
SIGMAQ**2 die in der Wahrscheinlichkeitsdichte erscheinenden
Größen MEANX und SIGMAX berechnen zu können, löst man die beiden
Gleichungen für MEANQ und SIGMAQ auf. Man erhält dann:

    SIGMAX**2 = ln(SIGMAQ**2/MEANQ**2+1)

    MEANX = ln(MEANQ)-1/2*SIGMAX**2

6.3.5 Approximation empirisch bestimmter Verteilungen

Empirisch bestimmte Verteilungen lassen sich häufig nicht genau
durch eine geschlossen darstellbare Funktion für die Wahrscheinlichkeitsdichte repräsentieren. In diesem Fall ist man auf Nähe-
rungsverfahren angewiesen.
Häufig ist es ausreichend, den Kurvenverlauf zu approximieren,
indem man durch die Schar der empirisch bestimmten Punkte eine
Funktion nach dem Verfahren der kleinsten Quadrate hindurchlegt.
Für die zur Approximation verwendete Funktion müssen sich natürlich Zufallszahlen bestimmen lassen.
Genauere Ergebnisse erhält man, wenn die empirisch bestimmte Verteilung stückweise approximiert wird. Die Länge der hierbei
gewählten Intervalle hängt von der Form der Verteilung und der
geforderten Genauigkeit ab. Es kann notwendig werden, jeden
Kurvenabschnitt zwischen zwei Meßpunkten als gesondertes Intervall aufzufassen. Diesem Intervall kann man dann z.B. eine
Gleichverteilung zugrunde legen. Man erhält dann die Approximation der empirisch bestimmten Verteilung durch eine Treppenfunktion. Dieses Verfahren ist sehr einfach und läßt sich mit den
von GPSS-FORTRAN zur Verfügung gestellten Unterprogrammen reali-
sieren.

Durch die Kombination verschiedener Verteilungen lassen sich oft
sehr einfach verschiedenartige Verteilungen approximieren.

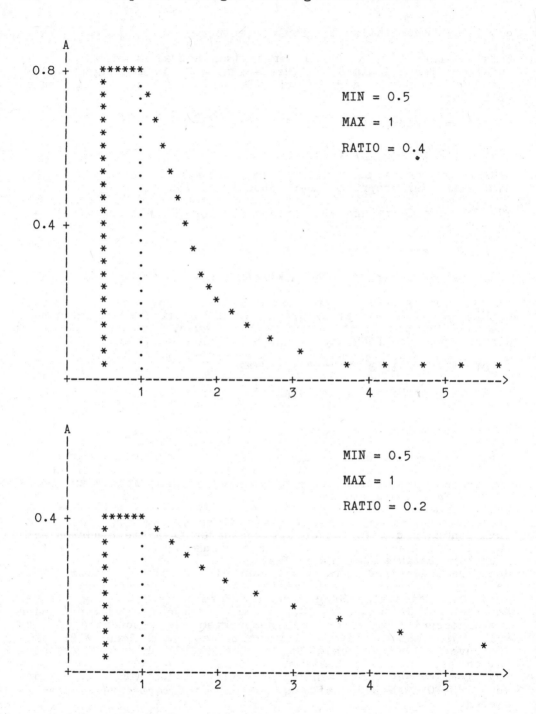

BILD 31   DIE VERTEILUNG FUER BOXEXP

Beispiel

* Es ist häufig möglich, die empirische Verteilung durch eine Gleichverteilung mit einer angehängten Exponentialverteilung darzustellen. Man gibt in diesem Fall die Grenzen des Intervalles für die Gleichverteilung MIN und MAX an. Weiterhin benötigt man

die Größe RATIO, die bestimmt, mit welcher Wahrscheinlichkeit eine Zufallszahl aus dem Intervall der Gleichverteilung gezogen wird. Mit der Wahrscheinlichkeit 1-RATIO wird die Zufallszahl aus dem Anteil der Exponentialverteilung ermittelt.
Die Anpassung des exponentiell verteilten Anteiles an die Gleichverteilung ergibt die folgende Gleichung (siehe Bild 31).

$$Y = C*exp(-ALPHA*MAX)$$

Die Normierung der gesamten Verteilung liefert:

$$1-RATIO = C * \int_{MAX}^{\infty} exp(-ALPHA*X) \, dX$$

Für die Gleichverteilung gilt:

$$Y = RATIO/(MAX-MIN)$$

Man erhält dann für die Zufallszahlen nach der Umkehrfunktion (siehe 9.3.1):

$$X(I) = (MAX-MIN)/RATIO*R(I)+MIN$$
für O.LE.R(I).LT.RATIO

$$X(I) = MAX-(1-RATIO)*(MAX-MIN)/RATIO*ln(1-R(I)/(1-RATIO))$$
für RATIO.LE.R(I).LT.1

6.3.6 Das Abschneiden der Dichtefunktion

In GPSS-FORTRAN besteht die Möglichkeit, für alle Verteilungen ein Intervall anzugeben, aus dem die Zufallszahlen gezogen werden. Diese Möglichkeit bietet die folgenden beiden Vorteile:

* Die empirisch bestimmten Verteilungen für reale Systeme folgen nur in Ausnahmefällen exakt den mathematisch darstellbaren Verteilungen. Insbesondere bei sehr kleinen und sehr großen Werten treten Unterschiede auf. Eine Verbesserung der Anpassung gelingt, wenn man bei Zufallszahlen, denen mathematische Verteilungen zugrunde liegen, die Dichtefunktion so abgeschnitten wird, daß die sehr kleinen und die sehr großen Zufallszahlen nicht auftreten.

* Ein Simulationslauf kann abgebrochen werden, wenn sich für die
zu untersuchenden Größen die statistischen Schwankungen herausgemittelt haben. Dieser Vorgang dauert umso länger, je größer die
Varianz der eingesetzten Verteilungsfunktion ist. Man kann die
erforderliche Simulationszeit stark reduzieren, wenn man durch
Abschneiden der Verteilungsfunktion die Varianz klein hält.
Sehr kleine und sehr große Zufallszahlen, deren Auftreten relativ
unwahrscheinlich ist, können die Ergebnisse deutlich beein-
flussen, wenn sie in einem Simulationslauf auftreten. Es dauert
dann in der Regel sehr lange, bis sich die Auswirkungen eines
derartigen "Ausreißers" ausgeglichen haben. Durch das Abschneiden
werden solche Fälle ausgeschlossen.

Es ist zu beachten, daß eine abgeschnittene Verteilungsfunktion
selbst bei gleichem Mittelwert von der ursprünglichen Verteilungsfunktion abweicht und bei einem Simulationslauf daher auch
unterschiedliche Ergebnisse liefert. Dieser Sachverhalt ist
besonders wichtig, wenn Simulationsergebnisse mit Ergebnissen
verglichen werden sollen, die mit Hilfe analytischer Modelle ge-
wonnen wurden. In diesem Fall muß auch im analytischen Modell mit
bedingten Wahrscheinlichkeiten gearbeitet werden.

Durch das Abschneiden ist es möglich, daß der Mittelwert der
abgeschnittenen Dichtefunktion nicht mehr mit dem Mittelwert der
ursprünglichen Funktion übereinstimmt. Bei symmetrischen Dichte-
funktionen, wie z.B. bei der Gauß-Verteilung, kann man das verhindern, wenn man symmetrisch um den Mittelwert abschneidet.
Für Verteilungen, die nicht symmetrisch sind, müssen die Intervallgrenzen MIN und MAX berechnet werden, um den Mittelwert zu
erhalten.

Für die Dichtefunktion $f^*(X)$ der abgeschnittenen Verteilung gilt:

$$f^*(X) = 0 \qquad\qquad \text{für X.LE.MIN.AND.X.GT.MAX}$$

$$f^*(X) = f(X) \; / \int_{MIN}^{MAX} f(X)dX \qquad \text{für MIN.LT.X.LE.MAX}$$

Für den Mittelwert der abgeschnittenen Verteilung gilt:

$$MEAN = \int_{-}^{\sim} X*f^*(X)dX$$

Für den Mittelwert der ursprünglichen Verteilung gilt:

$$MEAN = \int_{-}^{\sim} X*f(X)dX$$

Die Intervallgrenzen MIN bzw. MAX sind so festzulegen, daß gilt:

$$\overset{*}{MEAN} = MEAN$$

Hieraus ergibt sich:

$$\int_{MIN}^{MAX} (X-MEAN)*f(X)dX = 0$$

Bei festliegendem Mittelwert MEAN bestimmt man eine Intervall-grenze beliebig und berechnet dann die andere mit Hilfe der oben angegebenen Integralgleichung.

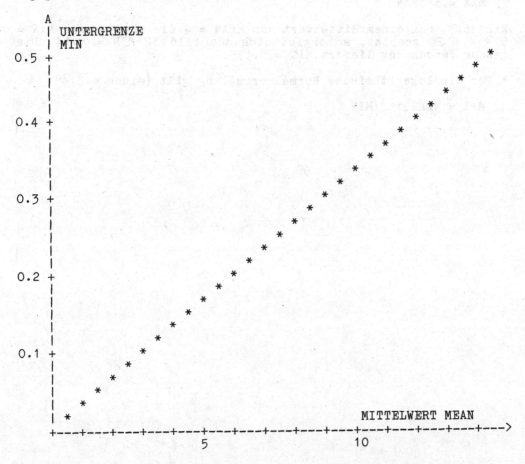

BILD 32   DIE WERTE FUER MIN BEI VERSCHIEDENEN WERTEN FUER MEAN

Beispiel:

* Für die Erlang-Verteilung ergibt sich:

    MIN**K*exp(-ALPHA*MIN) = MAX**K*exp(-ALPHA*MAX)

Diese Gleichung ist nicht nach MIN oder MAX auflösbar. Wird eine Intervallgrenze festgelegt, berechnet man die andere am Besten mit Hilfe eines Iterationsverfahrens.

* Für die Exponentialverteilung mit K = 1 zeigt Bild 32 eine grobe Abschätzung der Werte für MIN in Abhängigkeit von MEAN, wenn die Verteilung am oberen Ende so abgeschnitten wird, daß gilt:

    MAX = 5*MEAN

Wird z.B. bei einem Mittelwert von MEAN = 4 die Ober grenze MAX = 5 * 4 = 20 gesetzt, so ergibt sich aus Bild 32 MIN = 0.14. Die genaue Berechnung liefert MIN = 0.135.

* Für die logarithmische Normalverteilung gilt (siehe 6.3.4):

    MAX = MEANQ**2/MIN

6.4 Zufallszahlen in GPSS-FORTRAN

GPSS-FORTRAN stellt eine vom Benutzer angebbare Zahl unabhängiger
Generatoren für gleichverteilte Zufallszahlen zur Verfügung.
Weiterhin gibt es Unterprogramme, die gleichverteilte Zufallszahlen in Zufallszahlen verwandeln, die einer bestimmten Verteilung genügen.

6.4.1 Die Funktion RN

Funktion:
Die Funktion erzeugt gleichverteilte Zufallszahlen nach dem
multiplikativen Kongruenzverfahren (siehe 6.2), die im Intervall
zwischen 0 und 1 liegen.

Funktionsaufruf:

        RN(RNUM)

Parameterliste:

RNUM   Nummer des Zufallszahlengenerators
        Die Zufallszahlengeneratoren, die in GPSS-FORTRAN zur
        Verfügung stehen, sind zur Identifizierung numeriert. Die
        Anzahl der Zufallszahlengeneratoren wird vom Benutzer be-
        stimmt, indem die Variable "DRN1" einen aktuellen Wert
        erhält.

Datenbereich:

Die Funktion RN benötigt den Zufallszahlenvektor DRN. Er ist wie
folgt definiert:

REAL * 8 DRN
DIMENSION DRN(30)

Beim multiplikativen Kongruenzverfahren wird die Zufallszahl
$X(I+1)$ aus der Zufallszahl $X(I)$ bestimmt:

   $$X(I+1) = f(X(I))$$

Für jeden Zufallszahlengenerator befindet sich in dem Feld des
Zufalls zahlen-Vektors, das der Nummer RNUM entspricht, die zu-
letzt erzeugte Zufallszahl $X(I)$. Aus ihr berechnet die Funktion
RN die neue Zufallszahl $X(I+1)$.

Hinweise:

* Die Werte des Vektors DFACT und der Variablen DMODUL werden im
Unterprogramm INIT1 bestimmt. In gleicher Weise wird die Vor-
besetzung des Zufallszahlen-Vektors mit den Anfangswerten in
INIT1 vorgenommen.

* Die meisten Rechenanlagen stellen einen eigenen Zufallszahlengenerator zur Verfügung. Es ist auf jeden Fall zu empfehlen, in

diesem Fall nicht die von GPSS-FORTRAN verwendete Funktion zu verwenden. Die Funktion RN ist Rechenanlagen-unabhängig und kann daher von besonderen Eigenschaften der benutzten Rechenanlage keinen Gebrauch machen.

6.4.2 UNIFRM

Funktion:
Das Unterprogramm UNIFRM erzeugt Zufallszahlen, die in einem vom Benutzer angebbaren Intervall gleichverteilt sind.

Unterprogrammaufruf:

        CALL UNIFRM (A,B,RNUM,RANDOM)

Parameterliste:

A   Untere Intervallgrenze
B   Obere Intervallgrenze
RNUM   Nummer des Zufallszahlengenerators
         Der Zufallszahlengenerator RNUM erzeugt mit Hilfe der
         Funktion RN eine gleichverteilte Zufallszahl zwischen 0
         und 1. Diese Zufallszahl wird vom Unterprogramm UNIFRM in
         der gewünschten Weise transformiert.
RANDOM   Zufallszahl im angegebenen Intervall

Von der Funktion RN wird zunächst eine Zufallszahl vom Typ REAL zwischen 0 und 1 erzeugt. Diese Zufallszahl wird so transformiert, daß sie in das angegebene Intervall fällt.

6.4.3 ERLANG

Funktion:
Es werden Zufallszahlen erzeugt, die der Erlang-Verteilung genügen und in einem angebbaren Intervall liegen.

Unterprogrammaufruf:

        CALL ERLANG (MEAN,K,MIN,MAX, RNUM,RANDOM,*9999)

Parameterliste:

MEAN   Mittelwert
         Es wird angegeben, welchen Mittelwert die Erlang-Vertei-
         lung haben soll.
K   Grad
         Der Grad der Erlang-Verteilung entspricht der Zahl der
         seriell geschalteten Bedienstationen mit exponential-ver-
         teilter Bedienzeit (siehe 6.3.2).
MIN   Untere Intervallgrenze
MAX   Obere Intervallgrenze
RNUM   Nummer des Zufallszahlengenerators
         Der Zufallszahlengenerator RNUM erzeugt mit Hilfe der
         Funktion RN eine gleichverteilte Zufallszahl im Intervall

zwischen O und 1. Diese Zufallszahl wird vom Unterprogramm ERLANG in eine Zufallszahl verwandelt, die der
Erlang-Verteilung genügt.

RANDOM   Zufallszahl im angegebenen Intervall
Das Unterprogramm ERLANG gibt in der Variablen RANDOM
eine Zufallszahl zurück, die der Erlang-Verteilung gehorcht und in dem angegebenen Intervall liegt.

*9999   Fehlerausgang
Wenn K.LT.1, wird das Unterprogramm über den Fehlerausgang verlassen. Es wird zur Endabrechnung gesprungen
und der Simulationslauf abgebrochen.

Von der Funktion RN wird eine gleichverteilte Zufallszahl im
Intervall zwischen O und 1 erzeugt. Diese wird nach dem in 6.3.2
beschriebenen Verfahren in eine Zufallszahl nach der Erlang-Verteilung verwandelt.

Wenn die erzeugte Zufallszahl nicht in das angegebene Intervall
fällt, wird sie verworfen. Es wird dann zum Beginn des Unterprogrammes gesprungen und mit der Generierung einer weiteren
Zufallszahl fortgefahren.

Hinweise:

* Für K = 1 geht die Erlang-Verteilung in die Exponentialverteilung über.

* Es ist zu beachten, daß der Zufallszahlengenerator solange
Zufallszahlen erzeugt, bis er eine Zufallszahl gefunden hat, die
in das vom Benutzer angegebene Intervall fällt. Sehr kleine
Intervalle führen daher zu verlängerten Rechenzeiten.

6.4.4 GAUSS

Funktion:
Es werden Zufalls zahlen erzeugt, die der GAUSS-Verteilung genügen und in einem angebbaren Intervall liegen.

Unterprogrammaufruf:

CALL GAUSS (MEAN,SIGMA,MIN,MAX,RNUM,RANDOM)

Parameterliste:

MEAN   Mittelwert
Es wird angegeben, welchen Mittelwert die Gauss-Verteilung haben soll.

SIGMA   Standardabweichung
Es wird die Standardabweichung der Gauss-Verteilung angegeben.

MIN   Untere Intervallgrenze

MAX   Obere Intervallgrenze

RNUM   Nummer des Zufallszahlengenerators
Der Zufallszahlengenerator erzeugt mit Hilfe der Funktion
RN zwei gleichverteilte Zufallszahlen im Intervall zwi-

schen O und 1. Diese Zufallszahlen werden vom Unterprogramm GAUSS in Zufallszahlen verwandelt, die der
Gauss-Verteilung genügen.

RANDOM   Zufallszahl im angegebenen Intervall
Das Unterprogramm GAUSS gibt in der Variablen RANDOM eine
Gauss-verteilte Zufallszahl zurück, die im angegebenen
Intervall liegt.

Von der Funktion RN wird eine gleichverteilte Zufallszahl im
Intervall zwischen O und 1 erzeugt. Diese wird nach dem in 6.3.3
beschriebenen Verfahren in eine Zufallszahl nach der Gauss-Verteilung verwandelt.

Wenn die erzeugte Zufallszahl nicht in das angegebene Intervall
fällt, wird sie verworfen. Es wird dann zum Beginn des Unterprogrammes gesprungen und mit der Generierung eines weiteren
Zufallszahlenpaares fortgefahren.

6.4.5 LOGNOR

Funktion:
Es werden Zufallszahlen erzeugt, die der logarithmischen Normalverteilung genügen und in einem angebbaren Intervall liegen.

Unterprogrammaufruf:

    CALL LOGNOR (MEAN,SIGMA, MIN,MAX,RNUM,RANDOM)

Parameterliste:

MEAN   Mittelwert
Es wird angegeben, welchen Mittelwert die logarithmische
Normalverteilung haben soll.
SIGMA   Standardabweichung
Es wird die Standardabweichung der logarithmischen
Normalverteilung angegeben.
MIN   Untere Intervall grenze
MAX   Obere Intervallgrenze
RNUM   Nummer des Zufallszahlengenerators
Der Zufallszahlengenerator erzeugt mit Hilfe der Funktion
RN zwei gleichverteilte Zufallszahlen im Intervall
zwischen O und 1. Diese Zufallszahlen werden vom Unter-
programm LOGNOR in eine Zufallszahl verwandelt, die der
logarithmischen Normalverteilung genügt.

RANDOM   Zufallszahl im angegebenen Intervall
Das Unterprogramm LOGNOR gibt in der Variablen RANDOM
eine Zufallszahl zurück, die der logarithmischen Normalverteilung genügt und im angegebenen Intervall liegt.

6.4.6 BOXEXP

Funktion:
Es werden Zufallszahlen erzeugt, die einer Gleichverteilung mit

aufgehängter Exponentialverteilung genügen (siehe 6.3.5).

Unterprogrammaufruf:

CALL BOXEXP (MIN,MAX1,MAX2,RATIO,RNUM,RANDOM)

Parameterliste:

MIN   Untere Intervallgrenze der Gleichverteilung
MAX1   Obere Intervallgrenze der Gleichverteilung
MAX2   Obere Intervallgrenze der Exponentialverteilung
RATIO   Wahrscheinlichkeit für die Erzeugung einer Zufallszahl
         nach der Gleichverteilung. RATIO muß zwischen 0 und 1
         liegen.
RNUM   Nummer des Zufallszahlengenerators
         Der Zufallszahlengene rator RNUM erzeugt mit Hilfe der
         Funktion RN eine gleichverteilte Zufal lszahl zwischen 0
         und 1. Diese Zufallszahl wird vom Unterprogramm BOXEXP in
         der gewünschten Weise transformiert.
RANDOM   Zufallszahl im angegebenen Intervall

6.4.7 Benutzerhinweise

** Die Variable RANDOM, in der von den Unterprogrammen UNIFRM,
ERLANG, GAUSS, LOGNOR und BOXEXP die entsprechende Zufallszahl
zurückgegeben wird, ist vom Typ REAL. Wenn eine Zufallszahl vom
Typ INTEGER erzeugt werden soll, muß die erzeugte Zufallszahl
konvertiert werden. Die Funktion IFIX verwandelt eine Zahl vom
Typ REAL*4 in eine Zahl vom Typ INTEGER*4, indem auf die nächste
ganze Zahl abgerundet wird.

$$IFIX(x) = sgn(x) * entier(|x|)$$

Um zu verhindern, daß durch das Abrunden ständig zu kleine
Zufallszahlen erzeugt werden, ist eine Korrektur erforderlich.
Die Konvertierung lautet dann:

$$IRAND = IFIX(RANDOM + 0.5)$$

** Für einen Zufallszahlengenerator, der nach dem multiplikativen
Kongruenzverfahren arbeitet, ist die Unabhängigkeit nur für zwei
oder drei aufeinanderfolgende Mitglieder der Zahlenfolge gegeben.
Das Paarverhalten bzw. das Tripelverhalten ist gut. Dagegen läßt
sich über die Unabhängigkeit von Zufallszahlen, die in der
Zahlenfolge einen größeren Abstand haben, keine Aussage machen.
Es ist aus diesem Grund empfehlenswert, für jede Zufallsvariable
im Modell einen eigenen Zufallszahlengenerator zu verwenden. Da
die Zufallszahlen dann für diese Variable aufeinanderfolgend
erzeugt werden, ist die Unabhängigkeit aufgrund des guten
Paarverhaltens des Generators gewährleistet. Teilen sich mehrere
Zufallsvariable denselben Generator, kann es vorkommen, daß eine
bestimmte Zufallsvariable eine Zufallszahl zugeteilt bekommt, die
von der zuletzt zugeteilten einen Abstand in der Zahlenfolge hat,

der größer ist als zwei. Auf diese Weise ist die Unabhängigkeit
der Zufallszahlen, die eine bestimmte Zufallsvariable erhält,
nicht mehr gesichert.

** Soll einem Unterprogramm, das eine Anweisungsnummer trägt,
eine Zufalls zahl zugeteilt werden, so muß die Anweisungsnummer
auf das Unterprogramm übergehen, das die Zufallszahl generiert.

Beispiel:

* Transactions sollen erzeugt werden, deren Zwischenankunfts-
zeiten der Exponentialverteilung mit dem Mittelwert 100 gehorchen.

```
1       CALL ERLANG (100.,1,MIN,MAX,RNUM,RANDOM,*9999)
        CALL GENERA (RANDOM,PR,*9999)
```


** Die Variable DMODUL soll nach 6.2 möglichst groß gewählt
werden. Es sollten daher die Werte von DMODUL und DFACT, die im
Unterprogramm INIT1 gesetzt werden, vom Benutzer der Rechenanlage
entsprechend angepaßT werden (siehe Bd.3 Anhang A5 "Zufallszahlengeneratoren").

7 Die Ein- und Ausgabe

Der Simulator GPSS-FORTRAN Version 3 stellt dem Benutzer Unterprogramme zur Verfügung, die das Einlesen der Daten erleichtern
und die es ermöglichen, die Ergebnisse eines Simulationslaufes in
übersichtlicher und leicht lesbarer Form auszugeben.
Die Unterstützung des Simulators GPSS-FORTRAN Version 3 umfaßt
die folgenden drei Gebiete:

* Das formatfreie Einlesen
* Die Ausgabe von Plots
* Die graphische Darstellung von Balkendiagrammen

7.1 Das formatfreie Einlesen

Der Simulator GPSS-FORTRAN Version 3 bietet die Möglichkeit, alle
Daten, die für einen Simulationslauf erforderlich sind, formatfrei einzulesen. Das bedeutet, daß der Benutzer bei der Angabe
der einzulesenden Datensätze den Typ der Variablen nicht zu
beachten braucht. Weiterhin werden Blanks ignoriert.

Beispiel:

* Zum Einlesen von Variablen dient der VARI-Datensatz. Die folgenden Datensätze sind gleichwertig:

```
VARI;TEND;10000/
VARI;TEND;1.E4/
VARI;TEND;10000./
VARI;  TEND;1 0000/
```

Alle Datensätze weisen der Variablen TEND den Wert TEND=10000.
zu.

Weitere Beispiele, die das formatfreie Einlesen beschreiben, findet man in Bd.3 Kap. 1.1.3 "Die Eingabedaten".

7.1.1 Die Eingabedatensätze

Die formatfreie Eingabe in GPSS-FORTRAN erfolgt mit Hilfe von
Eingabedatensätzen. Jeder Eingabedatensatz ist durch einen Namen
gekennzeichnet, der seinen Typ angibt. Nach dem Namen folgen die
einzulesenden Daten.
Es sind die folgenden Datensätze möglich:

```
TEXT   Eingabe von Text für die Überschrift des Simulationslaufes
VARI   Angabe eines Variablennamens mit dazugehörigem Wert
INTI   Besetzung der Integrationsmatrix
DELA   Deklaration einer Delay-Variablen
PL01   Deklaration eines Plots
```

PLO2   Angabe über den Maßstab für den Plot
PLO3   Angabe über die Drucksymbole für den Plot
END   Endezeichen für die Eingabe

Die Datensätze können in beliebiger Reihenfolge angegeben werden.
Innerhalb eines Datensatzes ist das Symbol ";" das Trennzeichen.
Jeder Datensatz muß mit dem Symbol "/" abgeschlossen werden. Der
letzte Datensatz ist END/.

Die Datensätze werden vom Unterprogramm INPUT eingelesen und
weiterverarbeitet. Die logische Gerätenummer für die Eingabe in
INPUT ist 13. Über eine entsprechende Zuordnung der logischen
Gerätenummer 13 zu verschiedenen Eingabegeräten kann das Einlesen
den Umständen entsprechend vom Terminal, von einer Datei oder
über Lochkarten erfolgen (siehe Anhang A2 "Modellaufbau").

Es folgt die Beschreibung der einzelnen Datensätze.

* TEXT
Um einen Simulationslauf zu kennzeichnen, kann eine Überschrift
gewählt werden, die zu Beginn des Protokolls ausgedruckt wird.
Die Länge des Textes ist auf 74 Zeichen beschränkt. Zwischenräume
werden eingehalten und als Zeichen mitgezählt.
Es sind maximal drei TEXT-Datensätze möglich.
Der Text-Datensatz darf nicht mit einer Ziffer und nicht mit den
Zeichen +, - und . beginnen. Führende Blanks werden ignoriert.

Beispiel:

TEXT; WIRTE-PARASITEN-MODELL/

* VARI
Mit Hilfe eines VARI-Datensatzes können Variablennamen und der
Wert, der dieser Variablen zugewiesen werden soll, eingelesen
werden.
Der Variablenname muß im Rahmen im Abschnitt 3 "Einlesen und
Setzen der Variablen" vom Benutzer noch einmal gesondert ange-
geben werden. Die Länge des Variablennamen ist auf 8 Zeichen be-
schränkt. Führende Blanks werden ignoriert.
Die Angabe des Zahlenwertes erfolgt formatfrei. Möglich ist I-,
F- oder E-FORMAT.
Für eine ausführliche Beschreibung des Verfahrens zum format-
freien Einlesen von Werten siehe Bd.2 Kap. 7.1.3 "Das Einlesen
von Variablen mit Hilfe eines VARI-Datensatzes".

Beispiel:

VARI; TEND; 1000./

* INTI
Der INTI-Datensatz besetzt für jedes Set die Integrationsmatrix.
Die Integrationsmatrix enthält alle für die Integration von
Differentialgleichungen erforderlichen Informationen.
Dem Namen des Datensatzes folgen die durch das Symbol ";"
getrennten Werte.

Beispiel:

INTI;1;1;1.;2;2;0.01;5.;1.E-10;10000/

Die Werte entsprechen in der Reihenfolge den Feldern der Integrationsmatrix.

Es gilt:

INTI   Kommandoname
1   Nummer des Set
1   Integrationsverfahren (1=Runge-Kutta-Fehlberg)
1.   Anfangsschrittweite
2   Anzahl der Zustandsvariablen SV
2   Anzahl der Ableitungen DV
        (Anzahl der Differentialgleichungen)
0.01   Minimale Schrittweite bei der Integration
5.   Maximale Schrittweite bei der Integration
1.E-10 Zulässiger, relativer Fehler
10000   Obergrenze Integrationsschritte

Für jedes Set ist ein gesonderter Datensatz anzugeben.
Im INTI-Datensatz sind alle Angaben erforderlich. Eine Vorbesetzung existiert nicht.

* PL01
Der PL01-Datensatz macht allgemeine Angaben zum Plot und bezeichnet für jeden Plot die Variablen, die dargestellt werden sollen.
Das bedeutet, daß der PL01-Datensatz die Matrix PLOMA1 besetzt.
Die Reihenfolge der Werte im PL01-Datensatz entspricht der Reihenfolge der Felder in der Matrix PLOMA1.

Beispiel:

PL01;1;0.;1000.;10.;21;001001;001002/

Die Bedeutung der Werte ist die folgende:

PL01   Kommandoname
1   Nummer des Plot
0.   Zeitpunkt für den Beginn des Plots
1000.   Zeitpunkt für das Ende des Plots
10.   Zeitintervall (Monitorschrittweite)
21   Nummer der Datei zum Ablegen der Plot-Daten
001001 Kennzeichnung der ersten zu plottenden Variablen
001002 Kennzeichnung der zweiten zu plottenden Variablen

Durch 00n00m wird die Variable m aus dem Set n bezeichnet. Soll statt der Variablen SV(n,m) der Differentialquotient DV(n,m) geplottet werden, ist im Datensatz -00n00m anzugeben.

In einem Plot können maximal 6 Variable dargestellt werden.
Die ersten 5 Werte, die allgemeine Informationen über den Plot geben, müssen vollständig angegeben werden.
Der PL01-Datensatz muß nach der Bezeichnung der letzten zu plottenden Variablen durch das Symbol "/" abgeschlossen werden.

Es ist nicht erforderlich, den Datensatz aufzufüllen, wenn weniger als 6 Variable geplottet werden sollen.
Die Anzahl der Plots, die am Ende des Simulationslaufes ausgegeben werden, wird durch die Anzahl der PLO1-Datensätze festgelegt.

* PLO2
Der Datensatz PLO2 gibt für jeden Plot die Maßstäbe für die Zeitachse und die Variablenachse an. Weiterhin wird der Umfang der Ausgabe gesteuert.
Der PLO2-Datensatz besetzt die Matrix PLOMA2 in der erforderlichen Reihenfolge.

Beispiel:

PLO2;1;0;3;1;0;0/

Die Werte haben die folgende Bedeutung:

PLO2   Kommandoname
1   Nummer des Plot
0   Zeitschritt (0= Vorbesetzung mit Monitorschrittweite)
3   Druckindikator (3= Ausgabe von PLOT, Wertetabelle
        und Phasendiagramm)
1   Skalierung (1= Maximale Darstellung für alle Variablen)
0   Minimum (nur für Skalierung=2)
0   Maximum (nur für Skalierung=2)

Eine genaue Beschreibung der Eingabewerte findet man bei der Beschreibung der Matrix PLOMA2 in Bd.2 Kap. 7.2.2 "Die Plot-Matrizen".

* PLO3
Der PLO3-Datensatz gibt die Drucksymbole an, die für den Plot verwendet werden sollen. Er besetzt die Matrix PLOMA3 in der erforderlichen Reihenfolge.

Beispiel:

PLO3;1;*W;WIRTE;*P;PARASIT/

Die Angaben haben die folgende Bedeutung:

PLO3   Kommandoname
1   Nummer des Plot
*W   Drucksymbol für die 1. Variable
WIRTE   Die 8 Zeichen der Kurzbeschreibung
*P   Drucksymbol für die 2. Variable
PARASIT Die 8 Zeichen der Kurzbeschreibung

Für jede Variable, die im PLO1-Datensatz angegeben wurde, wird in der dort festgelegten Reihenfolge das Drucksymbol und die Kurzbeschreibung eingelesen.
Der Kurvenverlauf für eine Variable wird im Plot mit Hilfe des Drucksymbols dargestellt. Zu jedem Drucksymbol gehört eine Kurzbeschreibung von maximal 8 Zeichen, die am Anfang des Plots

ausgegeben wird und die die Bedeutung der Kurve angibt.
Um das Drucksymbol eindeutig zu identifizieren, muß das Zeichen
"*" vorangestellt werden. Als Drucksymbol sind alle Zeichen zulässig. Das gilt auch für "*" selbst.
Nach Angabe der Werte für die Variablen, die im PLO1-Datensatz
erscheinen, kann der PLO3-Datensatz mit "/" abgeschlossen werden.
Es ist nicht erforderlich, den Datensatz vollständig aufzufüllen.

* DELA
Mit Hilfe des DELA-Datensatzes kann eine Zustandsvariable SV oder
der Differentialquotient DV als Delay-Variable deklariert werden
(siehe Bd.2 Kap. 2.2.6 "Delays").

Der DELA-Datensatz hat die folgende Form:

DELA;NSET;NV;TAUMAX/

DELA   Kommandoname
NSET   Nummer des Set, zu der die Delay-Variable gehört
NV   Nummer der Delay-Variablen
          Am Vorzeichen von NV ist ersichtlich, ob die Zustands-
          Variable SV oder der Differentialquotient DV als Delay-
          Variable deklariert werden soll.
          NV > 0 Systemvariable SV
          NV < 0 Differentialquotient DV
TAUMAX Maximale Delay-Zeit
          In GPSS-FORTRAN Version 3 ist es möglich, mit variabler
          Delay-Zeit zu arbeiten. Das bedeutet, daß während des
          Simulationslaufes die Delay-Zeit TAU modifiziert werden
          kann. Es muß angegeben werden, wie groß die Delay-Zeit
          maximal werden kann. Der Simulator sorgt dafür, daß für
          die Delay-Variable alle Zustände bis T-TAUMAX archiviert
          werden.

* END
Die Datei mit den Eingabedatensätzen muß als letzten Datensatz
den END-Datensatz enthalten. Er hat die folgende Form:
END/

Hinweise:

* Es ist natürlich möglich, alle Eingabedaten auch in der format-
gebundenen Form einzulesen. Weiterhin ist es möglich, die Variablen im Rahmen durch Wertzuweisungen direkt zu besetzen.

* Für alle Eingabewerte besteht eine Vorbesetzung. Ausgenommen
sind die Integrationsmatrix INTMA und die Matrix PLO1. Falls
Differentialgleichungen vorliegen, müssen daher auf jeden Fall
die Datensätze INTI und PLO1 angegeben werden.

* Die Eingabe mit Hilfe der Eingabedatensätze wird in Bd.3 Kap.
1.1.3 "Die Eingabedaten" für das Wirte-Parasiten-Modell I
ausführlich beschrieben.

* Die in den Datensätzen INTI, PLO1, PLO2 und PLO3 übergebenen Daten werden vom Unterprogramm INPUT gelesen. INPUT besetzt daraufhin unmittelbar die Matrizen INTMA, PLOMA1, PLOMA2 und PLOMA3. Ein besonderes Vorgehen ist dagegen für das formatfreie Einlesen von Variablen mit Hilfe des VARI-Datensatzes erforderlich (siehe Bd.2 Kap. 7.1.3 "Das Einlesen von Variablen mit Hilfe eines VARI-Datensatzes").

7.1.2 Das Unterprogramm INPUT

Das Unterprogramm INPUT besorgt das formatfreie Einlesen der Eingabedaten. Es wird vom Unterprogramm XINPUT aus aufgerufen. XINPUT selbst steht im Rahmen in Abschnitt 2 "Einlesen und Setzen der Variablen".

Hinweise:

* Vor dem Aufruf von INPUT und damit vor XINPUT muß der Aufruf von RESET und PRESET erfolgt sein.
In RESET und PRESET werden Variablen besetzt, die in INPUT benötigt werden.

* Vor INPUT müssen die Variablennamen deklariert werden, für die durch einen VARI-Datensatz Werte zugewiesen werden (siehe Bd.2 Kap. 7.1.3 "Das Einlesen von Variablen mit Hilfe eines VARI-Datensatzes"). Das geschieht, indem die Variablnnamen ihrem Typ entsprechend in VNAMEI bzw. VNAMER eingetragen werden.

Die Funktionen von INPUT sind die folgenden:

1. Standardvorbesetzung für die Matrizen PLOMA2 und PLOMA3
   Für die Form der Plots bestehen Standardvorbesetzungen. Sie werden in die beiden Matrizen PLOMA2 und PLOMA3 eingetragen. Falls der Benutzer eigene Angaben mit Hilfe eines Datensatzes PLO2 oder PLO3 macht, wird die Vorbesetzung überschrieben.

2. Formatfreies Einlesen eines Datensatzes
   Mit Hilfe des Unterprogrammes FREEFO wird ein Datensatz von der Eingabedatei formatfrei eingelesen. Aufgrund des Kommandonamens wird die Weiterverarbeitung des Datensatzes veranlaßt.
   Jeder eingelesene Datensatz wird in FREEFO zur Kontrolle sofort in originaler Form wieder ausgedruckt. Am Kopf des Ergebnisausdrucks steht daher für jeden Simulationslauf eine Kopie der eingelesenen Datensätze.

3. Besetzen der Variablen
   Die Datenbereiche des Simulators, denen durch den Datensatz Werte zugewiesen werden sollen, werden besetzt.
   Für jeden Datensatz erfolgt eine Syntaxprüfung und eine Plausibilitätskontrolle.

4. Anmelden des ersten Monitoraufrufs
   Falls der PLO1-Datensatz einen Plot deklariert, wird in INPUT der erste Aufruf des Monitors in die Monitorliste MONITL

vorgenommen. (Die nachfolgenden Aufrufe meldet das Unterprogramm MONITR selbst an.)

5. Ausdruck der Datenbereiche
   Nach dem Einlesen der Datensätze erfolgt der Ausdruck aller
   Datenbereiche, die durch das Unterprogramm INPUT besetzt
   worden sind. Auf diese Weise erhält der Benutzer eine
   Übersicht über die tatsächliche Besetzung der Variablen, mit
   denen der Simulationslauf durchgeführt wird.

6. Bestimmung von EPS
   Falls die Zahlenschranke EPS vom Benutzer nicht über einen
   VARI-Datensatz angegeben wurde, bestimmt INPUT einen geeig-
   neten Wert (siehe Bd.2 Kap. 1.4.2 "Die Zahlenschranke EPS").

Hinweise:

* Die Reihenfolge der Datensätze ist beliebig. Der Datensatz END/
muß am Ende stehen.

* Wenn Syntaxfehler aufgetreten sind oder wenn die Plausibili-
tätsprüfung negativ ausgefallen ist, wird der Simulationslauf im
Stapelbetrieb abgebrochen. Im interaktiven Betrieb besteht
Korrekturmöglichkeit am Terminal.

Das formatfreie Einlesen übernimmt das Unterprogramm FREEFO, das
in INPUT im Abschnitt "Lesen aus Eingabe-Datei" aufgerufen wird.

Der Eingabedatensatz wird von FREEFO zunächst Zeichen für Zeichen
in die Variable BUFFER eingelesen.
Anschließend greift FREEFO die Zeichenkette zwischen zwei Trennungssymbolen ";" heraus, entschlüsselt sie und schreibt den Wert
in den Vektor FIELD oder FIELDC. In dem dazugehörigen Vektor
INDIC wird vermerkt, um welchen Variablentyp es sich handelt. Es
gilt:

INDIC(NELEM)=0   Der Inhalt im Feld FIELD(NELEM) ist vom
                 Typ INTEGER

           =1   Der Inhalt im Feld FIELD(NELEM) ist vom
                 Typ REAL

           =2   Der Inhalt im Feld FIELDC(NELEM) ist vom
                 Typ CHAR

Hinweis:

* NELEM steht für Number Element. NELEM gibt an, das wievielte
Element innerhalb eines Datensatzes bearbeitet wird.

Die drei Vektoren FIELD, FIELDC und INDIC sind wie folgt dimensioniert:

CHARACTER*4 FIELDC(20)
DIMENSION FIELD(20), FIELDC(20), INDIC(20)

Das bedeutet, daß für jeden Datensatz maximal 20 Werte übergeben werden dürfen.

* Beispiel:

Innerhalb eines Datensatzes befindet sich zwischen zwei Trennungssymbolen ";" die Zeichenkette 2 0 0. Sie wird in den Vektor BUFFER eingeschrieben. Das Unterprogramm FREEFO überträgt den Wert 200 in das Element FIELD(NELEM) und zeigt im Element INDIC(NELEM) an, daß es sich um eine Variable vom Typ INTEGER handelt.

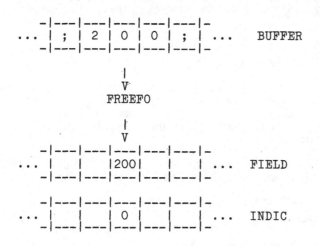

Zeichenketten erscheinen in den VARI- und PLO3-Datensätzen. Als Kurzbeschreibung der Plot-Variablen und der Variablennamen sind zwischen den beiden Trennungssymbolen 8 Zeichen zulässig. Die 8 Zeichen werden zerlegt und in zwei FIELDC-Elemente abgespeichert.

Für das Unterprogramm FREEFO gilt:

Unterprogrammaufruf:

        CALL FREEFO(XFILE,NSCR,FIELD,FIELDC,INDIC,IELEM,EXIT1)

Parameterliste:

XFILE   Ein- Ausgabesteuerung
         Mit XFILE wird gesteuert, ob die Eingabe von Datei oder
         Bildschirm erfolgt und wo die Kontrollausgabe des Daten-
         satzes erfolgt.

NSCR   Logische Gerätenummer der Scratch-Datei
         Es wird eine Scratch-Datei benötigt, die eine
         Umformatierung 4A1 --> A4 möglich macht.
         In GPSS-FORTRAN soll die Scratch-Datei die Nummer NSCR=10
         haben.

FIELD   Eingabeelemente
         In FIELD werden die entschlüsselten Eingabeelemente vom
         Typ REAL und INTEGER an das aufrufende Unterprogramm INPUT
         zurückgegeben

FIELDC   Eingabeelemente
         In FIELDC werden die entschlüsselten Eingabeelemente vom
         Typ CHARACTER an das aufrufende Unterprogramm INPUT
         zurückgegeben.

INDIC   Typenkennung
         Für jedes Element in FIELD wird der Typ angegeben.

IELEM   Nummer des ersten fehlerhaften Elements
         Wenn ein syntaktisch unzulässiges Element erkannt wird,
         wird die Elementnummer an INPUT zurückgegeben. INPUT ver-
         wertet diese Angabe bei der Fehlerdiagnose.

EXIT1   Fehlerausgang
         Im Fehlerfall wird FREEFO über den Adreßausgang verlassen,
         den EXIT1 angibt.

7.1.3 Das Einlesen von Variablen mit Hilfe eines VARI-Datensatzes

Mit Hilfe eines VARI-Datensatzes ist es möglich, einer Variablen
formatfrei einen Wert zuzuweisen. Der VARI-Datensatz hat die
folgende Form:

VARI; Name; Wert/

Die Namen aller Variablen, für die Werte eingelesen werden
sollen, müssen dem Simulator vor dem Einlesen der Datensätze
bekannt gemacht werden. Hierbei wird zwischen Namen für Variablen
vom Typ INTEGER und vom Typ REAL unterschieden.
Die Namensdeklaration erfolgt im Rahmen im Abschnitt 3 "Namensdeklarationen". Hier werden die Namen für Variablen vom Typ
INTEGER und vom Typ REAL zunächst in die Variablen VNAMEI (für
Variable vom Typ INTEGER) und VNAMER (für Variable vom Typ REAL)
übernommen.

Hinweis:

* Der Variablenname kann maximal 8 Zeichen lang sein. Es gilt:
CHARACTER*8 VNAMEI, VNAMER

Die beiden Vektoren VNAMEI und VNAMER sind wie folgt dimensioniert:

DIMENSION VNAMEI(50), VNAMER(50)

Zu jeder Zeile in VNAMEI und VNAMER gehört ein Element aus dem
Vektor IV bzw. RV. In dieses Element wird der Wert abgelegt, der
zu dem entsprechenden Variablennamen gehört.

Beispiel:

* Es soll der Variablen mit dem Namen IPRINT der Wert 1 zugewiesen werden.
Der VARI-Datensatz hat die folgende Form:

VARI;IPRINT;1/

Zunächst muß im Rahmen der Variablenname IPRINT deklariert
werden. Das geschieht, indem der Variablenname in den Namens-
vektor VNAMEI für Integervariable eingetragen wird.

Da IV mit O vorbesetzt ist, haben die Datenbereiche bis jetzt die
folgende Form:

```
            VNAMEI            IV

       |---------------|   |------|
       |I P R I N T    |   |  O   |
       |---------------|   |------|
       |               |   |      |
       |---------------|   |------|
```

Wenn INPUT einen VARI Datensatz einliest, wird die Namenmatrix
durchsucht, bis der gewünschte Name gefunden ist. Dann wird in
das dazugehörige Element im Vektor IV der Wert eingetragen, der
auf dem VARI-Datensatz vermerkt ist.

Nach dem Einlesen des Datensatzes haben die Datenbereiche die
folgende Form:

```
            VNAMEI                IV

       |----------------|    |------|
       |I P R I N T     |    |  1   |
       |----------------|    |------|
       |                |    |      |
       |----------------|    |------|
```

Die Aufgabe von INPUT ist abgeschlossen, wenn in den beiden
Wertevektoren IV und RV der Wert steht, der zu dem Variablennamen
gehört, der in einer der beiden Namensvektoren VNAMEI bzw. VNAMER
steht.
Die Zuweisung des Wertes an eine Fortran-Variable erfolgt wieder
im Rahmen. Es wird dann z.B. der Fortran-Variablen IPRINT der
Wert zugewiesen, der im Wertevektor IV steht. Es gilt:

IPRINT = IV(1)

Hinweise:

* Man muß zwischen dem Namen unterscheiden, unter dem die Variable eingelesen wird und dem Namen der Fortran-Variablen, der ein
Wert zugewiesen wird. Durch die Namensdeklaration im Rahmen wird

zunächst willkürlich ein Name festgelegt. Für diesen Namen wird mit Hilfe des VARI-Datensatzes ein Wert angegeben.
Dieser Wert, der von INPUT in ein Element der Wertevektoren IV bzw. RV eingetragen wird, muß anschließend einer wirklichen Fortran-Variablen zugewiesen werden.

* Die Reihenfolge der VARI-Datensätze ist beliebig.

* Die Reihenfolge der Namen in den Namensvektoren VNAMEI und VNAMER und die Reihenfolge der Werte in den Wertevektoren IV und RV ist festgelegt. Sie wird bestimmt durch die Reihenfolge der Namensdeklarationen im Rahmen.

Beispiel:

* In der Namensdeklaration für Variablen vom Typ INTEGER steht IPRINT an erster Stelle. Damit ist festgelegt, daß der Wert, der zu IPRINT gehört, im Wertevektor IV ebenfalls an erster Stelle steht.
Der unter dem Namen IPRINT eingelesene Wert 1 kann anschließend der Fortran-Variablen IPRINT durch

IPRINT = IV(1)

zugewiesen werden.
Im vorliegenden Fall ist aus Gründen der Übersichtlichkeit der Name, unter dem der Wert eingelesen wurde, mit dem Namen der Fortran-Variablen identisch. Das muß jedoch nicht unbedingt so sein.

Für alle Variable, die mit Hilfe eines VARI-Datensatzes eingelesen werden sollen, muß eine Vorbesetzung angegeben werden. In diesen Fällen kann dann bei einzelnen Simulationsläufen der entsprechende Datensatz fehlen.
Die Vorbesetzung erfolgt, indem IV bzw. RV, die zu den entsprechenden Variablen gehören, vor dem Aufruf von XINPUT Werte zugewiesen werden.

Im Simulator GPSS-FORTRAN sind für einige Variable die Namensdeklarationen und die Wertzuweisung bereits durchgeführt.
Für den Typ INTEGER sind dies die folgenden Variablen: IPRINT, ICONT, SVIN, SVOUT.
Für den Typ REAL sind es die Variablen: TEND, TXMAX und EPS.
Das bedeutet, daß sich bei der Wertzuweisung fur die soeben aufgezählten Variablen der Benutzer auf die Angabe des VARI-Datensatzes beschränken kann.

Die Vorbesetzung, die Namensdeklaration und die Wertzuweisung erfolgt im Rahmen im Abschnitt 3 "Einlesen und Setzen der Variablen".

Falls der Benutzer selbst weitere Variablen einlesen will, kann er dem Vorbild unmittelbar folgen.

```
C
C        3. Einlesen und Setzen der Variablen
C        =====================================
C
C        Namensdeklaration der Integervariablen
C        ======================================
         VNAMEI(1) = 'IPRINT '
         VNANEI(2) = 'ICONT  '
         VNAMEI(3) = 'SVIN   '
         VNAMEI(4) = 'SVOUT  '
C
C        Namensdeklaration der Realvariablen
C        ===================================
         VNAMER(1) = 'TEND   '
         VNAMER(2) = 'TXMAX  '
         VNAMER(3) = 'EPS    '
```

Es erfolgt die Namensdeklaration für Variable vom Typ INTEGER und
vom Typ REAL.
Die Namensdeklaration erfolgt, indem die Namen in die Felder der
Namensvektoren VNAMEI und VNAMER eingetragen werden.
Als nächstes müssen die Variablen vorbesetzt werden.

```
C
C        Vorbesetzen bei formatfreiem Einlesen
C        =====================================
1000     IV(1) = IPRINT
         IV(2) = ICONT
         IV(3) = SVIN
         IV(4) = SVOUT
         RV(1) = TEND
         RV(2) = TXMAX
         RV(3) = EPS
```

Die Reihenfolge der Variablen IV und RV entspricht genau der
Reihenfolge der Namensdeklaration. Die Werte der Variablen
IPRINT, ICONT, SVIN, SVOUT, TEND, TXMAX und EPS wurden in den
Unterprogrammen RESET und PRESET bereits besetzt.

```
C
C        Einlesen
C        ========
         CALL XINPUT(XGO,XEND,XNEW,XOUT,*9999)
```

Die Datensätze werden vom Unterprogramm XINPUT eingelesen. Hierzu
ruft das Unterprogramm XINPUT das Unterprogramm INPUT auf.

Hinweis:

* Das Unterprogramm XINPUT hat zwei Funktionen. Es bearbeitet die
Kommandos im interaktiven Betrieb und es übernimmt das format-
freie Einlesen durch Aufruf von INPUT. Im Stapelbetrieb mit
XMODUS=0 besteht die alleinige Aufgabe von XINPUT im Aufruf von
INPUT.

```
C
C       Setzen bei formatfreiem Einlesen
C       ================================
        IPRINT = IV(1)
        ICONT  = IV(2)
        SVIN   = IV(3)
        SVOUT  = IV(4)
        TEND   = RV(1)
        TXMAX  = RV(2)
        EPS    = RV(3)
```

Den Programmvariablen wird abschließend der Wert zugewiesen, den
INPUT eingelesen und in den Vektoren IV und RV abgelegt hat.

An einem Beispiel soll abschließend gezeigt werden, wie vorzu-
gehen ist, wenn der Benutzer zuätzlich eine eigene Variable
einlesen will.

Beispiel:

* Es soll der Variablen JPRINT(17) der Wert -1 zugewiesen werden.
Das Einlesen soll unter dem Namen JPRINT17 erfolgen.
Der VARI-Datensatz hat die folgende Form:

VARI; JPRINT17;-1/

Die Variable ist vom Typ INTEGER. Ihr Wert wird in das Element
IV(5) eingelesen.

Der Name JPRINT17, unter dem eingelesen werden soll, muß in der
Namensdeklaration an der 5. Stelle stehen. Es gilt:

```
        VNAMEI(1) = ´IPRINT  ´
        VNAMEI(2) = ´ICONT   ´
        VNAMEI(3) = ´SVIN    ´
        VNAMEI(4) = ´SVOUT   ´
        VNAMEI(5) = ´JPRINT17´
```

Wichtig ist an dieser Stelle die Neuaufnahme von JPRINT17 an der
5. Position.

Als Vorbesetzung soll gelten:
        JPRINT(17) = 1
Falls der Benutzer keinen VARI-Datensatz für JPRINT17 einliest, wird mit der Vorbesetzung gearbeitet.
Die Vorbesetzung erfolgt, indem der für JPRINT17 zuständigen Variablen IV(5) der Wert 1 zugewiesen wird. Es gilt:

```
C
C       Vorbesetzen bei formatfreiem Einlesen
C       ======================================
        IV(1) = IPRINT
        IV(2) = 0
        IV(3) = 0
        IV(4) = 0
        IV(5) = 1
        RV(1) = TEND
        RV(2) = TXMAX
        RV(3) = EPS
```

Nach dem Einlesen des VARI-Datensatzes durch XINPUT erfolgt die Wertzuweisung an die Fortran-Variable JPRINT(17). Es gilt:

JPRINT(17) = IV(5)

Ein weiteres Beispiel für das formatfreie Einlesen von Variablen findet man in Bd.3 Kap. 1.3 "Das Einlesen der Variablen".

7.2 Die Ausgabe von Plots

Um den zeitlichen Verlauf von Variablen während eines Simula-
tionslaufes darstellen zu können, stellt der Simulator GPSS-
FORTRAN die Plots zur Verfügung.
Die Datenaufnahme und die Datenausgabe erfolgt streng getrennt.
Das bedeutet, daß die Daten, die geplottet werden sollen, in
einer vorgeschriebenen Form auf eine Datei geschrieben werden.
Von dort können sie gelesen und weiterverarbeitet werden.
Der Simulator GPSS-FORTRAN liefert standardmäßig die Plots auf
dem Drucker. Es ist jedoch für den Benutzer ohne Schwierigkeiten
möglich, die Plotdaten selbst weiterzuverarbeiten und z.B. auf
einem Plotter auszugeben.

7.2.1 Die Aufnahme der Plotdaten

Der Benutzer kann angeben, welche Variablen auf einem Plot in Abhängigkeit der Zeit T graphisch dargestellt werden sollen.
Weiterhin ist die Angabe des Zeitintervalles möglich, mit dem für
jeden Plot die Werte der Systemvariablen gespeichert werden.
Das Unterprogramm MONITR übernimmt die Aufgabe, für jeden Plot
zum entsprechenden Zeitpunkt die Werte der angegebenen Zustandsvariablen SV bzw. DV formatfrei auf eine Datei zu schreiben.

Das geschieht durch die folgende Anweisung:

        WRITE(NFILE)IEVENT,(PORTER(I1),I1=1,8)

Auf diese Weise werden die Variable IEVENT und der Porter-Vektor
auf eine Datei mit der logischen Gerätenummer NFILE
weggeschrieben.

Zunächst enthält der Datensatz die Eventanzeige IEVENT.
Es besteht die Möglichkeit, die Werte der Systemvariablen außerhalb der regulären Monitorzeiten abzuspeichern. Ein Datensatz,
der durch einen zusätzlichen benutzereigenen Aufruf des Unterprogrammes MONITR in einem Event aufgenommen wird, wird im Plot in
der obersten Zeile (Ereigniszeile) durch einen Stern * markiert.

Wenn ein Event vorliegt, das einen benutzereigenen Monitoraufruf
enthält, wird im Unterprogramm MONITR die Variable IEVENT=1 gesetzt.
Die für einen Plot wesentliche Information enthält der Porter-
Vektor. Er ist wie folgt dimensioniert:

DIMENSION PORTER(8)

Die Felder haben die folgende Bedeutung:

PORTER(1) Wert der 1. Variablen

PORTER(2) Wert der 2. Variablen

PORTER(6) Wert der 6. Variablen

PORTER(7) Zeit T der Datenübernahme
          Es wird eingetragen, zu welcher Zeit die Werte der
          Systemvariablen aufgenommen wurden.

PORTER(8) Plot-Nummer
          Es wird die Plot-Nummer angegeben, dem die aufgenomme-
          nen Werte der Systemvariablen angehören.

Hinweise:

* Der Porter-Vektor ist sozusagen der Träger, der die Systemdaten
auf die Datei transportiert. Der Porter-Vektor wird bei jedem
Aufruf von MONITR neu besetzt.

* Die Datensätze stehen in aufsteigender zeitlicher Reihenfolge
auf der Datei. Sie können von der Datei wieder eingelesen und
weiterverarbeitet werden. Das Wiedereinlesen erfolgt formatfrei
durch die folgende Anweisung:

        READ(IFILE,END=NUM) IEVENT,(PORTER(I1), I1=1,8)

Da die Anzahl der Datensätze nicht bekannt ist, wird solange
eingelesen, bis die Endemarke der Datei erreicht ist. In diesem
Fall wird die Anweisung mit der Anweisungsnummer NUM angesprungen.

* Es ist möglich, die Datensätze für verschiedene Plots auf eine
Datei zu schreiben. Das Unterprogramm PLOT sucht die zu einem bestimmten Plot gehörenden Datensätze heraus und ignoriert die
restlichen.

Das Besetzen des Porter-Vektors und das Wegschreiben auf eine
Datei übernimmt das Unterprogramm MONITR.

Unterprogrammaufruf:

        CALL MONITR(NPLOT)

Parameterliste:

NPLOT   Plotnummer
        Das Unterprogramm MONITR speichert die Daten für die
        Variablen, die zum Plot mit der Plotnummer NPLOT gehören.

Das Unterprogramm MONITR wird zum Monitorzeitpunkt vom Unterprogramm FLOWC aufgerufen. Für jeden Plot steht der Zeitpunkt des
nächsten Monitoraufrufes in der Monitorliste MONITL. Die zeitliche Reihenfolge der Monitoraufrufe wird im Kettenvektor CHAINM
festgehalten (siehe hierzu Bd.2 Kap. 1.3 "Das Unterprogramm
FLOWC").

Hinweise:

* Der erste Monitoraufruf wird für jeden Plot im Unterprogramm
INPUT nach dem Einlesen des dazugehörigen PLO1-Datensatzes in die
Monitorliste eingetragen. Die nachfolgenden Monitoraufrufe werden
im Unterprogramm MONITR selbst festgelegt.

Es ist nicht erforderlich, daß das Unterprogramm MONITR nur von
der Ablaufkontrolle im Unterprogramm FLOWC aufgerufen wird. Der
Benutzer selbst kann MONITR in einem Ereignis aufrufen. Derartige
zusätzliche Monitoraufrufe werden im Plot in der sogenannten
Ereignis zeile durch einen Stern gekennzeichnet.

* Die Information, die MONITR zur Datenaufnahme benötigt, befindet sich in der Plot-Matrix PLOMA1 (siehe Bd.2 Kap. 7.2.2 "Die
Plot-Matrizen"). Die Plot-Matrix PLOMA1 wird vom Benutzer mit
Hilfe des Datensatzes PLO1 besetzt. Ein Beispiel für das Vorgehen
findet man in Bd.3 Kap. 1.1.3 "Die Eingabedaten".

7.2.2 Die Plot-Matrizen

Die Information zur Steuerung der Plots befindet sich in den drei
Plot-Matrizen PLOMA1, PLOMA2 und PLOMA3.
Die Plot-Matrix PLOMA1 enthält Angaben über die Aufnahme der
Plotdaten. Sie ist wie folgt dimensioniert:

DIMENSION PLOMA1 ("NPLOT",16)

Hinweis:

* Die Anzahl der maximal möglichen Plots kann der Benutzer festlegen, indem er dem Dimensionsparameter "NPLOT" einen Wert zuweist (siehe hierzu Bd.3 Anhang A 4 "Dimensionsparameter").

Die einzelnen Felder der Matrix PLOMA1 haben die folgende Bedeutung:

PLOMA1(NPLOT,1) Zeitpunkt Plot-Beginn
                Es ist möglich, aus einem Simulationslauf nur
                Teilbereiche zu plotten. Der Beginn des Plot-
                intervalles muß angegeben werden.

PLOMA1(NPLOT,2) Zeitpunkt Plot-Ende
                Es wird das Ende des Plotbereiches angegeben.

PLOMA1(NPLOT,3) Monitorschrittweite
                Für jeden Plot wird der Zeitabstand zwischen zwei
                Monitoraufrufen angegeben.

PLOMA1(NPLOT,4) Dateinummer
                Es wird die logische Gerätenummer für die Datei
                angegeben, auf der die Werte der Zustandsvariab-
                len gespeichert werden sollen.

PLOMA1(NPLOT,5) Set-Nummer der ersten Variablen
                 In einem Plot können Variablen unterschiedlicher
                 Sets dargestellt werden. Für eine zu plottende
                 Variable ist daher zunächst die Set-Nummer anzu-
                 geben.

PLOMA1(NPLOT,6) Variablennummer der ersten Variablen
                 Es wird die Nummer der Zustandsvariablen SV bzw.
                 DV angegeben.
                 > 0   Zustandsvariable SV
                 < 0   Differentialquotient DV

Die restlichen zehn Felder von PLOMA1(NPLOT,7) bis PLOMA1(NPLOT,
16) enthalten die Set-Nummer und die Variablen-Nummer der weiteren Variablen, die geplottet werden sollen.

Hinweise:

* In einem Plot können bis zu 6 Variable graphisch dargestellt
werden. Eine Variable darf in verschiedenen Plots vorkommen.

* Die Besetzung der Plot-Matrix PLOMA1 erfolgt am bequemsten mit
Hilfe des Datensatzes PLO1. Auf diese Weise können die Werte
formatfrei eingelesen werden (siehe hierzu Bd.2 Kap. 7.1.1 "Die
Eingabedatensätze").

* Die Matrix PLOMA1 muß vom Benutzer auf jeden Fall besetzt werden. Für die Matrizen PLOMA2 und PLOMA3 gibt es eine
Vorbesetzung.

* Durch die Angabe des Zeitpunktes für den Plotbeginn und das
Plotende können Teilbereiche eines Simulationslaufes, die von be-
sonderem Interesse sind, dargestellt werden. Es sollte darauf ge-
achtet werden, daß der Plotzeitbereich innerhalb des Simulations-
zeitbereiches liegt.

* Es ist möglich, die Plot-Daten für mehrere Plots auf eine Datei
zu schreiben. Bei der Auswertung wird im Unterprogramm PLOT ein
Datensatz nach dem anderen eingelesen. Das Feld PORTER(8) gibt
hierbei die Plotnummer an. Ein Datensatz, der nicht zu dem Plot
gehört, der gerade bearbeitet wird, wird ignoriert. Wegen der
zahlreichen vergeblichen Zugriffe auf die Datei wird dieses
Vorgehen nicht empfohlen. Es ist effizienter, für jeden Plot eine
eigene Datei anzulegen.

* Es wird empfohlen, die Plot-Dateien mit den logischen Geräte-
Nummern ab 21 beginnen zu lassen. Siehe hierzu Anhang A 2
"Modellaufbau".

Die beiden restlichen Plot-Matrizen PLOMA2 und PLOMA3 enthalten
Information über die Darstellung des Plots. Mit ihrer Hilfe kann
der Benutzer das Aussehen der graphischen Darstellung beein-
flussen.
Die Plot-Matrix PLOMA2 steuert den Umfang der Ausgabe und die
Wahl des Maßstabes für die X- bzw. Y-Achse. Die Plot-Matrix
PLOMA2 ist wie folgt dimensioniert:

DIMENSION PLOMA2("NPLOT",5)
Die einzelnen Felder haben die folgende Bedeutung:

PLOMA2(NPLOT,1) Plot-Schrittweite
Es kann die Einheit der Zeitachse angegeben
werden. Sollen Werte dargestellt werden, die
nicht genau auf einen Punkt der X-Achse fallen,
so wird auf- oder abgerundet.
Für PLOMA2(NPLOT,1)=0. wird die Monitorschrittweite als Einheit auf der Zeitachse gewählt
(Voreinstellung).

PLOMA2(NPLOT,2) Druckindikator
Mit Hilfe des Druckindikators kann der Umfang der
Ausgabe gesteuert werden. Es gilt:
=1   Plot
Es wird nur der Plot ausgedruckt.
=2   Plot und Wertetabelle (Voreinstellung)
Neben dem Plot erscheint die Wertetabelle.
=3   Plot, Tabelle und Phasendiagramm
Zusätzlich wird die Darstellung im Zustands-
raum ausgegeben.

PLOMA2(NPLOT,3) Skalierung
Die Skalierung betrifft den Maßstab für die Y-
Achse. Es gilt:
=0   Quick Plot (Voreinstellung):
Die zu plottenden Variablen werden unabhängig
voneinander so dargestellt, daß der Wertebereich den Plot gut ausfüllt. Die Multiplika-
toren werden so gewählt, daß sich möglichst
runde Werte für die Skala der Y-Achse ergeben.
=1   Maximale Darstellung
Jede Variable füllt den Plot maximal aus.
=2   Uniforme Darstellung mit Grenzen
Alle Variable werden im gleichen Maßstab geplottet. Diese Darstellung ermöglicht einen
einfachen Vergleich der Variablen. Es ist
möglich, Bereiche auszublenden und zu plot-
ten. In diesem Fall ist die Angabe von Minimum und Maximum erforderlich.
=3   Uniforme Darstellung ohne Grenzen
Alle Variable werden im gleichen Maßstab geplottet. Es werden als Grenzen das kleinste
Minimum bzw. das größte Maximum gewählt.
=4   Logarithmische Darstellung (nur Absolutwerte)

PLOMA2(NPLOT,4) Minimum Y-Achse

PLOMA2(NPLOT,5) Maximum Y-Achse
Es ist möglich, aus einem Plot einen Teilbereich
auszublenden. Das geschieht durch setzen der
Skalierung PLOMA2(NPLOT,3)=2. Für diesen Fall
werden die Unter- bzw. Obergrenzen des Teilbereiches verlangt.

Hinweise:

* Es ist darauf zu achten, daß dann, wenn jede Variable einen eigenen Maßstab besitzt, oft ein falscher Eindruck von den Größenverhältnissen entsteht.
Durch den eigenen Maßstab wird der Verlauf jeder Variablen mit größtmöglicher Genauigkeit wiedergegeben. Die Unterschiede in der Größenordnung zwischen den Kurven gehen damit in der Regel verloren.

* Wenn die Skalierung keine uniforme Darstellung mit Grenzen verlangt (PLOMA2(NPLOT,3).NE.2), dann sind Minimum und Maximum der Y- Achse (PLOMA2(NPLOT,4) und PLOMA2(NPLOT,5)) ohne Bedeutung. Sie sind in diesem Fall mit Null vorbesetzt.

* Die Plots geben die Werte der Variablen in gerundeter Form an. Die genauen Werte sind der Wertetabelle zu entnehmen.
Die Plots geben nur einen ungefähren Überblick über den Kurvenverlauf.

Mit Hilfe des Druckindikators im Feld PLOMA2(NPLOT,2) kann der Simulator GPSS-FORTRAN das Systemverhalten im Zustandsraum darstellen.
Es wird für jedes Variablenpaar im Phasendiagramm die Menge der erreichten Zustände ausgegeben. Der Beginn wird durch den Buchstaben B markiert. Wird ein Zustand ein weiteres Mal eingenommen, so unterbleibt die Darstellung. Das Ende der Zustandsfolge bezeichnet der Buchstabe E.

Hinweise:

* In der Ebene sind immer nur zwei Variable gegeneinander darstellbar. Es wird daher jede Variable eines Plots gegen alle anderen in mehreren Phasendiagrammen ausgegeben.

* Die Erstellung eines Phasendiagrammes ist aufgrund der häufigen Dateizugriffe sehr aufwendig. Es empfiehlt sich, mit den Phasendiagrammen sparsam umzugehen.
In der Regel ist für einen Plot mit maximal 6 Variablen nur ein Phasendiagramm von Bedeutung. Es empfiehlt sich in diesem Fall, für die zwei interessierenden Variablen zusätzlich einen weiteren Plot anzulegen, der nur diese beiden Variablen beinhaltet. Man erhält dann nur das gewünschte Phasendiagramm.

Die letzte der drei Plot-Matrizen ist die Matrix PLOMA3. Sie enthält Information über die Drucksymbole, mit denen der Kurvenverlauf für jede Variable geplottet wird.
Weiterhin erscheint am Kopf des Plots ein Name mit maximal 8 Zeichen, der dem Drucksymbol zugeordnet ist. Der Benutzer hat damit die Möglichkeit, jede Kurve durch eine Kurzbezeichnung zu charakterisieren.
Die Plot-Matrix PLOMA3 ist wie folgt dimensioniert:

```
CHARACTER*4 PLOMA3
DIMENSION PLOMA3("NPLOT",18)
```

Die Plot-Matrix PLOMA3 enthält für jede der 6 möglichen Plotvariablen 3 Elemente. Diese Elemente haben für jede Variable die folgende Bedeutung:

PLOMA3(NPLOT,1) Drucksymbol
                Der Kurvenzug für die 1. Variable des Plots wird
                mit dem Zeichen gedruckt, das als Drucksymbol
                angegeben wird.

PLOMA3(NPLOT,2) Kurzbezeichnung (erste 4 Zeichen)

PLOMA3(NPLOT,3) Kurzbezeichnung (zweite 4 Zeichen)
                Die Kurzbezeichnung, die maximal 8 Zeichen lang
                sein darf, wird in zwei Anteile zerlegt. Beide
                Anteile werden getrennt gespeichert.

Die Besetzung der Plot-Matrix PLOMA3 erfolgt am bequemsten mit
Hilfe des Datensatzes PLO3. Auf diese Weise können alle Werte
formatfrei eingelesen werden

Hinweis:

* Die Besetzung der Plot-Matrix PLOMA3 durch den Benutzer ist
nicht unbedingt erforderlich. Es existiert eine Vorbesetzung. Die
Drucksymbole sind in diesem Fall die ganzen Zahlen fortlaufend
von 1,2,... usw. Als Kurzbezeichnung für die Variablen erscheinen
die Namen VARI 1, VARI 2, usw.

7.2.3 Das Unterprogramm PLOT

Das Unterprogramm MONITR schreibt die Datensätze für die Plots
auf eine Datei. MONITR folgt hierbei den Vorschriften, die in der
Plot-Matrix PLOMA1 festgelegt sind.

Das Unterprogramm PLOT liest die Datensätze von der Datei wieder
ein und erstellt den Plot. Die Angaben zur Beschreibung des Plots
werden hierbei in der Parameterliste übergeben.
Das Unterprogramm ENDPLO besetzt zunächst die Parameterliste.
Hierzu werden die Angaben aus den Plot-Matrizen PLOMA2 und PLOMA3
herangezogen. Abschließend erfolgt der Aufruf von Plot.
Durch den einmaligen Aufruf von ENDPLO wird der Ausdruck aller
angelegten Plots veranlaßt. ENDPLO sollte daher auf jeden Fall im
Rahmen im Abschnitt 8 "Ausgabe der Ergebnisse" erscheinen.

Unterprogrammaufruf:

        CALL ENDPLO(ISTAT)

Parameterliste:

ISTAT   Berechnung statistischer Größen
        Es kann global für alle Plots angegeben werden, ob für die
        geplotteten Variablen statistische Größen wie z.B. Mittel-
        wert, Konfidenzintervall, Einschwingphase usw. bestimmt

werden sollen.
=0 keine Berechnung der statistischen Größen
=1 Berechnung der statistischen Größen.
Die berechneten statistischen Größen erscheinen im Kopf
des Plots.

Hinweise:

* Der Parameter ISTAT wird an das Unterprogramm PLOT weitergegeben. In PLOT wird entsprechend dem Wert von ISTAT das Unterprogramm ANAR aufgerufen, das dann die statistischen Werte berechnet.

* Die Angabe des Konfidenzintervalles ist nur für stochastische
Modelle sinnvoll. Liegt ein deterministisches Modell vor, so ist
das Konfidenzintervall ohne Bedeutung. Es kann übergangen werden.

* Zur Bestimmung des Konfidenzintervalles und der Einschwingphase
setzt das Unterprogramm ANAR Schätzverfahren ein, die aufgrund
der vorliegenden Daten nach bestem Wissen und Gewissen vorgehen.
Aufgrund ungünstiger Datenkonstellationen können unzutreffende
Ergebnisse produziert werden. Die Angaben für das Konfidenzintervall und für das Ende der Einschwingphase sind daher mit
Vorsicht zu betrachten.

* Die Berechnung der statistischen Größen durch das Unterprogramm
ANAR ist sehr aufwendig. Es sollte daher ISTAT=1 nur gesetzt
werden, wenn es unbedingt erforderlich ist.

Der modulare Aufbau, der zwischen Datenaufnahme und Datenausgabe
unterscheidet, macht es möglich, das Unterprogramm PLOT ganz allgemein einzusetzen. Es ist nur darauf zu achten, daß die Daten in
der richtigen Form auf die Datei geschrieben wurden.

Die Datei wird in PLOT bis zum Ende gelesen. Ein besonderes Ende-
kriterium ist nicht erforderlich.
Im Simulator GPSS-FORTRAN wird das Unterprogramm PLOT an drei
Stellen eingesetzt.

1) Im Unterprogramm ANAR druckt PLOT bei Bedarf den Verlauf der
   Intervallmittelwerte und den Verlauf der Zeitreihe CMEAN, die
   zur Approximation der Intervallmittelwerte eingesetzt wird.

2) Im Unterprogramm REPRT5 druckt PLOT den Verlauf für die mittlere Tokenzahl von Bins.

3) Durch den Aufruf von PLOT veranlaßt das Unterprogramm ENDPLO
   den Ausdruck aller spezifizierten Plots.

Unterprogrammaufruf:

    CALL PLOT(IPLOT,IFILE,OFILE,RTIMSC,IPLOTA,ISCAL,RYMIN,
    +RYMAX,XPLOT,ISTAT,RVNAME)

Parameterliste:

IPLOT   Nummer des Plots

IFILE   Nummer der Plotdatei
        Auf der Plotdatei befinden sich die Datensätze, die ge-
        plottet werden sollen. Anzugeben ist die log. Geräte-
        nummer.

OFILE   Nummer der Ausgabedatei
        Der fertige Plot wird auf die Ausgabedatei geschrieben.

RTIMSC Zeitschritt

IPLOTA Art der Ausgabe
        =1 Plot
        =2 Plot und Tabelle
        =3 Plot, Tabelle und Phasendiagramm

ISCAL   Art der Y-Achsen-Skalierung
        =0 Skalierung für jede Variable. Hierbei einzeln gerundete
           Skalenwerte
        =1 Wie ISCAL=0, jedoch Skalierung von minimalem bis maxi-
           malem Wert
        =2 Gleiche Skalierung für alle Variablen. Hierbei sind
           minimaler bzw. maximaler Y-Wert gemäß RYMIN und RYMAX
           vorgegeben
        =3 Gleiche Skalierung für alle Variablen. Die Skala reicht
           vom kleinsten Minimum bis zum größten Maximum

        =4 Logarithmischer Maßstab

RYMIN   Minimaler Y-Skalenwert (nur für ISCAL=2)

RYMAX   Maximaler Y-Skalenwert (nur für ISCAL=2)

XPLOT   Plotindikator
        =0   Drucker (132 Druckpositionen)
        =1   Terminal (80 Druckpositionen)

ISTAT   Statistische Größen berechnen
        =0   nein
        =1   ja

RVNAME Markierungssymbole und Variablennamen

Hinweise:

* Die Variablen, die in der Parameterliste übergeben werden, entsprechen im wesentlichen der Plot-Matrix PLOMA2 (siehe Bd.2 Kap.
7.2.2 "Die Plot-Matrizen").

* Der Vektor RVNAME enthält die Information der Plot-Matrix
PLOMA3. RVNAME ist wie folgt dimensioniert:

CHARACTER*4 RVNAME

```
DIMENSION RVNAME(18)
```

Beispiel:

```
RVNAME(1) = ´*   ´
RVNAME(2) = ´PARA´
RVNAME(3) = ´SIT ´
RVNAME(4) = ´+   ´
RVNAME(5) = ´WIRT´
RVNAME(6) = ´E   ´
```

Durch die voranstehenden Zuweisungen werden für zwei Variable die Drucksymbole und die Kurzbezeichnung festgelegt. Jeweils drei Felder des Vektors RVNAME charakterisieren eine Variable.

* Sollen die Kurvenverläufe mit Hilfe eines Plotters gezeichnet werden, so ist die Verbindung vom Simulator zum Plotter vom Benutzer selbst zu erstellen. Die Werte für die zu plottenden Variablen befinden sich in zeitlich aufsteigender Reihenfolge auf den Plotdateien und können von dort leicht zur Weiterverarbeitung abgerufen werden.

7.3 Graphische Darstellung von Diagrammen durch GRAPH

Das Unterprogramm GRAPH bietet die Möglichkeit, Kurvenverläufe
als Balkendiagramm darzustellen.

Hinweise:

* GRAPH ist allgemein einsetzbar. Es kann aus dem Simulator
herausgelöst werden und anderweitig Verwendung finden.

* GRAPH ist nicht auf die Darstellung von Variablen mit positiven
Vorzeichen beschränkt. GRAPH ist in der Lage, Balkendiagramme in
allen 4 Quadranten aufzubauen.

Die Funktion, die als Balkendiagramm dargestellt werden soll, muß
in Form einer Wertetabelle vorliegen. Die Wertetabelle wird in
der Matrix VFUNC an GRAPH übergeben. Die Matrix VFUNC ist wie
folgt dimensioniert:

DIMENSION VFUNC(2,IDIM)

IDIM ist hierbei die Anzahl der Wertepaare. Die maximale Anzahl
der Wertepaare ist auf 100 beschränkt. Die minimale Anzahl der
Wertepaare ist 5.

Die Felder haben die folgende Bedeutung:

VFUNC(1,IDIM)   Unabhängige Variable X
VFUNC(2,IDIM)   Abhängige Variable Y

Die Skalierung der Achsen wird von GRAPH automatisch bestimmt. Es
ergibt sich damit eine optimale Ausnutzung der Darstellung. Von
der automatischen Skalierung kann abgewichen werden, indem feste
Unter- bzw. Obergrenzen für die Y-Achse angegeben werden.

Hinweise:

* Die Wertetabelle VFUNC ist vom Typ REAL. Wenn Variable vom Typ
INTEGER graphisch dargestellt werden sollen, müssen sie vorher
konvertiert werden.

* Die Matrix VFUNC ist im Programm, das GRAPH aufruft, vom Benutzer zu dimensionieren.

Unterprogrammaufruf:

        CALL GRAPH(VFUNC,IDIM,YLL,YUL,TEXT)

Parameterliste:

VFUNC   Wertetabelle
        Die Funktion, die graphisch dargestellt werden soll, muß
        in Form einer Wertetabelle vorliegen.

IDIM   Anzahl der Wertepaare
        Es muß die Anzahl der Wertepaare angegeben werden. IDIM

muß mit der Dimensionierung von VFUNC übereinstimmen. Für
den Maximalwert von IDIM gilt:
IDIM=100

YLL   Untere Grenze

YUL   Obere Grenze
       Es ist möglich, nur einen Ausschnitt des Kurvenverlaufes
       darzustellen. Die Unter- bzw. Obergrenze der abhängigen
       Variablen Y muß angegeben werden. Falls keine Unter- bzw.
       Obergrenzen gewünscht werden, muß gesetzt werden:
       YLL = YUL = 0.

TEXT   Überschrift
       Die graphische Darstellung kann mit einer Überschrift ver-
       sehen werden. Der Text wird im Vektor TEXT übergeben.

Der Vektor TEXT ist wie folgt dimensioniert:

CHARACTER*4 TEXT
DIMENSION TEXT(8)

Da insgesamt 8 Felder zur Verfügung stehen, kann die
Tabellenüberschrift maximal 32 Zeichen lang sein. Ein Beispiel
für die Besetzung von TEXT findet man in Bd.3 Kap. 4.1.5
"Rahmen".

Beispiel:

Die Überschrift "Auslastung des Fahrstuhls" würde in den Vektor
TEXT wie folgt zu übertragen sein:

```
TEXT(1) = ´AUSL´
TEXT(2) = ´ASTU´
TEXT(3) = ´NG D´
TEXT(4) = ´ES F´
TEXT(5) = ´AHRS´
TEXT(6) = ´TUHL´
TEXT(7) = ´S   ´
TEXT(8) = ´    ´
```

7.4 Die Betriebsarten

Der Simulator GPSS-FORTRAN Version 3 kennt die folgenden drei Be-
triebs arten:

* Stapelbetrieb
Die Ein- und Ausgabe erfolgt über Dateien. Während des Modellablaufs besteht keine Eingriffsmöglichkeit.

* Interaktiver Betrieb
Die Ein- und Ausgabe erfolgt interaktiv über das Terminal. Zu-
sätzlich ist die Ausgabe der Endergebnisse auf Datei möglich. Der
Modellablauf ist unterbrechbar und wiederholbar.

* Echtzeit-Betrieb
Es besteht die Möglichkeit, das Simulationsmodell mit einer
Geschwindigkeit ablaufen zu lassen, mit der das reale System
abläuft. Das bedeutet, daß die Simulationsuhr mit der realen Uhr
synchron arbeitet.

Die Betriebsart wird vom Benutzer im Rahmen im Abschnitt 1 unter
der Überschrift "Festlegen der Betriebsart" angegeben. Es gilt:

```
XMODUS =0    Stapelbetrieb (Voreinstellung)
       =1    Interaktiver Betrieb
YMODUS =0    Kein Echtzeit-Betrieb (Voreinstellung)
       =1    Echtzeit-Betrieb
```

7.4.1 Der Realzeitbetrieb

Die Ablaufkontrolle des Simulators GPSS-FORTRAN Version 3 verfügt
über eine eigene Simulationsuhr T, die weitergeschaltet wird,
wenn alle Aktivitäten, die zur Zeit T anfallen, bearbeitet worden
sind. Das bedeutet, daß das Simulationsmodell in der Regel
schneller oder langsamer abläuft, als das reale System.
Wenn eine Kopplung zwischen Modell und System vorgesehen ist, muß
das Modell mit dem System synchron ablaufen. Das heißt, daß das
Simulationsmodell seine Zustandsübergänge zu den gleichen
Zeitpunkten durchführen muß wie das reale System.

Hinweise:

* Es ist offensichtlich, daß das reale System nicht zu schnell
sein darf, damit das Modell folgen kann. Es muß sichergestellt
sein, daß das Simulationsprogramm auf der Rechenanlage Zeit hat,
einen Zustandsübergang durchzuführen bevor das System sich erneut
verändert.

* Es läßt sich nicht allgemeinverbindlich festlegen, welche Geschwindigkeit ein Echtzeitmodell verkraftet. Die zulässige Geschwindigkeit hängt von der Rechenanlage und der Komplexität der
Zustandsübergänge ab.

* Es muß angemerkt werden, daß der Simulator GPSS-FORTRAN nur
verhältnismäßig langsame Systeme im Echtzeit-Betrieb nachbilden

kann. Für hohe Geschwindigkeitsanforderungen bleibt die Analog-
rechentechnik das Verfahren der Wahl.

* Echtzeit-Betrieb ist nur möglich, wenn das Simulationsmodell
eine Rechenanlage für sich in Anspruch nehmen kann. Mehrbenutzer-
betrieb mit der Möglichkeit, das Simulationsprogramm zu verdrängen, ist nicht zulässig.

Das Unterprogramm YCLOCK wird vom Unterprogramm FLOWC aus aufgerufen, falls die Variable
YMODUS=1
gesetzt wurde.

Funktion:
Im Unterprogramm YCLOCK wird aktiv eine Warteschleife solange
durchlaufen, bis die Realzeit mit der Zeit des nächsten Zustandsüberganges übereinstimmt. In diesem Fall wird das Unterprogramm
YCLOCK verlassen und mit der Bearbeitung der anstehenden Aktivität in FLOWC fortgefahren.

Die aktive Warteschleife kann vorher ebenfalls beendet werden,
wenn ein externer Datensatz auf eine benutzereigene Datei
geschrieben wurde. Dieser Datensatz wird von YCLOCK eingelesen,
interpretiert und daraufhin die erforderliche Aktivität
angemeldet. So kann z.B. ein Ereignis angemeldet oder eine Source
gestartet werden. Im Anschluß daran wird YCLOCK verlassen und zur
Anweisungsnummer 10 am Beginn von FLOWC gesprungen. Hier wird die
neue Aktivität gefunden und die Bearbeitung veranlaßt.

Unterprogrammaufruf:

        CALL YCLOCK(*10,*9999)

EXIT1   Bearbeitung von Aktivitäten im Echtzeitbetrieb
        Wenn aufgrund eines Systems aus dem realen System eine Zu-
        standsänderung im Modell erfolgen soll, so wird die ent-
        sprechende Aktivität in YCLOCK angemeldet. Anschließend
        wird in FLOWC zur Anweisungsnummer 10 gesprungen.

EXIT2   Fehlerausgang
        Es wird der Simulationslauf abgebrochen und zur Endabrech-
        nung gesprungen, falls das Modell dem realen System
        zeitlich nicht folgen kann.

Hinweise:

* Die Kommunikation zwischen realem System und der Rechenanlage,
auf der das Modell läuft, hat der Benutzer selbst aufzubauen.
Für die Verbindung vom System in Richtung Modell bietet es sich
an, in der Rechenanlage einen Prozeß sehr hoher Priorität zu
erzeugen, der die Datensätze aus dem realen System aufnimmt und
sie sofort auf eine benutzereigene Datei schreibt. Dieser Datensatz wird in YCLOCK gelesen und weiterverarbeitet.

* Alle Zustandsänderungen, die aufgrund externer Signale möglich
sind, müssen im Simulator vom Benutzer vorgesehen werden. Auch

das Anmelden dieser Aktivitäten aufgrund eines externen Signals im Unterprogramm YCLOCK ist Aufgabe des Benutzers.

7.4.2 Der interaktive Betrieb

Der interaktive Betrieb bietet die folgenden Möglichkeiten:

* Eingabe der Datensätze über das Terminal
* Ausgabe der Ergebnisse über das Terminal
* Beliebige Unterbrechung des Simulationslaufes
* Neubeginn des Simulationslaufes

Bei einer Unterbrechung und beim Neubeginn sind die folgenden Aktionen möglich:

* Einlesen neuer Datensätze
Damit können Variable neu besetzt und die Integrations- bzw. Plotparameter verändert werden. Weiterhin können neue Plots deklariert werden.

* Ausgabe des Modellzustandes während des Simulationslaufes.

* Ausdruck der Ergebnisse, soweit sie bis zum Unterbrechungszeit- punkt vorliegen.

Hinweis:

* Der interaktive Aufbau des Simulationsmodells ist nicht mög- lich. Auch im interaktiven Betrieb wird das fertige Simulations- programm erwartet. Im Vergleich zum Stapelbetrieb liefert der interaktive Betrieb die Möglichkeit, in das laufende Simulations- programm einzugreifen und es zu modifizieren.

Der interaktive Betrieb wird durch eine Kommandosprache abge- wickelt. Es folgt eine kurze Übersicht der möglichen Kommandos. Eine ausführliche Beschreibung einschließlich der Kommandopara- meter folgt später.

A	Assign	Eingabe von Datensätzen
E	End	Beenden der Simulation mit Endabrechnung
G	Go	Fortsetzen der Simulation nach einer Unterbrechung
H	Help	Erklärung der Kommandos
I	Inform	Information über den Modellzustand
N	New	Neubeginn des Simulationslaufes
O	Output	Ausgabe der Endergebnisse
P	Plot	Ausgabe der Plots
R	Read	Einlesen der Datensätze von einer Datei
S	Stop	Abbruch der Simulation ohne Ausgabe der Endergebnisse

Die Bearbeitung der Kommandosprache übernimmt das Unterprogramm XINPUT. Es wird im Rahmen in Abschnitt 3 "Einlesen und Setzen der Variablen" aufgerufen.

Funktion:
XINPUT hat zwei Aufgaben. Es bearbeitet die Kommandos im interaktiven Betrieb und liest die Datensätze ein. Im Stapelbetrieb
beschränkt sich XINPUT auf das Einlesen der Datensätze durch den
Aufruf des Unterprogrammes INPUT.

Unterprogrammaufruf:

        CALL XINPUT(XEND,XGO,XNEW,XOUT,*9999)

Parameterliste:

Es werden zunächst die Indikatoren zurückgegeben, die anzeigen,
welches Kommando vom Benutzer gewünscht wird. Diese Indikatoren
werden im Unterprogramm XBEGIN benötigt, von wo aus zu den verschiedenen Stellen im Rahmen gesprungen wird.

XEND   End-Indikator
        Es wird angegeben ob vom Benutzer mit Hilfe des Kommandos
        E (End) die Endabrechnung mit anschließendem Abbruch des
        Simulationslaufes gewünscht wird.
        =0   Kein End-Kommando
        =1   End-Kommando liegt vor.

Analoge Bedeutung haben die Parameter XGO, XNEW und XOUT.

Mit Hilfe des Kommandos G (Go) kann der Simulationslauf eine
angebbare Anzahl von Zeiteinheiten weiterlaufen. Anschließend erfolgt eine Unterbrechung. Während dieser Unterbrechung können
neue Datensätze bearbeitet werden. Das trifft auch für Variable
zu, die in Differentialgleichungen des Unterprogrammes STATE vorkommen. Das bedeutet, daß nach jeder Unterbrechung vor der
Fortsetzung des Simulationslaufes das Unterprogramm BEGIN
aufgerufen werden muß (siehe Bd.2 Kap. 2.2.3 "Der Anfangszustand
und zeitabhängige Ereignisse").

Im Stapelbetrieb erfolgt der Aufruf des Unterprogrammes BEGIN
durch den Benutzer an der Stelle, wo die entsprechenden Variablen
geändert werden. Eine derartige Änderung muß immer ein Ereignis
sein, das im Unterprogramm EVENT ausgeführt wird.

Im interaktiven Betrieb erfolgt die Änderung einer Variablen
durch die Angabe eines VARI-Datensatzes. Der nachfolgende Aufruf
von BEGIN erfolgt jetzt durch den Simulator selbst. Hierzu wird
im Rahmen in Abschnitt 3 "Einlesen und Setzen der Variablen" das
Unterprogramm XBEGIN aufgerufen.

Funktion:
Nach einer Unterbrechung wird für alle Sets, die zur aktuellen
Zeit T tätig sind, das Unterprogramm BEGIN aufgerufen. Auf diese
Weise ist sichergestellt, daß bei einer möglichen Änderung von
Variablen in Differentialgleichungen korrekt verfahren wird.

Weiterhin erfolgt von XBEGIN aus die Verzweigung zu den verschiedenen Abschnitten im Rahmen, die vom Benutzer mit Hilfe der

Kommandos angesteuert werden sollen. Hierzu werden als Eingabeparameter XEND, XGO, XNEW und XOUT übergeben.

Unterprogrammaufruf:

        CALL XBEGIN(XEND,XGO,XNEW,XOUT,*6000,*7000)

Parameterliste:

XEND   End-Indikator
        Es wird zur Endabrechnung gesprungen. Anschließend wird der Simulationslauf abgebrochen.

XGO   Go-Indiaktor
        Nach einer Unterbrechung soll ein Simulationslauf fortgesetzt werden. Es wird zur Ablaufkontrolle im Unterprogramm FLOWC zurückgekehrt, wobei die Initialisierungsphase übersprungen wird.

XNEW   New-Indikator
        Es soll ein neuer Simulationslauf gestartet werden. Hierzu wird mit der Anweisung fortgefahren, die auf den Aufruf des Unterprogrammes XBEGIN folgt. Es handelt sich in diesem Fall um die Initialisierung des neuen Simulationslaufes.

XOUT   Output-Indikator
        Es erfolgt die Endabrechung. Anschließend wird der Dialog fortgesetzt.

EXIT1   Adreßausgang zur Ablaufkontrolle
        Dieser Ausgang wird angesteuert, wenn der Go-Indikator gesetzt ist.

EXIT2   Adreßausgang zur Endabrechung
        Dieser Ausgang wird angesteuert, wenn der Output- oder der End-Indikator gesetzt ist oder wenn im Unterprogramm BEGIN ein Fehler festgestellt wurde.

Hinweise:

* XBEGIN ist die Schaltstelle, von der aus im interaktiven Betrieb die gewünschten Abschnitte im Rahmen angesprungen werden. Der jeweils erforderliche Abschnitt wird durch den zutreffenden Indikator markiert. Der Indikator wird im Unterprogramm XINPUT besetzt.

* XBEGIN kann nicht innerhalb von XINPUT aufgerufen werden, weil vor Aufruf von XBEGIN der Abschnitt "Setzen bei formatfreiem Einlesen" durchlaufen werden muß. Dieser Abschnitt muß dem Benutzer zugänglich sein.

7.4.3 Die Kommandos im interaktiven Betrieb

Es werden die Kommandos im interaktiven Betrieb beschrieben.

ASSIGN   Kommando: A/
           <Eingabedatensätze>
           END/

Das Assign-Kommando veranlaßt das Einlesen von Datensätzen in
einer Form, die in Bd.2 Kap. 7.1.1 "Die Eingabedatensätze" beschrieben sind. Der letzte eingelesene Datensatz muß der Datensatz "END/" sein.
Mit Hilfe des Assign-Kommandos können zunächst zu Beginn des
Simulationslaufes die Eingabedatensätze vom Terminal aus eingelesen werden. (Eine weitere Möglichkeit bietet das Read-Kommando.) Weiterhin können während des Simulationslaufes alle über
Datensätze modifizierbaren Größen geändert werden. Bei der Veränderung von Variablen durch einen VARI-Datensatz ist darauf zu
achten, daß der Variablenname korrekt definiert ist.
Alle eingelesenen Datensätze werden an die Eingabedatei mit der
log. Gerätenummer 13 angefügt.
Die Eingabedatei wird in der Regel DATAIN sein (Vorbesetzung).

Bei fehlerhaften Eingabedatensätzen erscheint ein Fehlerkommentar. Die Verbesserung erfolgt am Terminal.

END   Kommando: E/

Der Simulationslauf wird abgebrochen. Auf jeden Fall werden die
Endergebnisse ausgegeben, die vom Benutzer im Rahmen angegeben
worden sind. Die Endergebnisse werden auf die Datei DATAOUT mit
der logischen Gerätenummer 14 geschrieben. Das Ausdrucken der
Datei DATAOUT hat der Benutzer selbst zu veranlassen.

GO   Kommando: G; <time>/

Nach einem beliebigen Kommando, auch nach dem Kommando ASIGN,
wird der Simulationslauf von der gegenwärtigen Zeit T bis zur
Zeit T+TIME weitergeführt. Anschließend ist die Eingabe neuer
Kommandos möglich.

HELP   Kommando: H/
           Kommando: H; <Kommandoname>/

Das Help-Kommando informiert über die Kommandos im interaktiven
Betrieb. H ohne Parameter gibt die Liste der möglichen Kommandos
aus.
H;<Kommandoname>/ beschreibt für das angegebene Kommando die
Parameterliste

INFORM   Kommando:

```
I; REPRT1; <type>/
I; REPRT3/
I; REPRT4/
I; REPRT5; <Bin1>;<Bin2>/
I; REPRT6/
I; PLOT; <Plotnummer>/
I; Set; <Setnummer>
I; VARI; <Variablenname>/
```

Das Inform-Kommando gibt Auskunft über den aktuellen Stand des Modellaufes. Zunächst können die Report-Unterprogramme aufgerufen werden (siehe Bd.2 Kap. 5.3.1 "Die Report-Programme").
Weiterhin kann Information über die gewünschten Plots und über den aktuellen Wert von Variablen ausgegeben werden.

Einschränkungen:
Der Aufruf von REPRT7 ist nicht möglich. Mit REPRT5 kann der Verlauf von maximal zwei Bins dargestellt werden.

NEW   Kommando: N; <time>;<XREP>/

Mit NEW wird ein Simulationslauf neu begonnen und bis zur nächsten Unterbrechung geführt, die durch den Parameter <time> angegeben wird.
Beim Wiederholen eines Simulationslaufes besteht die Möglichkeit, mit den Eingabedatensätzen zu arbeiten, mit denen der vorhergehende Lauf begonnen hatte. Es ergibt sich damit ein identischer Ausgangspunkt.
Man kann jedoch auch dort mit dem Neubeginn wieder aufsetzen, wo der vorhergehende Simulationslauf abgebrochen wurde. Beide Möglichkeiten können durch den Parameter <XREP> gewählt werden.
XREP = 0   Ausgangsdatensatz
XREP = 1   Ausgangsdatensatz einschließlich Änderungen
            durch vorhergehende Simulationsläufe.

OUTPUT   Kommando: O/

Es wird die Endabrechnung einschließlich Plots auf die Datei DATAOUT geschrieben.

PLOT   Kommando:
           P;<Plotnummer>;<Var1>;<Var2>;<Step>;<Begin>; <End>/

Mit dem Plot-Kommando kann der Verlauf von maximal zwei Variablen auf dem Bildschirm dargestellt werden. Der Ausdruck erfolgt in einer Weise, die durch die PLO2- und PLO3-Datensätze bzw. die Vorbesetzung festgelegt wurde. Ausnahme: Plotschrittweite, Plotbeginn, Plotende.
Damit kann sich der Benutzer einen Überblick über den bisherigen Verlauf der Kurven verschaffen. Weiterhin kann er am Bildschirm das beste Aussehen für die Endausgabe der Plots auswählen.

Eine Änderung im Aussehen der Plots läßt sich durch die Angabe eines neuen Plot-Datensatzes mit Hilfe des Assign-Kommandos erreichen.

Die Parameter in der Parameterliste des Plot-Kommandos haben die folgende Bedeutung:

<Plotnummer> Plotnummer des Plots, dem die beiden Variablen angehören.

<Var1>   Aus einem Plot können bis zu zwei Variablen ausge-
<Var2>   wählt werden, die auf dem Bildschirm dargestellt
             werden sollen. Die Bezeichnung der Variablen erfolgt
             wie auf den PL01-Datensätzen.

<Step>   Es kann die Plotschrittweite angegeben werden.
<Begin>   Es ist möglich, aus den insgesamt durch den Monitor
<End>   aufgenommenen Datensätzen einen Teilbereich darzu-
             stellen. Der Anfang und das Ende des Teilbereiches
             können bezeichnet werden.

Die Angaben der Parameter <Step>, <Begin> und <End> kann von hinten her wegfallen:
Fehlt <End>, so wird der Plot bis zum tatsächlichen Plotende auf dem Bildschirm gezeigt.
Fehlt <Begin> und <End>, so wird der gesamte Plot in dem Umfang, in dem er vom Monitor aufgenommen wurde, dargestellt.
Fehlt neben <Begin> und <End> auch <Step>, so wird der gesamte Plot mit der Plotschrittweite dargestellt, die in der Plotmatrix PLOMA2 durch Vorbesetzung oder durch einen PL02-Datensatz festgelegt wurde.

Hinweis:

* Aus dem gesamten Simulationslauf kann ein Bereich angegeben werden, für den Plotdaten durch den Monitor aufgenommen werden sollen. Die Angabe dieses Bereiches erfolgt über den PL01-Datensatz.
Aus diesem Bereich kann noch einmal ein Teilbereich ausgewählt werden, der als Plot auf dem Bildschirm erscheint. Die Grenzen des Teilbereiches werden in der Parameterliste des Plot-Kommandos angegeben.

READ   Kommando: R/
                    R;<Dateiname>/

Das Read-Kommando ermöglicht das Einlesen von Datensätzen von einer Datei. Fehlt die Angabe <Dateiname>, werden die Eingabedaten auf der aktuellen Eingabedatei mit der logischen Gerätenummer 13 erwartet. Die aktuelle Datei ist die Datei, die gerade bearbeitet wird und auf die neue Eingabedatensätze geschrieben werden.
Wird für das Read-Kommando ein Dateiname angegeben, so erfolgt ein Wechsel der Eingabedatei. Alle nachfolgenden Datensätze, die durch ein Assign-Kommando eingelesen werden, werden auf diese Datei mit dem bezeichneten Dateinamen geschrieben.

STOP   Kommando: S/

Das Stop-Kommando führt zu einem sofortigen Abbruch des Simulationslaufes.

Hinweise:

* Ein Fehler im Simulationsmodell führt zum Abbruch. Die Fehler-
diagnose wird auf die Datei DATAOUT mit der logischen Gerätenummer 14 geschrieben, auf der auch die Ergebnisse stehen, die
bis zum Fehlerfall erzielt wurden.

* Alle Variable, die während des Simulationslaufes ihren Wert
interaktiv ändern sollen, müssen formatfrei einlesbar sein, damit
sie durch einen VARI-Datensatz im Assign-Kommando modifiziert
werden können.

Im Rahmen gibt es zwei Abschnitte mit dem Namen "Vorbesetzen privater Größen". Der erste Abschnitt befindet sich am Anfang und
wird sowohl im Stapelbetrieb wie auch im interaktiven Betrieb nur
einmal durchlaufen. An dieser Stelle können vom Benutzer Variable
einmalig vorbesetzt werden. Wird im interaktiven Betrieb durch
das Kommando N (New) ein neuer Simulationslauf gestartet, wird
dieser Teil nicht erreicht.
Der zweite Abschnitt "Vorbesetzen privater Größen" befindet sich
in dem Teil des Rahmens, der als Initialisierung für jeden zu
wiederholenden Simulationslauf durch das Kommando N (New) erneut
durchlaufen wird.

Variable, die im ersten Abschnitt "Vorbesetzen privater Größen"
mit Werten versehen wurden, behalten ihren geänderten Wert für
nachfolgende Simulationsläufe bei, falls sie modifiziert worden
sind.

Die Unterscheidung der beiden Abschnitte ist nur im interaktiven
Betrieb bedeutsam. Im Stapelbetrieb, in dem der gesamte Anfangs-
bereich nur einmal durchlaufen wird, kann das Setzen privater
Variabler an beliebiger Stelle erfolgen.

Eine ähnliche Unterscheidung betrifft die Vorbesetzung von
Systemvariablen in den beiden Unterprogrammen PRESET und RESET.
PRESET wird insgesamt nur einmal durchlaufen. Es enthält Vorbe-
setzungen für Variable, deren Änderung in einem Simulationslauf
für nachfolgende Simulationsläufe erhalten bleiben soll. Die
Variablen des Unterprogrammes RESET werden für jeden neuen Simu-
lationslauf, der durch das Kommando N (New) angefordert wird,
erneut auf den Anfangswert gesetzt. Der hierfür erforderliche
Aufruf von RESET erfolgt bei der Bearbeitung des Kommandos N
(New) im Unterprogramm XINPUT.

Stichwortverzeichnis